安徽省高水平高职教材
高职机械类精品教材

计量器具 使用与维护

JILIANG QIJU
SHIYONG YU WEIHU

主　　审　　谢正义　罗贤国
主　　编　　程二九
副 主 编　　吴文生
编写人员　（以姓氏笔画为序）
王宏琴　朱娉娉
孙　燕　吴文生
程　霞　程二九

U0236081

中国科学技术大学出版社

内 容 简 介

本书采用情境教学的形式编写内容,对计量器具的使用与维护进行了深入透彻的讲解。全书分为绪论和 8 个项目,8 个项目分别为游标卡尺的使用与维护、千分尺的使用与维护、百分表的使用与维护、电动轮廓仪的使用与维护、圆柱度测量仪的使用与维护、万能工具显微镜的使用与维护、万能测长仪的使用与维护、三坐标测量机的使用与维护。

全书结构合理,内容翔实,重视实践,适合高职高专院校相关专业作为教材使用。

图书在版编目(CIP)数据

计量器具使用与维护/程二九主编. —合肥:中国科学技术大学出版社,2014.1(2021.1 修订重印)

ISBN 978-7-312-03356-8

Ⅰ. 计⋯ Ⅱ. 程⋯ Ⅲ. ①计量器具—使用方法 ②计量仪器—维修 Ⅳ. TH710.7

中国版本图书馆 CIP 数据核字(2013)第 304933 号

出版	中国科学技术大学出版社 安徽省合肥市金寨路 96 号,230026 http://press.ustc.edu.cn
印刷	合肥皖科印务有限公司
发行	中国科学技术大学出版社
经销	全国新华书店
开本	787 mm×1092 mm 1/16
印张	18.25
字数	456 千
版次	2014 年 1 月第 1 版 2021 年 1 月修订
印次	2021 年 1 月第 2 次印刷
定价	40.00 元

前　　言

随着高职高专教学改革的不断深入,理工科机械类专业相关教学改革也在稳步推进。为了切实改变目前机械大类各专业高职高专教材不能满足教学需要的现状,我们在充分参与行业、企业、学校调研的基础上,精选了目前高职高专教学"实用、够用"原则下必需的一些内容,编写了此教材。

在教材的编写过程中,我们做了以下工作:

(1)充分调研了目前机械产品检测检验技术专业毕业生在企业中所承担的岗位对计量器具使用与维护知识的需求,从职业和岗位分析入手,根据高职高专教学特点,拟定了本课程的教学目标。

(2)汲取部分国家示范高职院校相关专业教改取得的成功经验和教学成果,在理论教学的基础上,加大了实践能力的培养,扩大了计量器具使用与维护的实训量,做到了理实一体教学。

(3)不断改革计量器具使用与维护的教学方法,使学习对象涵盖了机械产品检测检验技术专业、质量管理与认证专业等相关专业的岗位需求;以技能训练为主线,相关知识为支撑,较好地处理了理论教学和技能训练的关系,改变了以前"抽象、难懂"的教与学很难融洽的局面。

(4)突出了教材的先进性,较多地编写了新技术、新设备(如较为精密的三坐标测量)方面的内容,旨在扩大学习者的知识面和适应能力。

(5)教材以情境学习的形式体现,以实际生产中常用的量具、量仪为载体,尽量采用以图代文的编写形式,以降低教学难度,提高学习者的学习兴趣。

(6)该教材的教学资源丰富,学习者可登录安徽省网络课程学习中心平台网站(http://ehuixue. cn/index/Orgclist/course? cid=33036),自行注册,浏览课程大纲、教学设计、视频、动画、图片等相关课程资源,为学习者的学习提供便利。课程二维码如下,请扫码观看:

本书的主编是安徽机电职业技术学院程二九老师,编写的内容有绪论,项目1中的任务1、任务2,项目2中的任务1、任务2,项目3中的任务1、任务2,项目4中的任务1、任务2,项目5中的任务1、任务2,项目6,项目7中的任务3等内容。参与本书编写的还有芜湖市计量测试所吴文生主任,编写的内容有项目1中的任务3,项目2中的任务3,项目3中的任务3,项目4中的任务3。安徽工业经济职业技术学院的朱娉娉老师,编写的内容有项目7中的任务1、任务2及项目8。安徽机电职业技术学院孙燕、程霞、王宏琴老师共同编写了项目5

中的任务 3。本书的主审是安徽机电职业技术学院的谢正义、罗贤国老师。

在本书的编写过程中,得到了安徽机电职业技术学院及兄弟院校领导和老师的大力支持与帮助,在此表示感谢!

由于时间和水平有限,书中难免有不足和错误之处,恳切希望广大读者提出宝贵的意见和建议,以便修订时加以完善。

编 者

目　　录

0 绪 论

0.1 计量仪器概述

一般来说,所有的仪器都是用来扩展人类感官领域,对客观现象进行探测、度量、计算、记录直至控制生产过程的工具。而计量仪器则主要是将被测的物理量转换成人们可以直接进行观测的指示值或等效信息的一种装置。对计量仪器的首要要求是灵敏度和准确度,即要求计量仪器比人类感官具有更高的分辨能力和准确性,能够观察或记录人们所不易直接感受的变化和效应。其次要求计量仪器使用方便,具有一定适应性等。由于科学技术的发展,计量仪器的原理、结构及显示方法逐步更新并日臻完善,计量仪器已由指针式向数字显示、自动打印或记录等方向发展,随着激光、光栅、磁栅和感应同步器等新技术的应用,一些分辨力高、测量范围大的计量仪器相继出现,它可以把测量信息送入计算机自动处理,测量结果以数字或图像形式显示。从被动测量到主动控制或自动调整生产过程,计量仪器的结构也逐渐向标准化、规格化和系列化过渡,从而达到降低生产成本、提高加工精度、便于大规模专业化生产的目的。

到目前为止,各种计量仪器所涉及的测量领域基本如下:测量物体长度、角度及表面几何形状的几何量计量;测量硬度、质量、压力、流量、真空度和重力加速度的力学计量;测量温度、湿度的热工计量;测量电动势、电流、电压、电阻和磁场强度的电磁计量;此外,还有光学参数计量、声学计量、化学计量、时间频率计量、电子计量和放射性计量等。

0.2 计量仪器的发展史

早在古代,我国就出现了许多计量仪器。例如,计算仪器有算盘、计昊鼓车;指示方向的仪器有指南针;力学仪器有地动仪等。最近发现的我国古代卡尺(图 0.1),从测量原理到结构已经很接近现代卡尺。它是西汉王莽始建国元年制成的,所以当时称为"莽尺",比国外出现卡尺的时间早 1800 多年。但由于几千年的封建统治,社会生产力始终停留在较低的水平上,我们祖先的一些发明创造没有得到进一步的发展。在国外,计量仪器的发展始于欧洲封建统治开始解体的中世纪。当时以伽利略为代表的科学家们开始采用观察和实验技术研究自然现象,这就必然要求有足够精确的使用性能较好的仪器为之服务。

一般说来,公元 1600 年前后的计量仪器首先是从长度和计时仪器开始发展的。这是由于许多物理量可以通过观测其几何量的变化而定标。例如温度的测量,可在规定温度变化范围内,通过测量某种已知膨胀系数的材料的长度变化来实现;压力的测量也可以通过测量水银柱的高低而求得;甚至像磁场强度一类的参数,也可在有电流通过时测量悬浮在磁场中的位移而测出。所以,几何量计量仪器在所有计量仪器中一直占有基础地位和统治地位,也是它最先发展起来的原因之一。

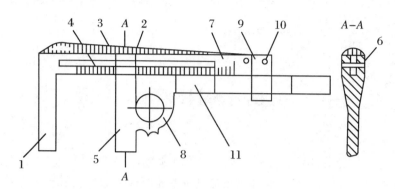

图 0.1　我国古代卡尺

1. 固定量爪;　2. 鱼状装饰件;　3. 鳞纹;　4. 导槽;　5. 活动量爪;
6. 导销;　7. 固定尺;　8. 环;　9. 套;　10. 铆钉;　11. 活动尺

1950 年之前,由于我国不断遭到帝国主义的掠夺和反动统治阶级的压迫,根本谈不上有计量仪器制造业,充其量只有一些生产规模很小,设备和技术都非常落后的厂家,且多数集中在沿海几个城市之中,产品也只限于一些最简单的量具,如刻线尺、卡尺等。新中国成立后,我国的仪器制造业才有了飞速的发展,建设了一批大规模的、技术比较先进的工厂,如哈尔滨量具刃具厂、成都量具刃具厂、上海光学仪器厂等,为我国的仪器制造业打下了良好的基础。此外,还扩建和改建了一批原有的小厂。同时,也开始了仪器设计的技术培训和科研工作,成立了中国计量科学研究院,并先后在一些高等院校中开设了仪器方面的专业。在1970 年前后,我国又建设了不少的量仪生产厂,如北京量具刃具厂、中原量仪厂、新天光学仪器厂等。同时,各省市都建立了计量测试研究机构,计量工作人员的素质不断提高,队伍逐步扩大。计量教育事业也有明显的发展,1978 年成立了中国计量学院。当然也应当看到,目前我国的仪器设计和制造水平与世界相比,还有不少的差距。今后必须进一步努力,加快步伐,赶上或超过世界水平。

0.3　几何量计量仪器的发展及近况

随着机械加工精度的不断提高,几何量计量仪器也得到了相应发展。从 18 世纪后期到19 世纪中叶,加工精度从 1 mm 提高到 0.1 mm,那时的测量问题用钢板尺和游标量具即可解决。

20 世纪初,加工精度已提高到 0.01 mm,原有的刻线式量具已不能满足要求,主要原因是进一步细分基准量的加工技术和提高分辨能力问题得不到解决。这时,开始有人运用机械放大的办法——把基准量用机械原理放大后再进行细分,设计制造出百分表及千分尺等计量器具。百分表是用齿轮传动对基准量进行放大,千分尺是通过螺旋传动,将直线位移变成圆周角位移进行放大。

从 20 世纪开始,机械加工技术发展很快,加工精度的提高也很快。20 世纪 30 年代达到 0.001 mm;50 年代达到 0.000 1 mm;60 年代达到 0.000 01 mm,即 0.01 μm。甚至出现了这种情况,即机械加工很精细,但缺少有效的测量方法和手段,致使产品质量得不到显著提高。因此,对高准确度测量仪器的要求日益迫切,仪器的设计和制造任务日益繁重,计量仪器在技术发展中的重要地位日益突出和被更多的人所理解。由此可见,最初作为科学仪器问世的几何量计量仪器,随着机械制造业的形成和发展,逐渐成为机械制造业中工艺装备的重要组成部分。

为解决高精度零件的测量问题,单靠机械"放大"或"细分"已不能满足要求。主要原因是这种方法对高倍数的放大和细分将使测端造成的接触变形明显增大。拿齿轮传动的百分表来说,其传动系统所做的功是靠测端与工件的接触压力产生的,在测端与指针之间无法找到一个有效的办法输入能量,以减小测端的压力。要提高百分表的放大比(传动比),要么增加传动链,要么增大结构尺寸,结果都会导致传动能量消耗的增加,测端受到的接触压力就会更大,致使接触变形达到不能允许的程度。同时,百分表的传动误差也将随着传动链的增加而增加。由于上述原因,百分表不能通过提高放大的途径提高测量准确度。所以一般机械式量仪的准确度只能达到 0.01 mm 以内,只有极少数可以达到微米级,如扭簧比较仪、杠杆齿轮测微仪。

光学原理放大基本上克服了机械原理放大的一些缺点。人们利用光线的直线性、无重量、便于放大以及放大过程中不需要输入能量的特点,先后设计制造出光学计、工具显微镜、投影仪等。接着又应用光的干涉原理设计制造出接触式干涉仪和非接触式干涉仪,逐步形成了量仪的一个重要分支——光学量仪。光学量仪在 20 世纪中期后占领了几何量计量技术的历史舞台。一般光学量仪的准确度可达 0.2 μm,单色光干涉量仪的准确度可达 0.01 μm。

后期无线电技术的发展,给电动量仪的出现和发展奠定了理论和技术基础。在光学量仪之后,各式各样的电子测微仪相继问世,这些仪器充分发挥了电学参数便于传递、运算和转换的优势。确切地说,电动量仪是在 20 世纪 30 年代以后发展起来的。在这一时期出现并得到发展的还有气动量仪。

电动量仪和气动量仪的出现,使加工过程中的主要检验和测量自动化成为现实。

不难看出,近代量仪的特点是机、电、光一体化。因为任何计量仪器都离不开精密传动部件、定位部件与支撑部件。光学部件和电子部件多数要依附在机械部件上,以实现定位和调整。光学部件在非接触测量中应用较多,它和光电转换元件相配合,可以使量仪的准确度或分辨能力成倍增长,并且由于电信号便于输入计算机或计算装置,从而大大提高了仪器的效率和功能。

科学技术的发展必然会向几何量计量仪器提出新的更高的要求。特别是近期发展起来的航天技术、微电子技术等领域中的精密加工技术,正在向纳米(nm,即 10^{-9} m)进军,预计在不久的将来,测量技术肯定会有新的突破。

几何量计量仪器除向高准确度、高分辨率发展以外,同时还力争解决大范围、长距离的精密测量问题。这种大范围的测量装置除光栅外,还有感应同步器以及利用激光干涉原理设计制造的仪器。

由于微电子技术的发展,目前许多新型仪器中都配有复杂的计算装置或微处理机。这不仅进一步推动和完善了测量过程的自动化,而且将人们从紧张、重复、大量的计算工作中解放出来,从而使仪器具有人类的某种逻辑思维判断能力,称为仪器的"智能化"。

仪器的"智能化"应该包括以下四方面的能力指标。

① 记忆能力。指仪器应具备存储信息的功能,可以代替人的记忆。

② 判断能力。根据存储信息,对被测零件合格与否发出信号或进行分组的能力。

③ 控制能力。在加工过程中实现对被加工零件的监视检查,并将检查结果转换成加工的控制信号,以控制加工过程。从而大大提高生产率,降低成本,缓解工人的劳动紧张情绪和减少操作失误。

④ 优选能力。除对生产过程进行控制外,还可对测量方法进行优选,多见于由大型计算机控制的连续生产过程。这种情况下的"仪器"和"测量"的原始概念和传统形象已不再保留,实际上已由具体的仪器测量发展为整个加工系统的信息处理和控制。

计量仪器发展的另一个新趋势是将测量结果图像化。

此外,光导纤维及新材料的应用也是值得关注的新动向。

0.4　几何量计量检测技术的作用

几何量计量检测是一项历史悠久、基础性强、应用面广的计量检测类别。几何形状是客观世界中最广泛的物质形态,而绝大部分物理量都是以几何量的信息形式来进行定量描述的。因此,几何量计量检测技术与国民经济的各个部门、科学技术的各个领域都有着十分密切的联系。随着科技的进步、生产力的发展,几何量计量检测技术的作用及其重要性也日趋明显。

众所周知,科学技术是人类生存和发展的一个重要基础。没有科学技术就不可能有人类的今天,而许多科学研究与实验,又往往是通过观测几何量的变化来获得实验结果的。例如,哥白尼关于天体运动的学说,只是在伽利略发明了望远镜,进行了实际观测之后才得以确立的。科学技术的进步,也使得几何量计量检测技术得到了进一步的发展。为了测量地球运动的相对速度,迈克尔逊等人利用物理学的成就,研制出了迈克尔逊干涉仪,从而为几何量计量检测技术提供了一个重要的计量检测方法。1892 年,迈克尔逊用镉光(单色红光)作为干涉仪的光源,测量了保存于巴黎的铂铱合金标准米尺的长度,获得了相当精确的结果(等于1553163.5 个红光波长)。直到一百多年后的今天,利用各种干涉仪精密测量长度,仍是几何量计量检测技术的一个重要方法。

在工业生产中,机械产品的质量,与零件的加工精度和装配精度有关,而精度的保证只有通过几何量计量检测才能得以实现。特别是现在,社会化的大生产,各种零部件在异地加工,然后再到一起进行装配,因此所有的零件都要具有高度的互换性及功能的一致性。例如,一辆载重汽车有 9 000 多个零件,由上百家工厂生产,如果没有统一的几何量计量检测技术作保证,要想顺利装配成功,那简直是无法想象的。在新兴的高科技产品计算机的生产研制中,大量使用大规模集成电路和超大规模集成电路。这些集成电路的生产精度已达到纳米级,这就需要相应精度的计量仪器进行检测。

0.5　本课程的任务

"计量器具使用与维护"这门课程的主要任务是讲授常用几何量计量仪器的结构特征、工作原理及使用与维护,并对部分重点计量仪器进行误差分析及检定和调修知识的讲解,使学生在实践中正确掌握计量仪器的调整与使用,同时也为开展精密测量工作提供有关量仪方面的必不可少的理论知识和操作技能,并为学生今后开展量仪检定与调修打下基础。

通过讲课、实验、观摩和实习,使学生达到下列要求:

① 牢固掌握计量仪器的基础知识。

② 熟悉常用计量仪器的工作原理、基本结构和主要技术指标。

③ 掌握计量仪器的正确调整与使用。

④ 基本掌握计量仪器的检定和调修方法。

本课程是理论联系实际、实践性很强的一门课程。要学习和掌握计量仪器与几何量计量检测技术,对于初学者来说,首先要从感性入手,在工业企业的计量室或学校精测实验室进行参观学习;在讲授课程时,除了课堂教学,还应安排现场教学以及相应的实验和实训。

练习与提高

1. 对计量仪器的基本要求是什么?

2. 计量仪器的发展趋势有什么特点? 何谓仪器的智能化?

3. 计量仪器的发展规律及内在原因是什么?

4. 几何量计量检测技术在现代工业化生产中的作用有哪些?

项目 1 游标卡尺的使用与维护

1.1 项 目 描 述

游标卡尺是工业上常用的测量长度的仪器,可直接用来测量精度较高的工件,如工件的长度、内径、外径以及深度等。在实际的应用过程中,良好地、规范地使用和维护游标卡尺,对提高游标卡尺的使用寿命,保证游标卡尺的工作精度,有着重要的意义。本项目主要从游标卡尺的结构及其工作原理、游标卡尺的使用与保养、游标卡尺的检定与调修等方面进行学习,并要求学生掌握相关的技能。

1.1.1 学习目标

学习目标见表1.1.1。

表1.1.1 学习目标

序　号	类　别	目　　标
一	专业知识	1. 游标卡尺的结构; 2. 游标卡尺的使用与保养; 3. 游标卡尺的检定与调修
二	专业技能	1. 游标卡尺的使用与保养; 2. 游标卡尺的检定与调修
三	职业素养	1. 良好的职业道德; 2. 沟通能力及团队协作精神; 3. 质量、成本、安全和环保意识

1.1.2 工作任务

1. 任务1:认识游标卡尺

见表1.1.2。

表 1.1.2　认识游标卡尺

名　称	认识游标卡尺	难　度	低
内容： 1. 游标卡尺的结构及其工作原理； 2. 游标卡尺的使用与保养		要求： 1. 熟悉游标卡尺的结构； 2. 掌握游标卡尺的工作原理； 3. 掌握游标卡尺的使用与保养方法	

2. 任务 2：游标卡尺的检定

见表 1.1.3。

表 1.1.3　游标卡尺的检定

名　称	游标卡尺的检定	难　度	中
内容： 1. 游标卡尺的检定项目； 2. 游标卡尺的检定方法		要求： 1. 熟悉游标卡尺的检定项目； 2. 掌握游标卡尺的检定方法	

3. 任务 3：游标卡尺的调修

见表 1.1.4。

表 1.1.4　游标卡尺的调修

名　称	游标卡尺的调修	难　度	高
内容： 1. 游标卡尺的调修项目； 2. 游标卡尺的调修方法		要求： 1. 熟悉游标卡尺的调修项目； 2. 掌握游标卡尺的调修方法	

1.2　任务 1：认识游标卡尺

1.2.1　任务资讯

利用游标原理对两测量面相对移动分隔的距离进行读数的测量器具，称为游标卡尺，简称为卡尺或普通卡尺。它因具有结构简单、使用方便等优点，而被广泛地使用。但游标卡尺不符合阿贝原则，存在原理误差与制造误差，精度较低，因此只能用于一般精度的测量。

1.2.2　任务分析与计划

认识游标卡尺时，认识的主要内容有游标卡尺的工作原理、游标卡尺的结构以及游标卡尺的使用。

1.2.3　任务实施

1.2.3.1　游标卡尺的结构

结构如图 1.2.1 所示的卡尺称为Ⅰ型游标卡尺,这种卡尺既可以测量外尺寸、内尺寸,又可以测量深度和高度尺寸,还可以用于画直线和平行线,所以又称为四用卡尺。

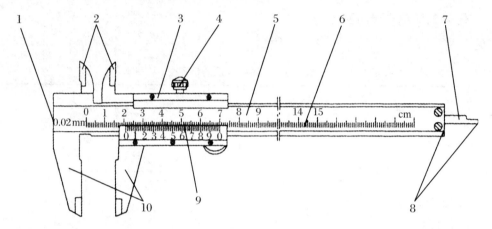

图 1.2.1　游标卡尺

1. 尺身端面;　2. 刀口内量爪;　3. 尺框;　4. 紧固螺钉;　5. 尺身;　6. 主标尺;
7. 深度测量杆;　8. 深度测量面;　9. 游标尺;　10. 外量爪

当拉动尺框时,两个测量爪做相对移动而分离,其距离大小的数值从游标尺和尺身上读出。

外量爪用于测量各种外尺寸;刀口形内量爪用于测量深度不深于 12 mm 的孔的直径和各种内尺寸;深度测量杆固定在尺身的背面,能随着尺框在尺身的导槽(在尺身背面)内滑动,用于测量各种深度尺寸,测量时,尺身深度测量面的端面是测量定位基准;尺身端面和内量爪的断面配合,可以测量阶梯台阶的高度尺寸;尺身端面可以作直尺用,用于画直线。

卡尺尺身、游标刻线的刻线宽度和最大宽度差见表 1.2.1。

表 1.2.1　刻线宽度及最大宽度差(GB/T 1214.1—1996)

游标读数值(mm)	刻线宽度(mm)	刻线最大宽度差(mm)
0.02		0.02
0.05	0.08~0.18	0.03
0.10		0.05

卡尺两测量面(两工作面)处于同一平面时,游标上的"0"刻线和"尾"刻线与尺身相应刻线应相互重合,其重合度极限偏差见表 1.2.2。

表 1.2.2　卡尺的重合度极限偏差(GB/T 1214.1—1996)

游标读数值(mm)	重合度极限偏差(mm)			
	"0"刻线		"尾"刻线	
	游标可调整	游标不可调整	游标可调整	游标不可调整
0.02	±0.005	±0.010	±0.01	±0.015
0.05	±0.005	±0.010	±0.02	±0.025
0.10	±0.010	±0.015	±0.03	±0.035

两测量面间的平行度见表 1.2.3。无论卡尺尺框紧固与否,卡尺两测量面都应相互平行,其平行度公差不超过表 1.2.3 中的规定要求。

表 1.2.3　卡尺的平行度公差(GB/T 1214.1—1996)

游标读数值(mm)	平行度公差计算公式(mm)
0.02	$12+0.03L$
0.05	$30+0.03L$
0.10	$50+0.03L$

注:① L 为测量长度,单位为 mm;

　　② 计算结果一律四舍五入至 $10\,\mu m$。

无论尺身尺框紧固与否,卡尺的示值误差都可见表 1.2.4。

表 1.2.4　卡尺的示值误差(JJG 30—2002)

测量范围(mm)	分度值(分辨力)		
	0.01,0.02	0.05	0.10
	允许误差(mm)		
0~150	±0.02	±0.05	±0.10
>150~200	±0.03		
>200~300	±0.04	±0.08	
>300~500	±0.05		
>500~1 000	±0.07	±0.10	±0.15
>1 000~1 500	±0.10	±0.15	±0.20
>1 500~2 000	±0.14	±0.20	±0.25

卡尺主要测量面的表面粗糙度最大允许值 $R_a=0.4\,\mu m$。

另外,游标卡尺还有带表游标卡尺、数显式游标卡尺和高度游标卡尺,本实训要进行检定和维修的是图 1.2.1 所示的 I 型游标卡尺。

1.2.3.2　读游标卡尺

使用卡尺必须会读游标尺,要会正确读游标尺,必须熟知游标原理,游标原理是设计和使用卡尺的基础。只有了解了游标原理,才能正确读取游标尺的数值,得出正确的测量结果。所以,我们先介绍游标原理。

所谓游标原理,就是将两根按一定要求刻上线的直尺对齐或重叠后,其中一根固定不动,另一根沿着它做相对滑动。固定不动的直尺称为主尺,沿主尺滑动的直尺称为游标尺(简称游标)。游标尺能对主尺进行准确的读数。如果主尺和游标尺的刻线间距选择得当,利用游标读数就可以获得较高的准确度。

主尺一格(两条相邻刻线间的距离)的宽度与游标尺一格的宽度之差,称为游标分度值、游标读数值:

$$i = a - b = \frac{1}{n}a$$

$$n = \frac{a}{i}$$

故

$$b = \gamma a - i$$
$$l = nb = n(\gamma a - i) = a(\gamma n - 1)$$

式中:a 为主尺的刻度值,对于公制游标卡尺,一般 $a=1\,\text{mm}$;b 为游标尺的每格宽度(mm);n 为游标尺刻线数;i 为游标分度值,又称为游标读数值(mm);l 为游标尺刻线部分的总长度(mm);γ 为游标模数。

以上几个公式称为游标计算公式。

目前,游标卡尺的主尺刻度值 $a=1\,\text{mm}$,游标分度值有 $0.02\,\text{mm}$、$0.05\,\text{mm}$ 和 $0.10\,\text{mm}$ 三种。由于参数取值不同,所以游标的结构形式也不同。表 1.2.5 中所列的是游标分度值为 $0.02\,\text{mm}$、$0.05\,\text{mm}$ 和 $0.10\,\text{mm}$ 三种游标的结构形式及其参数值,图示位置是游标处于"0"位的状态。从表中可见,$\gamma=2$ 的游标刻线部分的长度 l 比 $\gamma=1$ 的游标 l 要长,所以读数也方便。

表 1.2.5　游标结构形式及其读数

游标分度值	游标参数	游标结构形式	特　点
$i = 0.10\,\text{mm}$ ($i = 1/10\,\text{mm}$)	$n = 10$ $b = 0.9\,\text{mm}$ $\gamma = 1$ $l = 9\,\text{mm}$		游标的尾线与主尺的第 9 条刻线对齐
	$n = 10$ $b = 1.9\,\text{mm}$ $\gamma = 2$ $l = 19\,\text{mm}$		游标的尾线与主尺的第 19 条刻线对齐
$i = 0.05\,\text{mm}$ ($i = 1/20\,\text{mm}$)	$n = 20$ $b = 0.95\,\text{mm}$ $\gamma = 1$ $l = 19\,\text{mm}$		游标的尾线与主尺的第 19 条刻线对齐

续表

游标分度值	游标参数	游标结构形式	特　点
$i = 0.05\,\text{mm}$ ($i = 1/20\,\text{mm}$)	$n = 20$ $b = 1.95\,\text{mm}$ $\gamma = 2$ $l = 39\,\text{mm}$		游标的尾线与主尺的第 39 条刻线对齐
$i = 0.02\,\text{mm}$ ($i = 1/50\,\text{mm}$)	$n = 50$ $b = 0.98\,\text{mm}$ $\gamma = 1$ $l = 49\,\text{mm}$		游标的尾线与主尺的第 49 条刻线对齐

图 1.2.2 是游标分度值 $i = 0.10\,\text{mm}$ 的游标读数原理示意图。

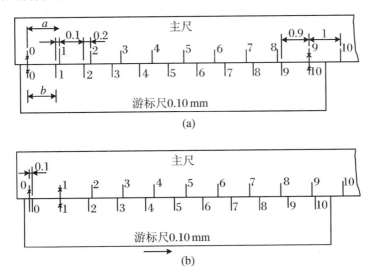

图 1.2.2　游标的读数原理

从图 1.2.2 中可见,当游标尺的"0"线与主尺的"0"线对齐(即重合)时,除游标尺的最末(尾线)一根线与主尺的第 9 根线对齐外,其他线都不对齐,这种情况称为"0"位。

在"0"位时,游标尺与主尺的位置关系是:游标尺的第 1 根线与主尺的第 1 根线的距离为 0.1 mm,它们的第 2 根线间的距离为 0.2 mm,第 3 根线间的距离为 0.3 mm……第 10 根线间的距离为 1 mm。因此,游标尺在主尺上每向左或向右滑动 0.1 mm,它上面就有一根线与主尺上的某根线对齐。

例如,按图 1.2.2(b)的箭头方向向右移动游标尺,当移动 0.1 mm 时,游标尺上的第 1 根线与主尺上的第 1 根线对齐,两根"0"线间相距 0.1 mm;当移动 0.2 mm 时,游标尺的第 2 根线与主尺的第 2 根线对齐,两根"0"线间相距 0.2 mm。显而易见,当游标尺移动 0.9 mm 时,游标尺的第 9 根线与主尺的第 9 根线对齐,这时,两根"0"线间相距 0.9 mm,该值就是游标尺在该位置时主尺的小数值。

可见,利用游标原理可以准确地判断游标尺的"0"线与主尺上刻线间相互错开的距离。该距离的大小就是主尺的小数值。

从表 1.2.5 中可看出,在"0"位状态时,各种形式的游标尺的尾线与主尺的刻线间的关系如下：当 $i = 0.1\,\text{mm}$，$\gamma = 1$ 时，游标尺的尾线与主尺的第 19 根线对齐；当 $i = 0.05\,\text{mm}$，$\gamma = 1$ 时，游标尺的尾线与主尺的第 19 根线对齐；当 $i = 0.05\,\text{mm}$，$\gamma = 2$ 时，游标尺的尾线与主尺的第 39 根线对齐；当 $i = 0.02\,\text{mm}$，$\gamma = 1$ 时，游标尺的尾线与主尺的第 49 根线对齐。记住上述关系对校对游标卡尺的"0"位很有好处。

第 9、第 19、第 39 和第 49 根线称为"尾"刻线的相应刻线，在校对"0"位时经常提到这句话。

在使用游标卡尺测量时，首先要弄清楚所用卡尺的分度值，读数时，要同时看主尺的刻线和游标尺的刻线，要二者配合起来读。读数的具体步骤如下：

（1）读整数

游标尺的"0"线是读整数的基准。看游标尺"0"线的左边，主尺上挨近"0"线最近的那根刻线的数字就是主尺的整数值。

（2）读小数

看游标尺"0"线右边是哪一根线与主尺上的刻线对齐（重合），将该线的序号乘以游标分度值所得的积，就是主尺的小数值。

（3）求和

将上述两次读数相加，就是所求的数值。

上面的三个步骤可用下列公式概括：

$$\text{所求尺寸} = \text{主尺整数} + (\text{游标刻线序号} \times \text{游标分度值})$$

例如，图 1.2.3 是 0.05 mm 游标卡尺在某位置的情况，请读出该位置的数值。

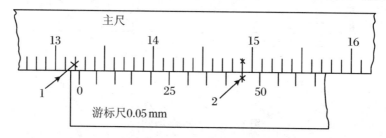

图 1.2.3　卡尺的读数方法
1. 整数；　2. 小数

读数时要注意，主尺上刻的数字是厘米数，例如主尺上刻 13 是表示 13 cm，即 130 mm；游标尺上刻的数字是游标分度值，例如刻 0.05 mm、0.02 mm 和 0.10 mm 分别表示游标分度值为 0.05 mm、0.02 mm 和 0.10 mm。

从图 1.2.3 中看到，整数是 132 mm，因为主尺上的第 132 根刻线挨近游标尺的"0"线的左边；小数是 $0.05 \times 9 = 0.45\,(\text{mm})$，因为游标尺的第 9 根刻线与主尺上的一根刻线对齐。故两次读数的和是 $132 + 9 \times 0.05 = 132 + 0.45 = 132.45\,(\text{mm})$。即 0.05 mm 游标卡尺在图 1.2.3 所示位置的示值是 132.45 mm。

读卡尺时的注意事项：

① 当游标尺上有两根刻线同时与主尺的两根刻线对齐时，取游标尺两根对齐刻线的和的一半作为读数结果。这种现象在使用 0.02 mm 游标卡尺时经常出现。例如，0.02 mm 游标卡尺的游标尺的第 7、第 8 两根刻线同时与主尺的两根刻线对齐，这时该卡尺的小数值是 $0.02 \times [(7 + 8) \div 2] = 0.15\,(\text{mm})$。

从理论上说,游标尺的两根刻线与主尺的两根刻线是不会完全对齐的,因为游标尺的每格宽度与主尺的每格宽度不相等。例如分度值为 0.02 mm,$\gamma = 1$ 的游标卡尺的游标尺的每格宽度 $b = 0.98$ mm,而主尺的每格宽度 $a = 1$ mm,两者差 0.02 mm。由于两根刻线比较接近,加上刻线误差和视差的关系,所以看上去游标尺上的两根线与主尺上的两根线对齐。

② 为了减少读数误差,除了从设计上改进游标的结构外,读数时,眼睛要垂直于刻线面进行读数,如图 1.2.4 所示。

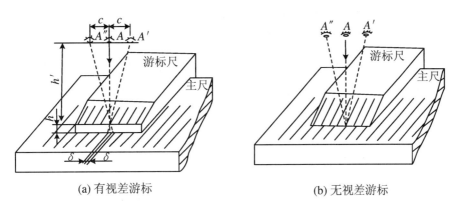

(a) 有视差游标　　　　　　　　　　　　　(b) 无视差游标

图 1.2.4　游标的两种结构

对于无视差结构的游标,无论从哪个位置去读数,都不会产生读数误差。对于有视差结构的游标,只有眼睛垂直于游标尺刻线面进行读数(图 1.2.4(a)中的 A 位置)才不会产生读数误差,除此之外的其他位置(例如图 1.2.4(a)中的 A' 或 A'' 位置)都会产生读数误差。

如果眼睛离开正确位置 A 的距离为 c(在 A' 或 A'' 处),明视距离为 h',游标刻线表面棱边至主尺刻线表面的距离为 h,则产生的读数误差 δ 为

$$\delta = \frac{ch}{h'}$$

游标卡尺的 h 值见表 1.2.6,无视差游标的 $h = 0$。

表 1.2.6　游标刻线表面棱边至主尺刻线表面的距离 h

游标分度值(mm)	h(mm)	
	测量范围≤500	测量范围>(500~1000)
0.02	0.20	0.25
0.05	0.22	0.27
0.10	0.25	0.30

设 $c = 50$ mm,$h' = 250$ mm,则 0.02 mm 的 Ⅰ 型游标卡尺的读数误差 δ 为

$$\delta' = \frac{ch}{h'} = \frac{50 \times 0.20}{250} = 0.04 \text{(mm)}$$

$$\delta = \frac{\delta'}{a}i = \frac{0.04}{1} \times 0.02 = 0.0008 \text{(mm)}$$

1.2.3.3　使用 Ⅰ 型卡尺

根据被测尺寸的公差按选择量具的原则选定 Ⅰ 型卡尺后,按下述步骤检查和使用卡尺。

1．检查法

（1）检查外观质量和校对"0"位

在使用卡尺前必须检查卡尺是否在检定周期内，如果在检定周期内，再检查其外观和各部位的相互作用，经检查合格后再校对其"0"位是否正确。

（2）检查卡尺的外观

卡尺的刻线和数字应清晰，深度尺的表面上不应有锈蚀、碰伤、划伤或其他影响使用性能的缺陷。两个量爪不得有明显错位。

（3）检查卡尺各部位的相互作用

轻轻拉或推尺框，尺框在尺身上移动应平稳，不应有阻滞或松动现象，深度测量杆不得有窜动，紧固螺钉的作用应可靠；用手摸测量面，检查看是否有毛刺，凭手感检查测量面的粗糙度是否符合要求。经过上述检查后，如果均符合要求，则擦净两外测量爪的测量面，然后推动尺框使两测量面接触，检查两测量面的间隙。

判断两测量面间隙的方法：将外测量爪两测量面合并后对着光线（自然光或灯光）观察，如果两测量面间呈白光，或呈"八"字的白光，说明两测量面之间的间隙已经过大（图1.2.5），则不能使用，应送到量具检修部门修理。

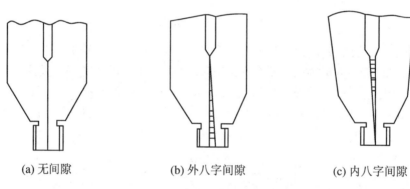

（a）无间隙　　　　　　　（b）外八字间隙　　　　　　　（c）内八字间隙

图1.2.5　两测量面间隙的情况

校对"0"位的方法：经检查合格后即可校对"0"位。即擦净两外测量爪的测量面（与检查间隙同时进行），使两测量面紧密接触后，看游标尺的"0"刻线与主尺的"0"刻线是否重合（对齐），游标尺的"尾"刻线（最末一根刻线）与主尺的相应刻线也是否重合。如果游标尺的"0"刻线和"尾"刻线分别与主尺的"0"刻线和相应刻线重合，则说明卡尺的"0"位正确（表1.2.5中卡尺处于"0"位状态），否则"0"位不正确。"0"位不正确的卡尺不得使用，应送到量具修理部门修理。

校对"0"位时，无论尺框紧固与否，"0"位都不能发生变化，若发生变化，则不能使用。当然允许游标尺的"0"刻线和尾刻线与主尺的"0"刻线和相应刻线的重合有一定误差，不重合度不得超过表1.2.2中的规定。

2．使用方法

Ⅰ型卡尺的主要结构如图1.2.6所示。

正确使用卡尺要注意以下几点。

（1）小型卡尺和大型卡尺的操作方法

在测量时，小卡尺测量小型工件，可以左手拿住工件，右手操作卡尺进行测量，如图

1.2.7(a) 所示。在测量较大工件时，可以将工件固定或靠其自重放置稳定后，用两只手操作卡尺进行测量，如图 1.2.7(b) 所示。

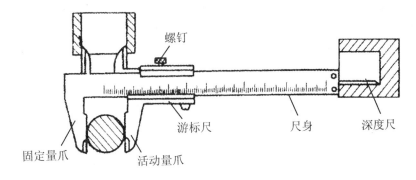

图 1.2.6　Ⅰ型卡尺的主要结构

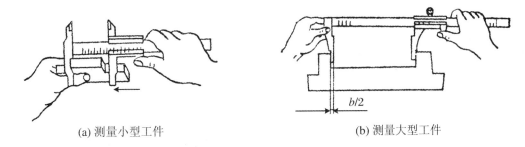

(a) 测量小型工件　　　　　　　　　(b) 测量大型工件

图 1.2.7　卡尺应用示例

（2）测量外尺寸的操作方法

首先用右手把尺框向右拉，使两个外量爪的测量面之间的距离比被测量的尺寸稍大，然后把被测部位放入两量爪测量面之间，或把两个外量爪卡向被测部位后，右手拇指慢慢往左推尺框，当手感到两个量爪的测量面与被测表面接触，再轻轻地推尺框，待稳定后，即可读数。图 1.2.8(a) 和 (b) 分别是正确和错误的测量方法。

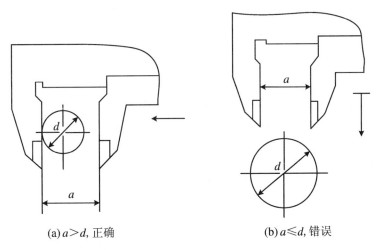

(a) $a > d$, 正确　　　　　　　　　(b) $a \leqslant d$, 错误

图 1.2.8　用Ⅰ型卡尺测外尺寸的正误示例

（3）测量内尺寸的操作方法

首先,用右手把尺框向左推,使两个刀口内量爪的测量面之间的距离比被测内尺寸稍小,然后将两个量爪伸进被测部位内,再用右手向右拉尺框进行测量。绝不允许两量爪测量面之间的距离比被测内尺寸大或相等就把卡尺量爪卡进被测部位,如图1.2.9(b)所示。这样做,一种可能是卡尺的量爪卡不进去,另一种可能是卡尺的量爪卡进去了,但会损伤量爪的测量面,所以,这种操作是错误的。

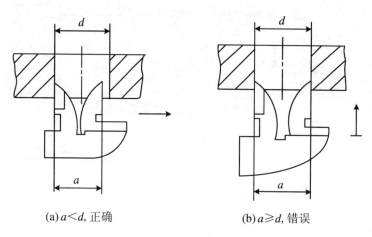

(a) $a < d$, 正确　　　　　　　(b) $a \geqslant d$, 错误

图1.2.9　用 I 型卡尺测量内尺寸的正误示例

（4）测量深度和高度的操作方法

用 I 型卡尺的深度测量杆与深度测量面配合可以测量深度和高度,如图1.2.10所示。测量深度尺寸时,尺身深度测量面是测量基准,以它为定位,所以要使它与被测深度部位的端面接触,因此,卡尺要垂直于被测深度部位放置,不得左右倾斜。右手握住卡尺,右手拇指拉尺框向下至手感到深度测量杆的深度测量面与被测深度的底部接触,即可进行读数。需要注意的是,当接触后,拇指往下拉尺框的力不得太大,否则会把深度测量杆压弯变形,读出的数值比深度的实际尺寸大。

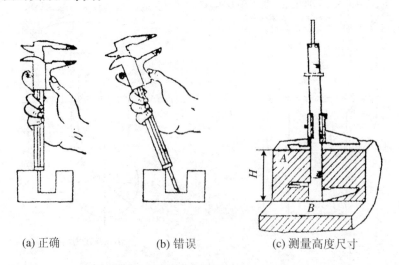

(a) 正确　　　　　　(b) 错误　　　　　　(c) 测量高度尺寸

图1.2.10　用 I 型卡尺测量深度和高度示例

利用 I 型卡尺还可以测量高度尺寸,其方法是,利用尺身端面 B 定位,用刀口内量爪的端面 A 进行测量。这种测量方法很方便,如图 1.2.10(c)所示。

(5) 测量两孔中心距和孔与侧面距离的操作方法

孔中心至侧面距离的测量,如图 1.2.11(a)所示,图中是用 III 型卡尺进行测量的示例,首先用内测量爪测量出孔的直径 D,再用刀口形外测量爪测量孔的表面至被测件侧面的距离 A,则孔的中心到侧面的距离 $L = A + D/2$。测量距离 A 时要注意:把卡尺的固定量爪紧靠在孔壁上,轻推尺框使活动量爪的测量面与侧面接触,然后轻轻摆动卡尺量爪,找到 A 的最小值,才是测量结果。第二点需要注意的是,被测量孔径 D 要大于所用卡尺的 b 才能进行测量。

测量两孔中心距的方法。图 1.2.11(b)是用 IV 型卡尺测量两孔中心距 A 的示例。这种测量方法的先决条件一是孔的直径 D 要大于所用卡尺的 b,二是 A 的精度要求低。测量时,先测出两孔的直径 D_1 和 D_2,再测出两孔的最大距离 L,则两孔的中心距 $A = L - \dfrac{1}{2}(D_1 + D_2)$,这是第一种测量方法。第二种测量方法是用 I 型卡尺,用刀口形内测量爪测出两孔的直径,然后用刀口形外测量爪测量出 B 的最大值,计算出两孔的中心距离 $A = B + \dfrac{1}{2}(D_1 + D_2)$。

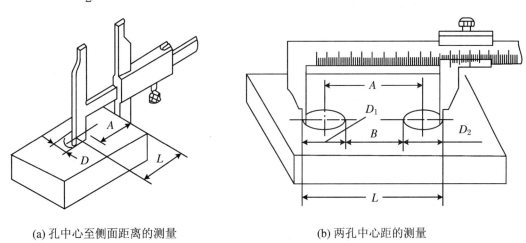

(a) 孔中心至侧面距离的测量　　　　　　(b) 两孔中心距的测量

图 1.2.11　测量孔至侧面与测孔距示图

(6) 注意事项

使用 I 型游标卡尺测量时,要注意以下几点。

① 要用量爪的整个测量面进行测量。无论测量外尺寸还是内尺寸,都不要只用量爪的部分测量面进行测量。只用量爪的一部分测量面去测量,不仅加速量爪的磨损,而且会产生大的测量误差。

测量外尺寸时,要摆动卡尺找到最小尺寸;测量内尺寸时,要摆动卡尺找到最大尺寸。

② 注意测量力。I 型游标卡尺没有控制测力装置,使用时用大拇指推动尺框,所以测量力的大小要靠手感来控制。测量时应该是使两个测量面恰好能稳定地接触到被测表面。如果推尺框用力过大,尺框会倾斜成一定角度,从而产生由于测力误差而引起的测量误差,

如图 1.2.12 所示。

从图 1.2.12 中可以看到,由于测量力过大使尺框倾斜成 θ 角,测得的尺寸 l 比被测件的实际尺寸 l_1 小。h 值越大,即被测件放在两测量面间距离尺身下侧面越远,则引起的测量误差越大。产生这种现象的原因是游标卡尺的结构不符合阿贝原理,被测件与两测量面接触点的连线 AA 与尺身的刻线部分 BB 应在同一直线上或其延长线上。由于被测量长度 AA 不在作为标准尺的 BB 上或其延长线上,所以尺框受到过大的推力或拉力时,尺框会发生倾斜而产生误差 Δ:

$$\Delta = h\theta = \frac{\delta}{l_2}h$$

当 θ 角很小时,$\theta = \tan\theta = \delta/l_2$。

式中:δ 为尺框与尺身在宽度方向的配合间隙;l_2 为尺框与尺身的配合长度。

从上式可见,测力误差产生的测量误差与 h 和 δ 的大小成正比,与 l_2 成反比。对经检定合格的游标卡尺 h 是定值,l_2 也是定值。但是 δ 的值是靠一个弹簧片来保证的,当测力过大时,示值随之变化造成尺框倾斜。所以若要尺框不倾斜,则测量力不得太大,同时被测件应尽可能往里放,以减小示值。在使用其他游标卡尺时也要注意这点。

③ 注意测量孔径的误差。这种测量误差不是由操作引起的,而是由卡尺本身的结构产生的。测量孔径产生的误差如图 1.2.13 所示。

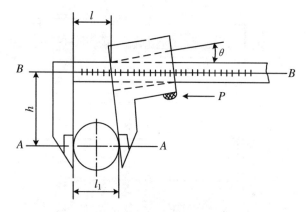 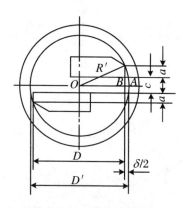

图 1.2.12　测力误差引起的测量误差　　　　图 1.2.13　卡尺测量孔径的误差

假设测量孔径的误差值为 δ,从图 1.2.13 中可知

$$\delta = 2R' - 2\sqrt{R'^2 - \left(a + \frac{c}{2}\right)^2}$$

式中:a 为刀口形内测量爪的刃口厚度;c 为两个刃口错开的距离。

从上式可见,a、c 越小,则 δ 也越小。所以在制造和修理卡尺中,要控制 a 和 c 的值,以减小测量误差。当 $a = 0$,$c = 0$ 时,$\delta = 0$。从卡尺的结构看,$a \neq 0$。

④ 要注意读数方法。使用游标卡尺测量能否获得正确的测量结果,除了决定于操作卡尺之外,还取决于能否进行正确读数。由于读数方法不对,或读数、记录时粗心大意而造成误差在生产中是经常看到的,所以要特别注意游标卡尺的读数方法,读数时不得粗心大意。

卡尺的游标结构有两种,一种是有视差结构,另一种是无视差结构。读有视差结构的游标时,要垂直地看(图 1.2.14(a)),否则会产生读数误差。

图1.2.14是常见的正确和错误使用Ⅰ型卡尺的示例。

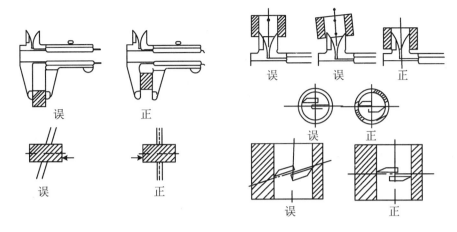

图1.2.14 正确和错误使用Ⅰ型卡尺示例

1.2.3.4 保养卡尺

正确维护和保养卡尺,对保持它的使用寿命具有重要作用。正确的方法是:

① 不准把卡尺的测量爪尖作划针、圆规或螺钉起子(改锥)使用。

② 不准把卡尺当作钩子使用,也不得作为其他工具使用。

③ 不准把卡尺当卡板使用。

④ 用完卡尺后,用干净棉丝擦净,放入盒内固定位置,然后存放在干燥、无酸、无振动、无强磁力的地方。没有装盒的卡尺,严禁与其他工具堆放在一起,以防受压或磕碰而造成损伤。

⑤ 不准用砂纸、砂布等硬物擦卡尺的任何部位。非专职修理量具人员,不得卸卡尺。

⑥ 实行周期检定。

1.2.4 任务评价与总结

1.2.4.1 任务评价

任务评价见表1.2.7。

表1.2.7 任务评价表

评价项目	配 分(%)	得 分
一、成果评价:60%		
是否能够熟悉游标卡尺的结构	20	
是否能够掌握游标卡尺的工作原理	20	
是否能够正确地使用和保养游标卡尺	20	
二、自我评价:15%		
学习活动的目的性	3	

评价项目	配　分(%)	得　分
是否独立寻求解决问题的方法	5	
团队合作氛围	5	
个人在团队中的作用	2	
三、教师评价:25%		
工作态度是否正确	10	
工作量是否饱满	5	
工作难度是否适当	5	
自主学习	5	
总分		

1.2.4.2　任务总结

1. 熟悉游标卡尺的结构,理解游标卡尺的工作原理,是使用游标卡尺的前提条件,因此,我们必须要熟悉游标卡尺的结构,理解游标卡尺的工作原理。

2. 在使用和保养游标卡尺时,必须按照游标卡尺的使用要求和正确的保养方法,进行使用和保养,这对于保证游标卡尺的工作精度、延长游标卡尺的使用寿命,具有重要的意义。

练习与提高

1. 游标卡尺的工作原理是什么?
2. 怎样使用游标卡尺? 在使用游标卡尺时,要注意哪些问题?
3. 怎样保养游标卡尺?

1.3　任务2:游标卡尺的检定

1.3.1　任务资讯

游标卡尺在使用一段时间后,必须要对游标卡尺的工作性能指标进行检定,根据检定的结果判断游标卡尺是否能够满足工作性能的要求。

1.3.2　任务分析与计划

游标卡尺的检定,以现行的《国家计量检定规程》为准。该规程对检定三条件、检定项目、检定要求和检定方法,以及检定结果的处理都做了明确的规定。

1.3.3　任务实施

1. 外观检定

【要求】

① 卡尺表面应无锈蚀、碰伤或其他缺陷,刻线数字应清晰、均匀,不应有脱色现象。

② 游标卡尺上必须有制造厂名或商标、标志、分度值和出厂编号。

③ 使用中和修理后的游标卡尺,允许有不影响使用准确度的外观缺陷。

【检定方法】　目力观察。

2. 各部分的相互作用检定

【要求】

① 尺框沿尺身移动应手感平稳,不应有阻滞或松动现象。

② 数显卡尺的数字显示应该清晰、完整,无黑斑和闪跳现象。

③ 各按钮功能稳定,工作正常。

④ 紧固螺钉的作用应可靠。

⑤ 微动装置的空行程:新制造的应不超过 1/4 转,使用中和修理后的应不超过 1/2 转。

【检定方法】

① 目力观察。

② 手动试验。

3. 各部分的相对位置的检定

【要求】

① 游标尺标记表面棱边至主标尺标记表面的距离应不大于 0.30 mm。

② 游标尺的指针尖端应盖住短标记长度的 30%～80%。

③ 指针末端与标尺标记表面之间的间隙应不超过检定规程的规定。

【检定方法】

① 目力观察。

② 2 级塞尺比较检定(图 1.3.1)。

4. 标尺标记的宽度和宽度差的检定

【要求】　游标卡尺的主标尺和游标尺的标记宽度和宽度差应符合检定规程的规定。

【检定方法】　用工具显微镜或读数显微镜检定。

先将卡尺放置在工具显微镜的工作台面上,使刻线方向与工作台的纵向行程平行,将显微镜分划板的米字线交点对准受检刻线的一个边缘,在显微镜的微分筒上进行第一次读数,然后移动工作台,使米字线交点与该线另一边缘对准,进行第二次读数,两次读数之差就是刻线宽度。有了刻线宽度值,其差也容易确定。

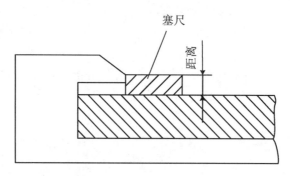

图 1.3.1 2 级塞尺的比较检定

若刻线边缘不平行(图 1.3.2),且刻线本身平行度偏差不超过刻线宽度差,应将米字线交点对准刻线一边的中点进行第一次读数,另一边读数也以同样的方式进行。若刻线边缘不规则(图 1.3.3),应将米字线的中心虚线对准刻线一边的外切线,进行第一次读数,另一边的读数也同样以这种方式进行。

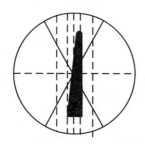

图 1.3.2 刻线边缘不平行时的测量

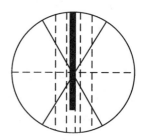

图 1.3.3 刻线边缘不规则时的测量

5. 测量面的表面粗糙度的检定

【要求】 测量面的表面粗糙度应不超过检定规程的规定。

【检定方法】 用表面粗糙度比较样块进行检定。

6. 测量面的平面度的检定

【要求】 测量面的平面度应不超过检定规程的规定。

【检定方法】

① 外量爪测量面的平面度用 0 级刀口形直尺。

② 深度卡尺的平面度用 1 级刀口形直尺以光隙法检定。

7. 圆弧内量爪的基本尺寸和平行度的检定

【要求】

① 合并两量爪,圆弧内量爪基本尺寸,新制造的应为 10 mm 或 20 mm 整数,其偏差应符合检定规程的规定。

② 使用中和修理后的基本尺寸允许为 0.1 mm 的整数倍,保证使用的情况下可为卡尺分度值的整数倍,并应在证书内页上注明。

③ 圆弧内量爪平行度应不超过检定规程的规定。

【检定方法】

① 基本尺寸用外径千分尺沿卡尺内量爪在平行于尺身方向检定。

② 平行度用外径千分尺在内量爪外端 2 mm 处开始检定，以内量爪全长范围内最大与最小尺寸之差确定(图 1.3.4)。

8. 刀口内量爪的基本尺寸和平行度的检定

【要求】　刀口内量爪的基本尺寸和平行度应不超过检定规程的规定。

【检定方法】　用测力为 6～7 N 的外径千分尺沿刀口尺内量爪在平行于尺身方向检定。尺寸变差以测得值与量块尺寸之差确定。

9. 零值误差的检定

【要求】　游标卡尺量爪测量面相接触(深度游标卡尺的主标尺基准面和测量面在同一平面)时，游标上的"零"标记和"尾"标记与主标尺相应标记应相互重合。其重合度应符合检定规程的规定。

【检定方法】　在尺框紧固和松开的情况下，用目力观察。必要时，用工具显微镜检定。

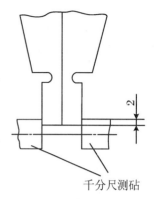

千分尺测砧

图 1.3.4　平行度的测量

10. 示值误差的检定

【要求】　游标卡尺示值均应符合检定规程的规定。带深度测量杆的卡尺，深度测量杆在 20 mm 点的示值误差不超过 1 个分度值(分辨力)。如表 1.3.1 所示。

表 1.3.1　示值误差

(单位:mm)

测量范围	分度值(分辨力)		
	0.01,0.02	0.05	0.10
	允许误差		
0～150	±0.02	±0.05	±0.10
>150～200	±0.03		
>200～300	±0.04	±0.08	
>300～500	±0.05		
>500～1 000	±0.07	±0.10	±0.15
>1 000～1 500	±0.10	±0.15	±0.20
>1 500～2 000	±0.14	±0.20	±0.25

【检定方法】　用 3 级或 6 等量块检定。受检点的分布:对于测量范围在 300 mm 内的卡尺，不少于均匀分布 3 点，如 0～300 mm 的卡尺，其受检点为 101.30,201.60,291.90,或 101.20,201.50,291.80(单位:mm);对于测量范围大于 300 mm 的卡尺，不少于均匀分布 6 点，如 0～500 mm 的卡尺，其受检点为 80,161.30,240,321.60,400,491.90,或 80,161.20,240,321.50,400,491.80(单位:mm)。根据实际使用情况可以适当增加受检点位。

对于Ⅲ型卡尺，检定时每一受检点应在量爪的里端和外端两位置检定，量块工作面的长边和卡尺测量面长边应垂直，如图 1.3.5 所示。

对于测量范围大于 1 000 mm 的卡尺，检定时卡尺支放状态分为量爪平检和立检两种。

平检:第一支点在主标尺零标记外侧 50 mm 以内,第二支点在尺框内侧 100 mm 以内,第三支点在测量上限标记外侧 50 mm 以内。立检:用上述第一、二支点,当尾部发生偏重时可在第三支点处加辅助支撑。所用三个支点应等高,如图 1.3.5 所示。

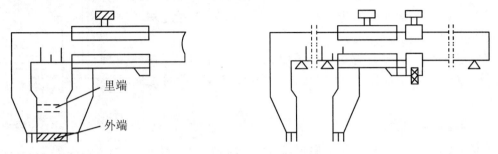

里端

外端

图 1.3.5　Ⅲ型游标卡尺示值误差检定

对于深度卡尺,检定时按受检尺寸依次将两组同一尺寸的量块平行放置在 1 级平板上,使基准面的长边和量块工作面的长边方向垂直接触,再移动尺身,使其测量面和平板接触。检定时,量块应分别置于基准面的里端和外端两位置检定,如图 1.3.6 所示。

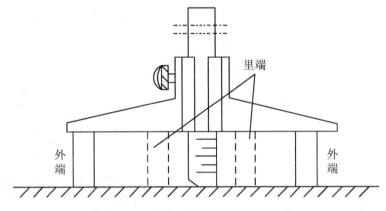

里端

外端　　　　　　　　　　　　　　　　外端

图 1.3.6　深度游标卡尺示值误差检定

示值误差的检定应在螺钉紧固和松开两种状态下进行。无论尺框紧固与否,卡尺的测量面和基准面与量块表面接触应能正常滑动。接触时,有微动装置的应使用微动装置。各点示值误差以该点读数值与量块尺寸之差确定。

刀口外量爪示值误差的检定方法同上。检定时,量块处于刀口外量爪的中间位置。对于带有深度测量杆的卡尺,深度测量杆检定时,用两块尺寸为 20 mm 的量块置于 1 级平板上,使尺身测量面与量块接触,伸出测量杆测量面与平板接触,然后在尺身上读数。该点示值误差应不超过规定值。

1.3.4　任务评价与总结

1.3.4.1　任务评价

任务评价见表 1.3.2。

表 1.3.2　任务评价表

评价项目	配　分(%)	得　分
一、成果评价:60%		
是否能够熟悉游标卡尺的检定项目	20	
是否能够掌握游标卡尺的检定方法	20	
是否能够掌握游标卡尺检定时所用的工具与仪器的使用方法	20	
二、自我评价:15%		
学习活动的目的性	3	
是否独立寻求解决问题的方法	5	
团队合作氛围	5	
个人在团队中的作用	2	
三、教师评价:25%		
工作态度是否正确	10	
工作量是否饱满	5	
工作难度是否适当	5	
自主学习	5	
总分		

1.3.4.2　任务总结

在进行游标卡尺的检定时,必须按照游标卡尺的检定项目及其相应的检定方法,逐一进行检定,并将检定结果记录下来,根据检定结果判断游标卡尺的各项技术指标是否满足游标卡尺的使用要求。

练习与提高

1. 游标卡尺的检定项目有哪些?
2. 简述游标卡尺刻线宽度的检定步骤。

1.4　任务 3:游标卡尺的调修

1.4.1　任务资讯

游标卡尺经检定后,如果检定的结果显示其工作性能已达不到工作精度的要求,那么游标卡尺就必须进行调整与维修,以保证游标卡尺的工作性能达到工作精度的要求。

1.4.2　任务分析与计划

游标卡尺在调整与维修时,必须先分析其产生问题的原因,根据其具体原因选择合适的调整和维修的方法与工具去解决这些问题,使调整和维修后的游标卡尺的工作性能达到工作精度的要求。

1.4.3　任务实施

1. 外观修理

【常见故障】　表面产生锈斑、毛刺等。

【产生原因】　使用或保管不当等。

【调修方法】　将卡尺零件全部拆卸下来,在汽油中清洗,用油石去毛刺,用干纱布蘸取煤油后打磨除锈。

2. 主尺修理

(1) 主尺弯曲的修理

【产生原因】　使用时间过久、受力变形。

【调修方法】　将主尺放在木板上用硬木锤或紫铜锤(可将垂头包上绸布)来调直,也可在虎钳上调直。如图 1.4.1 和图 1.4.2 所示。

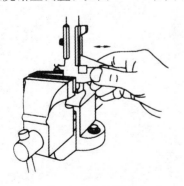

图 1.4.1　用虎钳调直主尺

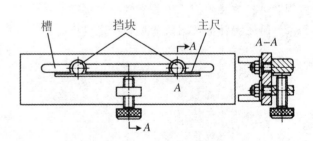

图 1.4.2　主尺调直工具

（2）主尺基面磨损的修理

如图1.4.3所示。

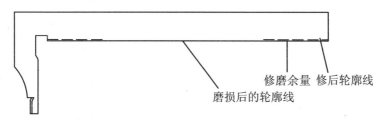

修磨余量 修后轮廓线

磨损后的轮廓线

图1.4.3 主尺基面修理示意图

主尺的基面是指主尺上与游框直接接触的窄平面。卡尺使用过久，主尺基面会产生局部磨损，一般出现中间凹、两头凸的现象，主尺基面磨损与主尺弯曲一样，都会使活动量爪产生倾斜，影响测量的准确性。

【产生原因】 使用时间过久。

【调修方法】 以磨损较多处为主，多磨突出部分，使基面取直。主尺基面平直后，再用W20金刚研磨膏到研磨平板上进行精研，直到合格为止。如图1.4.4和图1.4.5所示。

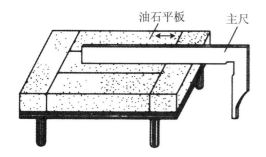

图1.4.4 油石平板修磨主尺

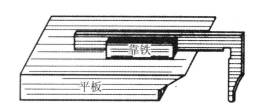

图1.4.5 用靠铁研磨主尺基面

3. 游框的修理

（1）游框基面磨损的修理

【产生原因】 长期使用，基面在主尺上滑动，造成磨损。

【调修方法】 将游框夹持在带有铜钳口的虎钳内，用什锦锉修去基面着色的突部，然后研磨。如图1.46所示。

（2）游框、游标与主尺间隙的修理

【调修方法】

① 用成型垫铁垫在游框的斜面上，在虎钳中挤压（图1.4.7）。

② 将游框平放在带有长槽的垫铁上，用橡皮包着冲子冲击游框底面，冲击后若变形过大，可将游框翻过来，平放在平铁上矫正。如图1.4.8所示。

4. 微动装置的修理

【常见故障】 微动游框凹槽使用后产生磨损，产生空程。

【调修方法】 螺母端面与凹槽之间的间隙不大时，可在虎钳上将凹槽夹窄一些；间隙过大时，则应配置适当长度的螺母，或在原螺母端面上焊接一只垫圈。如图1.4.9所示。

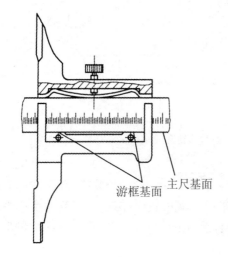

图1.4.6　主尺基面与游框基面

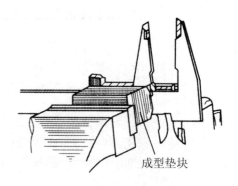

图1.4.7　虎钳挤压法

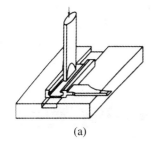

(a)

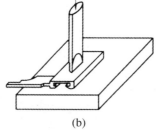

(b)

图1.4.8　冲击法减小间隙

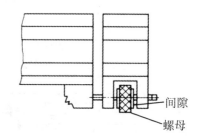

图1.4.9　微动游框凹槽磨损

5．游标卡尺测量面平面度与平行度误差的修理

【常见故障】　长期使用后产生磨损，测量面平面度和平行度产生误差。

【调修方法】　手工研磨或使用自动研磨机自动研磨。

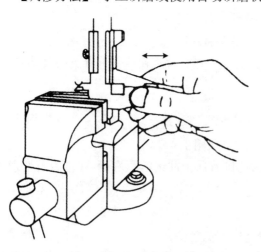

图1.4.10　虎钳上研磨卡尺

（1）手工研磨法

将卡尺夹在虎钳上，操作者取坐势，右手捏紧两量爪，如图1.4.10所示，施加一定的研磨压力。也可采用自压装置产生研磨压力或采用自压装置产生研磨压力，如图1.4.11所示。右手前后推拉研磨器，同时使研磨器转动，手和研磨器应放平。用力要均匀，不可倾斜。图1.4.11所示的自压装置中，该装置的压头3用废千分尺改制，固定在支承板4上。支承板通过螺钉2和套筒1固定在虎钳钳口上。支承板上开有长槽，用来调整压头在量爪5上的加压位置。

（2）自动研磨法

采用自动研磨的仪器是卡尺研磨机。

卡尺研磨机种类很多,我们只介绍一种台式卡尺研磨机。

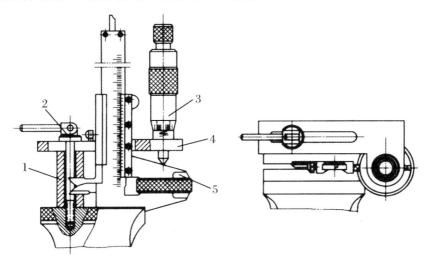

图 1.4.11 研磨器

1. 套筒; 2. 螺钉; 3. 压头; 4. 支承板; 5. 量爪

图 1.4.12 所示为一种台式卡尺研磨机,每次可同时研磨两把卡尺。其传动原理如下:由电动机 12 通过连接套 11 带动蜗杆 9 和蜗轮 10 传动。蜗轮轴用链与圆盘 8 连接。圆盘通过其端面厂形槽内的螺钉,与连杆 7 活动连接。连杆另一端与燕尾滑板 6 活动连接。燕尾滑板的另一端固定卡板 5。因此在圆盘的带动下,卡板做往返直线运动,带动研磨器 3 在卡尺两测量面间进行研磨。由于卡板的孔是椭圆形,它的长轴方向和导轨的运动方向有 30°

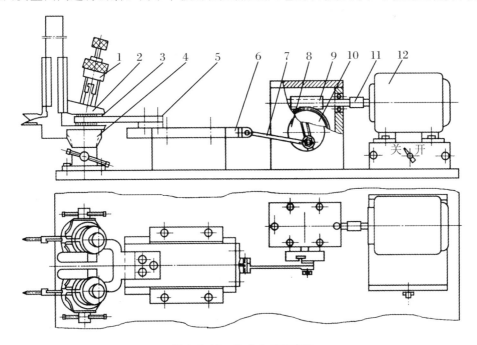

图 1.4.12 台式卡尺研磨机

1. 加压装置; 2. 活动量爪; 3. 研磨器; 4. 虎钳; 5. 卡板; 6. 燕尾滑板;
7. 连杆; 8. 圆盘; 9. 蜗杆; 10. 蜗轮; 11. 连接套; 12. 电动机

交角,如图 1.4.12 所示,这样卡板带动研磨器做往返运动时,就给研磨器一个转矩,使研磨器按顺时针方向做间隙运动。卡尺装夹在虎钳 4 上时,应使两测量面与卡板端面平行。装好后用加压装置 1 压紧活动量爪 2。

此研磨机结构简单,体积小,使用方便。为了维修的方便,研磨机往往做成多用型的,这里不再介绍。

1.4.4　任务拓展

1.4.4.1　计量器具的维护保养

1．开箱与安装

对于新到的仪器设备,安装前必须详细阅读仪器安装或使用说明书,以免发生意外事故而损坏仪器的准确度。

仪器开箱前,首先要选好安装地点。较精密的仪器设备,应在恒温室内工作。一般室内温度保持在(20±2)℃,相对湿度在 50%～60%之间,应远离腐蚀性场地,远离振动源;对有投影读数的仪器设备,应安装在背光的地方,以便投影清晰。

装精密仪器的内箱,在打开之前,必须在恒温室内定温一昼夜。切忌运到后立即开箱安装。因为室内外气温,特别在冬季和夏季相差较大,突然改变温度,会使仪器内部的相对湿度提高,镜片表面出现微小露珠,造成镜头发雾、发霉。

笨重的仪器,在安放到固定工作位置上之前,不要拆除装箱用的吊装固定支架,并注意仪器的合理搬运方法,不要碰坏仪器。

仪器安装完毕,应组织验收,全面检查仪器运动部分是否灵活,技术指标是否符合标准。使用过程中也要定期检定和修理,以确保使用的准确度。

2．日常维护

为了保持仪器使用的准确度,不致使仪器生锈,在日常工作中,必须精心维护仪器设备。对于精密计量标准器和精密测试仪器,要拟定维护保养制度,按台建立档案,对主机和附件都要进行登记。操作人员要经过培养训练,得到上岗合格证后才能操作仪器。仪器设备要有固定专人保管、使用。精密计量器具每次使用都应有记录,以便出了故障好查找原因。

① 使用前,使用人员应将卡尺测量面的油污揩拭干净,检查卡尺各部分的作用是否正常、可靠,"0"位是否准确。卡尺外量爪两测量面合拢时,不应有可见的白光(允许有可见的蓝光)。

② 使用中,不能在机床还在转动时就去测量工件,以防测量人员发生危险或损坏量具,应待被测工件处于静态后进行。

③ 仪器使用后保养维护:仪器使用时,应按操作规程,正确使用仪器及其附件,防止事故发生。仪器使用完毕应及时取下工件及附件,对暴露在仪器表面的精密零部件(如导轨、工作台面、升降立柱等),用航空汽油清洗。待汽油挥发后,涂上一层薄薄的防蚀脂或防锈油,以起到防蚀、防锈等保护作用。

仪器的附件和夹具,清洗涂油后再放入附件箱内。对于长期不使用的附件,也要做定期清洁换油工作。

特别注意:

（1）光学仪器的维护与保养

对于有光学零件的仪器，应特别重视维护保养光学零件。否则，由于镜头质量的破坏，会造成仪器测量准确度降低，甚至无法使用。一般光学零件表面镀有增透膜（如二氧化硅、二氧化钛），它的作用是降低光线在零件表面上的反射，以增加透射光能量，并减少因表面反射而产生的杂光，使成像视场明亮，影像清晰，但镀层一般在 $0.14\,\mu m$ 左右，强度较低，容易擦伤。因此，不可用手摸光学镜头表面，因为手汗具有酸性，将会腐蚀透光膜层。在给金属表面涂油时，切勿在镜头表面碰上油脂。镜片表面灰尘，可用虎皮吹风吹掉，也可用松鼠毛刷轻轻拭去。

有些光学零件用加拿大胶或风仙胶胶合，它们都溶于酒精、乙醚等，故清洗胶合零件时，应避免这些清洗液浸入胶层引起脱胶。较强烈的振动也会使较薄而面积较大的光学零件（如大工显、万工显的轮廓目镜）脱胶，急剧的温度变化也会对胶合零件产生影响。特别是较长的零件，如万工显的 $200\,mm$ 的刻度尺与棱镜的胶合，因胶层与玻璃的热膨胀系数不同，而引起脱胶。所以要避免振动和急剧的温度变化。

光学镜头或附件不用时，放入干燥缸内并保存，以防尘、防雾、防霉。

仪器或附件不用时，应加防护罩。

为保持光学零件的清洁，可用镜头纸或毛刷擦去目镜、物镜、反光镜、玻璃刻线尺等上的灰尘，用毛刷时切忌毛刷带潮湿附着灰尘而划伤光学零件，如光学零件上有油迹，则应选用柳条木卷上脱脂棉，蘸上干净的酒精，并甩去一些脱脂棉上的酒精，从里向外轻轻地擦拭，每擦一次，应换干净棉球。切不可用手或指甲抠除油垢。

（2）电气部分的维护与保养

严格按照仪器的操作规程进行操作，切勿乱动按键。连接和拆除各种信号插头时，一定要断开电源后进行。

操作前应检查电源电压是否在规定范围内，电压既不能太高也不能太低。

1.4.4.2 计量器具检定与维修知识学习

1. 计量器具的检定

为了保证计量器具的使用精度，保证测量的可靠性，对新购的计量器具及经调修的计量器具都必须进行检定。使用中的计量器具也必须定期检定。

计量仪器的检定，以《国家计量检定规程》为依据。《国家计量检定规程》对检定条件、技术要求、检定项目和检定方法及检定结果的处理都做了明确的规定。

2. 检定时的外界条件

外界客观条件对检定计量器具的影响因素有：温度、湿度、振动、灰尘及腐蚀性气体等，它们都直接或间接地对测量结果产生影响，因此要考虑到它们的影响因素。

（1）温度的影响

由于物体有热胀冷缩的特性，所以在不同的温度条件下，物体的尺寸也有所不同。为了统一起见，长度计量通常都指在标准温度下的长度。在工业中以 20℃ 为标准温度，任何对标准温度所引起的尺寸变化量为

$$\Delta L = La(t - 20) = La\Delta t$$

式中：L 为工件长度；a 为工件线膨胀系数；Δt 为标准温度的偏差。

常用金属材料的线膨胀系数见表1.4.1。

表 1.4.1　常用金属材料的线膨胀系数

（单位：$\times 10^{-6}/℃$）

材　料	线膨胀系数	材　料	线膨胀系数	材　料	线膨胀系数
镁合金	27	金	14.3	铬	8.4
铝	24	镍	13	玻璃（变化）	6～9
银	19.7	中炭及淬火钢	11.5	钨	4.5
黄铜、青铜	18.5	玻璃刻尺	10.5	木材（变化）	3～7
紫铜	16.5	铸铁	10.4	韧钢（变化）	0.5～2
镍合金	15.2	不锈钢（变化）	10～18	石英	0.5
镍铬合金	14.5	白金	9		

如：某量块长 $L = 100$ mm，其线性膨胀系数 $a = 11.5 \times 10^{-6}$，量块的实际温度 $t = 21℃$，则有 $\Delta L = 100 \times 1000 \times 11.5 \times 10^{-6} \times (21 - 20) = 1.15\ \mu$m。或者说，100 mm 的量块，温度变化1℃，其尺寸变化为 $1.15\ \mu$m。

为了减少温度误差，可以从以下几个方面采取措施：

① 在标准温度下进行检定，如无恒温条件，可利用接近标准温度时的自然温度进行检定。

② 被测工件放在计量室约 2～4 h，使被检工件与标准仪器等温后再检定。

③ 检定时，防止局部、瞬时的辐射热对仪器的影响。如阳光、灯泡不要直接或很近地照射仪器，同时也要尽量避免人手、呼吸等热量对仪器的影响。

（2）湿度的影响

一般来说，湿度对测量没有直接的影响，但是湿度超过 60% 时，仪器工作部分易生锈，光学镜头会发霉等，因而间接地对测量有影响；但湿度过低，则测量者由于过于干燥会有不适之感，因此一般建议湿度控制在 50%～60% 范围内。

为了保证湿度要求，计量室应尽可能建立在较为干燥的地方，室内也应有防湿措施，这对我国南方尤其重要。一般南方的梅雨季节，非常潮湿。一般建议用玻璃罩将仪器罩住，并内置干燥剂；室内安装相应的通风装置，如空调、去湿机等。

（3）振动

振动不仅直接影响测量的精度，还破坏光学的成像，破坏已调整好的工件和仪器的相对位置等，而且对仪器的精度和寿命都有影响，例如在万能测长仪上用电眼装置测量孔径时，若汽车从外边经过，测量结果就无法测定。因此计量室应有相应的防震措施，如远离振动源；室内应有防振沟；仪器工作台的地基要牢固，工作台上应有厚的橡皮垫吸收振动等。

（4）灰尘

仪器的磨损主要是由于灰尘在其上而引起的，此外它对光学仪器成像的清晰度也会有影响。如工件没洗干净，上面有灰尘，也将引起测量的不稳定和误差，因此计量室也应该有相应的防尘措施，室内应保持洁净和无灰尘；测量者要穿上工作服和戴手套等。

（5）腐蚀性气体

腐蚀性气体将使仪器的精度迅速降低，因此计量室应远离化工厂和车间，这些影响并不明显,但在使用时应予以注意。

3．锈的识别与防治办法

计量仪器大都以金属零件和光学零件组成,其中零件的生锈对仪器的危害很大,仪器生锈是由于受环境影响、维护不当等原因引起的,因此应该重视锈的识别和防治方法。

(1) 锈的识别

钢锈:呈现橙、褐、黑等颜色。

铜锈:呈蓝色,在酸碱性介质中腐蚀呈绿色;铝青铜锈呈白色。

湿气及腐蚀气体锈:在钢件上,呈褐色。

不合格的油脂和手汗锈:在铜件上,初呈褐色或手纹锈迹。

唾液锈:在钢件上初呈橙色,逐渐发黑。

(2) 防锈方法

① 工作时必须戴细纱手套,禁止赤手触摸仪器,若必须用手触摸仪器,工作完毕后必须清洗仪器。

② 金属零件可用航空汽油清洗。对涂有漆层的零件,可用布或脱脂棉蘸湿后清洗(水或清洁剂),但要防止洗液流入金属表面或缝隙内而引起生锈。

③ 对不常用的仪器的表露金属部分和附件等应进行封存。短期封存可用较稀的防锈油,长期封存多用稠厚的防锈油。封存的零件及附件,应半年清洗一次,再重新封存。

④ 清洗金属表面,应使航空汽油挥发后再涂上一层薄薄的防锈油,油要用刷子涂开,油层不要有气泡。

⑤ 各类刷子严禁混用。

⑥ 在测量完毕后清洗仪器时,要用到一些清洗剂,在计量测试中所用清洗溶剂的性质见表 1.4.2。

表 1.4.2　计量测试中所用清洗溶剂的性质

品　名	相对密度	沸　点(℃)	着火点(℃)	毒　性	蒸发速度	备　注
工业用 1 号汽油 (挥发油)	0.70～0.80	150	−46	300 ppm 有臭气	—	用于清洗
石油乙醚 (挥发油)	0.59～0.67	60～80		一般条件下 无毒		用作挥发油 (汽油)的代 替品
灯油	0.79～0.85	150～320	30～35	无	—	洗净用
三氯乙烯	1.468～1.476	86～90	无	麻醉性、 有毒	12.2	用于超声波 洗净液等
工业用酒精 (乙醇)	0.813～0.817	74.5～79.5	23.9	一般无毒	340	用于擦洗透 镜等
工业用乙醇	0.715～0.717	34.5	−40	挥发、 臭气大	3 300	用于擦洗透 镜等

品　名	相对密度	沸　点(℃)	着火点(℃)	毒　性	蒸发速度	备　注
苯	0.875～0.886	78.2～82.2	−20	麻醉性、有毒	630	用于透镜研磨工作中的洗净
松节油	0.861～0.862	155～170	33.9	有毒	45	用于透镜研磨工作中的洗净

计量器具和通用量规等金属材料在运输、使用、保存时易发生锈蚀,因此在金属表面清洗干净后,要擦上防锈剂。防锈剂可选用上海光学仪器厂生产的量块油或凡士林。也可根据需要将购买的较稀的防锈油掺入一些凡士林放在火上煮,使水蒸发掉后使用。

4. 研磨技术

在量具修理中,研磨是修复测量面唯一的加工手段,使其符合规程要求。研磨效果取决于磨具和磨料,其加工原理是被加工表面与磨具间涂上磨料,在一定的压力下使它们做相对运动,由于磨具的硬度低于被加工表面,磨料就被压入磨具表面上,就像砂皮一样切削工件的表面。

(1) 磨料

磨料一般呈粉状,常用的有:刚玉、碳化硅、碳化硼、金刚石粉、氧化铬、氧化铁,其颜色、性能和用途见表1.4.3。

表1.4.3　研磨粉的颜色、性能和用途

系　别	名　称	代　号	颜　色	性　能	用　途
氧化铝系	棕刚玉	GZ	棕褐色	硬度好;韧性好;颗粒锋利	研磨碳钢、合金钢、铸铁、硬青铜等
	白刚玉	GB	白色	硬度比棕刚玉高;但韧性差	研磨高碳钢、高速钢、淬火钢等
	铬刚玉	GG	玫瑰红或紫红色	韧性比白刚玉高;研磨粗糙度好	研磨量具中粗糙度要求高的钢件
	单晶刚玉	GD	浅黄色或白色	强度和韧性比白刚玉高;颗粒呈球状	研磨不锈钢等
	微晶刚玉	GW	颜色与棕刚玉近似	强度高;韧性好;自锐性好;颗粒由微小晶体组成	研磨不锈钢、特种球墨铸铁等
碳化物系	黑碳化硅	TH	黑色光泽或深蓝色	硬度比白刚玉高;但韧性较低;颗粒尖锐	研磨抗张强度小的铸铁、黄铜及非金属材料等
	绿碳化硅	TL	绿色	硬度次于碳化硼和金刚石粉;性脆	研磨硬质合金、淬火钢、硬铬、工具钢等
	碳化硼	TP	黑色	硬度仅次于金刚石粉;耐磨性好	研磨硬质合金、硬铬等

续表

系　别	名　称	代　号	颜　色	性　能	用　途
金刚石系	人造金刚石粉	JR	灰色至黄色	最硬	研磨硬质合金、淬火钢等
	天然金刚石粉	JT	灰色至黄色	最硬	研磨硬质合金、淬火钢等
软磨料系	氧化铬		深绿色	硬度很高;切削力强,但又不会进入金属内	精研和抛光硬度很高的淬火钢,以及各种软金属
	氧化铁（红丹粉）		红色至深红色和紫色	比氧化铬软;经它抛光后的表面不易保持光泽	抛光和精研硬钢、玻璃等
	矾土		绿色	经它抛光后的表面长久保持光泽	抛光和精研钢件、软金属;可作氧化铬代用品

研磨粉粒度粗则切削力大,但磨后表面粗糙,适宜粗加工;粒度细则切削力弱,表面光洁,适宜精加工。若粒度不均匀,则会使被加工表面产生划痕。

在研磨过程中,研磨粉粒会逐渐细化,而降低切削力,因此粗研时,应不断补充新磨粉。精研时,由于颗粒细化变钝有利于降低粗糙度,故无需经常补充。

研磨粉的种类和粒度的选择,是根据材料性质、磨削余量、表面粗糙度和精度要求及研磨方式来确定的。

（2）润滑剂和稀释液

润滑剂和稀释液是研磨中的辅助材料,常用的有汽油、煤油、变压器油、硬脂、凡士林等。

汽油、煤油可用来稀释油脂或配制研磨混合剂。其中煤油用得较多,它可使工件表面获得光泽,但润滑作用差,必须另加变压器油,加强润滑。

总的来讲,润滑剂和稀释液的作用有以下几点。

① 在研磨剂中增加润滑,避免研磨粉粒划伤工件表面。

② 冷却工件和磨具,避免热变形。

③ 使磨料颗粒不致黏结在一起,并均匀地附在磨具表面上。

④ 使研磨粉粒不易钝化,从而保持磨料长时间的切削能力。

⑤ 有利于提高研磨速度、效率和精度。

⑥ 使工件表面形成氧化薄膜,加速磨削作用。

⑦ 具有防蚀作用。

⑧ 增强研磨中的悬浮作用。

（3）研磨剂（膏）

研磨粉不能单独使用,必须和润滑剂、稀释液按一定的比例调制后同时使用。总称为研磨剂（膏）市售的研磨剂（膏）呈糊状或固体状的就是上述成分的混合剂。

在量具修理中使用研磨剂（膏）是十分方便的。首先根据零件表面材料及硬度来选择研磨剂（膏）的成分,按加工余量来选择研磨剂（膏）的粒度。研磨剂（膏）分粗、中、细三种,分别用于加工余量为十分之几毫米、百分之几毫米、千分之几毫米,其磨削能力分别为 $17\sim35\mu m$、$8\sim16\mu m$、$1\sim7\mu m$。

（4）研磨器（磨具）

用来进行研磨加工的工具叫做研磨器。它的形状、尺寸、材料等是由被加工工件决定的。在量具修理中常用的研磨器有:研磨平板、圆柱形千分尺研磨器、丝杆研磨器、圆饼形卡尺研磨器以及研磨卡尺游框基面的窄扁形研磨器等。

(5)研磨方法

无论用手研还是机研,研磨工具与工件之间的相对运动应满足下列要求。

① 两者不受外力的强制性引导,而处于浮动状态。

② 运动方向周期性或无规则的变更,使研磨剂分布均匀,工件表面的划痕纵横交错,工具表面磨损均匀。

③ 工件表面上每点在工具表面上的运动路程相等,使各点切削均匀。

研磨方式有干研磨和湿研磨两种。干研磨是利用磨具表面上事先均匀压入的研磨粉进行的近于完全干燥状态下的研磨。它的优点是工件表面易磨平,可得到很高的精度和粗糙度,研磨后的表面耐磨;缺点是效率低,被磨表面易烧焦而降低硬度,易出划痕。湿研磨是预先在研磨过程中不断地在研磨表面上涂敷研磨混合剂进行的研磨。其优点是研磨效率高(比干研磨约高6~8倍),被磨表面不易出现明显的划痕;缺点是容易塌边,表面呈麻面乌光,不如干研磨粗糙度高。在万能量具的修理中,湿研磨用得较多。

在操作中,研磨速度和压力对研磨的影响较大。研磨速度高,在单位时间内被磨表面可通过较多的磨料,切削下的金属也较多,效率就高。但速度过高工件就会发热,引起表面退火和热膨胀,不易控制尺寸,同时研磨剂不能很好地发挥作用,因此影响工件精度和效率的提高。此外,速度过高还能使表面留下较严重的划痕。

研磨速度一般根据工件的尺寸、几何形状及所要求的精度和光洁度而定。精度高和形状复杂的表面,如千分尺丝杆,研磨速度应低些。

研磨速度可在6~30 mm/s之间选取。

在一定限度内增大研磨压力,可使效率成比例地提高。这是因为压力大,则磨料切入工件较深,切屑也较大的缘故。但压力过大,则会挤出研磨剂,碾碎磨料,研磨作用反而减小,效率就不再提高。同时,压力过大可能使工件表面划痕加深,影响粗糙度。

研磨时,粗研的压力可大些,速度可低些,待形状或尺寸基本符合要求后,再用较小压力和较高速度精研。

1.4.4.3 量块与平晶

1. 量块的基本概念

(1)量块的用途及构造

量块是长度计量中应用最广泛的一种实物计量标准量具,它是由两个互相平行的测量面之间的距离来确定工作长度的一种高准确度单值量具。量块的这一长度被用作计量器具的长度标准。

通过它对长度仪器、量具、量规等示值误差进行检定,对精密机械零件尺寸的测量和以国际的复现米定义的基准器的长度联系起来,以达到长度量值在国内和国际间的统一,并使零、配件都具备良好的互换性。

量块的形状有:矩形截面的长方体量块;圆柱形截面的圆柱体量块;带有孔方形截面的长方管体量块和圆环形截面的圆管体量块。我国与大多数国家一样,均采用如图1.4.13所示的长方体量块。

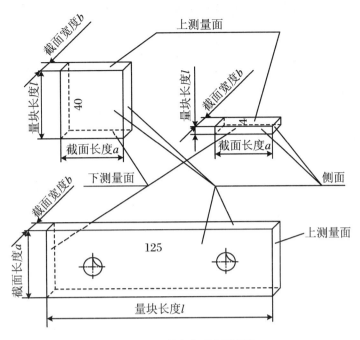

图 1.4.13　长方体形钢质量块

（2）量块的构造

每个量块有 2 个测量面和 4 个侧面，对标称长度为 5.5 cm 及小于它的量块，代表其标称长度的数码字和制造者商标，刻印在一个测量面上，称此测量面为上测量面。与此相对的面为下测量面。标称长度大于 5.5～1 000 cm 的量块，其标称长度的数码字和制造者商标，刻印在面积较大的一个侧面上，当此顺向面对观察者放置时，它右边的那一个面为上测量面，左边的那一个面为下测量面。标称长度大于 100 mm 的量块，还有两个连接孔，量块连接孔和支承定位线如图 1.4.14 所示。量块的截面尺寸列于表 1.4.4 中。

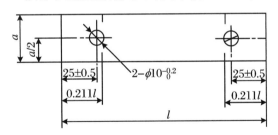

图 1.4.14　量块连接孔和支承定位线

表 1.4.4　量块的截面尺寸

矩形截面	标称长度 l_n	截面长度 a	截面宽度 b
	$0.5 \leqslant l_n \leqslant 10$	$30_{-0.3}^{0}$	$9_{-0.20}^{-0.05}$
	$10 < l_n \leqslant 1\,000$	$35_{-0.3}^{0}$	$9_{-0.20}^{-0.05}$

量块用刚性良好、表面耐磨、长度稳定、组织均匀、结构紧密和容易加工出高级表面粗糙度的材料制造。一般是用经淬火、回火和低温处理的 GCr15 轴承钢、铬钢（Cr）、铬锰钢（CrMn）、优质高碳工具钢（T12A）等制造量块。除能够满足上述要求以外，还由于它的温度膨胀系数与被检测的对象（钢、铁零件）相近，这样有利于减少使用量块测量时，由于温度偏离 20℃ 而引起的误差。

量块的生产和供应成套进行。在量块国家标准中，根据不同使用需要，设置了 17 套不同组合尺寸的成套量块，供使用者选择。成套量块的尺寸组合情况见表 1.4.5。

表 1.4.5 成套量块尺寸系列表

套 别	量块数	级 别	尺寸系列（mm）	间 隔（mm）	块 数
1	83	K,0,1,2,(3)	0.5	—	1
			1	—	1
			1.005	—	1
			1.01,1.02,…,1.49	0.01	49
			1.5,1.6,…,1.9	0.1	5
			2.0,2.5,…,9.5	0.5	16
			10,20,…,100	10	10
2	38	0,1,2,(3)	1	—	1
			1.005	—	1
			1.01,1.02,…,1.09	0.01	9
			1.1,1.2,…,1.9	0.1	9
			2,3,…,9	1	8
			10,20,…,100	10	10
3	8	K,0,1,2,(3)	125,150,200,250,300,400,500		8
4	5	K,0,1,2,(3)	600,700,800,900,1000		5
5	12	3	41.2,81.5,121.8,51.2,100.25,191.8, 101.2,201.5,291.8,10,(20 两块)		12
6	6	3	101.2,200,291.5,375,451.8,490		6

2. 量块的基本特性

根据国家计量检定规程 JJG—2003 标准规定，量块具有以下基本特性。

（1）研合性

量块在使用过程中，往往需要将几块量块组合起来使用。因此，量块的工作面应具有研合性。量块工作面的表面粗糙度及平面度有严格的要求。若表面上存在着一层不显著的油膜（厚度约 0.02 μm），当量块表面相互研合时，由于分子间的吸力，可使两者牢牢地研合在一起。

（2）稳定性

量块作为计量标准用于量值传递，作为标准尺寸广泛用于微差比较测量。因此对量块的尺寸及工作面形状要求具有稳定性。量块的稳定性是指量块的长度随时间变化而保持不变的能力,一般以每年的长度变化量来表示,要求不超过表 1.4.6 的规定。

表 1.4.6　量块的长度变化量

等	级	量块长度的最大允许年变化量
1,2	K,0	$\pm(0.02\,\mu m + 0.25 \times 10^{-6} l_n)$
3,4	1,2	$\pm(0.05\,\mu m + 0.5 \times 10^{-6} l_n)$
5	3	$\pm(0.05\,\mu m + 1.0 \times 10^{-6} l_n)$

（3）耐磨性

量块工作面一般在接触情况下使用,因而很容易产生磨损。量块的磨损会使其尺寸减小,影响研合性,缩短使用寿命。因此量块应具有良好的耐磨性。

量块的耐磨性主要与量块的材料及材料的热处理有关。材料组织细密、硬度高,耐磨性就好。

量块工作面的硬度值,按照我国量块标准规定,应不低于 HV 800 或 HRC 63。

（4）量块的热膨胀系数

量块作为标准尺寸进行比较测量时,被测量的对象多为钢件。为减少由于测量时的温度与标准温度（20℃）的差别而引起测量误差的情况,要求量块的热膨胀系数接近钢的热膨胀系数。我国量块标准规定:钢质量块,在温度为 10～30℃ 之内时,其温度线膨胀系数应为

$$a = 11.5 \times 10^{-6}\,℃^{-1}$$
$$\Delta a = \pm 1 \times 10^{-6}\,℃^{-1}$$

3. 量块的名词定义

（1）量块的中心长度

量块的一个测量面的中心点到与其相对的另一测量面之间的垂直距离定义为量块的中心长度,如图 1.4.15 所示的 L。

（2）量块（测量面任意点的）长度

量块的一个测量面任意点（不包括距离侧面为 0.8 mm 的区域）,到此量块另一测量面之间的垂直距离,定义为量块（测量面任意点）的长度,如图 1.4.15 所示的 L_i。

（3）量块的标称值

按一定比值复现长度单位（m）的量块长度称为量块的标称值 l。如标称值为 25 mm,其比值是 1：40,复现长度单位 1 m 的长度值。量块的标称值一般都刻印在量块上,量块的标称值又称为量块长度的示值。如图 1.4.16 所示。

（4）量块长度的实测值

用一定的方法,对量块的长度进行测量所得到的值称为量块长度的实测值 L（图 1.4.15）。因为任何测量都不可避免地存在测量不确定度,因此,量块长度的实测值,只能在一定程度上接近该量块长度的真值。

（5）量块长度的变动量

量块测量面上任意点位置（不包括距侧面 0.8 mm 的区域）测得的最大长度 L_{iM} 与最小长度 L_{im} 之差的绝对值（图 1.4.16 所示的 L_v）,定义为量块长度变动量。

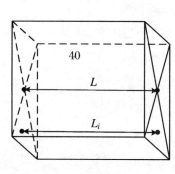

图 1.4.15　量块中心长度

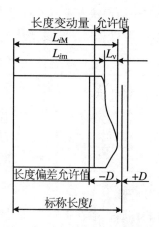

图 1.4.16　量块长度示意图

（6）量块测量面的研合性

两个量块的测量面或一个量块的测量面与一个玻璃或石英平晶的测量面之间相互能够研合的能力。

（7）量块测量面的平面度

包容量块测量面且距离为最小的两个平行平面之间的距离，即为量块测量面的平面度。如图 1.4.17 所示。

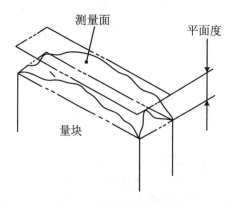

图 1.4.17　量块平面度

（8）量块的长度偏差

量块长度的实测值与其标称长度之差，称为量块长度的偏差或简称偏差。如图 1.4.16 所示的 $-D$ 和 $+D$，即这一偏差的允许值。

（9）量块长度示值误差

刻印在量块上的长度标称值 l 与该量块长度的实测值 L 之差 Δ 称为该量块的长度示值误差，即

$$\Delta = l - L$$

（10）量块长度的修正值

在量块长度使用中和长度测量结果处理中，为消除量块长度的示值误差或消除长度测量过程中其他系统误差而引入的修正值 C，可用下式表示，即

$$\Delta = L - l = -\Delta$$

（11）量块长度的稳定性

用量块长度每年的变化量 L_c 来表示量块长度的稳定度,可用下式表示,即

$$L_c = \frac{L_2 - L_1}{Y}$$

式中:L_1 为被测量块考察期间首次测得的长度;L_2 为被测量块考察期间末次测得的长度;Y 为以年为单位考察稳定度的期限。

（12）量块长度的测量总不确定度

量块中心长度的测量误差是指量块中心长度实测尺寸 L 与真实尺寸 X 之差,可用下式表示,即

$$\delta = L - X$$

量块的真实尺寸 X 是无法知道的,但通过分析测量过程中种种测量误差,可以估算出测量误差大小范围,进而判断实测尺寸与真实尺寸的接近程度。如果用一定的方法,对真实尺寸为 X 的量块进行多次测量,测得一系列尺寸 $L_1,L_2,L_3,\cdots,L_n$,那么可写出每次测量误差如下:

$$\delta_1 = L_1 - X$$
$$\delta_2 = L_2 - X$$
$$\delta_3 = L_3 - X$$
$$\cdots$$
$$\delta_n = L_n - X$$

当测量次数 n 足够大时,算术平均值

$$\overline{L} = \frac{1}{n} \sum_{i=1}^{n} L_i$$

将会十分接近其真实尺寸 X,如图 1.4.18 所示,如果所有的实测尺寸 L_i 有 99% 的概率是在给定的测量误差 δ 以内,这个给定的测量误差即为测量的不确定度。

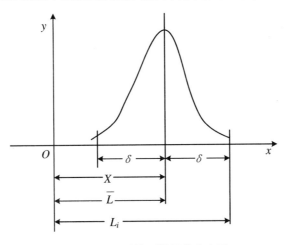

图 1.4.18　量块测量误差分布图

在量块测量中,如未特殊说明,一般都用测量的不确定度来描述量块长度的测量准确度。

4. 量块的等和级

在我国,量块的准确度分级又分等,这在计量器具中是比较特殊的。

从符合经济原则考虑,为了适应不同行业不同准确度的测量,生产厂家根据量块的平面度、研合性、长度变动量和量块长度制造偏差的大小来划分级别。偏差小的选配成高级别,偏差大的选配成低级别。出厂量块只注明整套量块的级别,不给出每套量块的偏差值,用户按级使用量块时,只需按标称尺寸使用,很方便。但为什么还要分等呢?其原因如下。

量块按级使用时,应以量块的标称长度作为工件尺寸,该尺寸包括了量块的制造误差。量块按等使用时,应以检定后所给出的量块中心长度的实际尺寸作为工作尺寸,该尺寸排除了量块制造误差的影响,仅包含较小的测量误差。因此按"等"使用比按"级"使用时的测量精度高。例如,标称长度为 30 mm 的 0 级量块,其长度的极限偏差为 $\pm 0.000\,20$ mm,若按"级"使用,不管该量块的实际尺寸如何,均按 30 mm 计,则引起的测量误差为 $0.000\,20$ mm。但是,若该量块经检定后,确定为 3 等,其实际尺寸为 $30.000\,12$ mm,测量极限误差为 $\pm 0.000\,15$ mm,比按"级"使用测量精度高。

另外,量块经多次使用后,工作面的质量将受到损坏,如划痕、磨损、平面研合性变坏、粗糙度参数值增大等,一定时间后需要进行修理。经修理后的量块,其长度必然缩短,可能超出允许的偏差值,量块需降级甚至报废,影响了它的使用价值。但按等使用,只要量块的平面度、研合性、长度变动量等指标,经修理后恢复到满足原来要求,尽管量块长度偏差增大而降级,但仍按原等别的检定方法检定后,还可保留原等别要求而不降等。这就延长了量块的使用寿命,具有使用的合理性和经济性。因此,量块的分等是从保证满足使用时的准确度要求出发的。

（1）量块级的划分

量块分级是根据量块长度的制造偏差、长度变动量、平面度和研合性等确定的。"级"表示量块长度实测值与其标称值之间的接近程度。根据国家计量检定规程 JJG—2003 标准规定,量块一般分为 K,0,1,2 和 3 级,各级量块对其标称长度的极限偏差 t_e 和长度变动量最大允许值 t_v,见表 1.4.7 的规定。3 级除专用量块外,一般是不出厂的。

表 1.4.7　量块级的要求

标称长度 l_n(mm)	K 级		0 级		1 级		2 级		3 级	
	$\pm t_e$	t_v	$\pm t_e$	t_v	$\pm t_e$	t_v	$\pm t_e$	t_v	$\pm t_e$	t_v
	最大允许值(μm)									
$l_n \leqslant 10$	0.20	0.05	0.12	0.10	0.20	0.16	0.45	0.30	1.0	0.50
$10 < l_n \leqslant 25$	0.30	0.05	0.14	0.10	0.30	0.16	0.60	0.30	1.2	0.50
$25 < l_n \leqslant 50$	0.40	0.06	0.20	0.10	0.40	0.18	0.80	0.30	1.6	0.55
$50 < l_n \leqslant 75$	0.50	0.06	0.25	0.12	0.50	0.18	1.00	0.35	2.0	0.55
$75 < l_n \leqslant 100$	0.60	0.07	0.30	0.12	0.60	0.20	1.20	0.35	2.5	0.60
$100 < l_n \leqslant 150$	0.80	0.08	0.40	0.14	0.80	0.20	1.6	0.40	3.0	0.65
$150 < l_n \leqslant 200$	1.00	0.09	0.50	0.16	1.00	0.25	2.0	0.40	4.0	0.70

续表

标称长度 l_n(mm)	K 级		0 级		1 级		2 级		3 级	
	$\pm t_e$	t_v	$\pm t_e$	t_v	$\pm t_e$	t_v	$\pm t_e$	t_v	$\pm t_e$	t_v
	最大允许值(μm)									
$200 < l_n \leqslant 250$	1.20	0.10	0.60	0.16	1.20	0.25	2.4	0.45	5.0	0.75
$250 < l_n \leqslant 300$	1.40	0.10	0.70	0.18	1.40	0.25	2.8	0.50	6.0	0.80
$300 < l_n \leqslant 400$	1.80	0.12	0.90	0.20	1.80	0.30	3.6	0.50	7.0	0.90
$400 < l_n \leqslant 500$	2.20	0.14	1.10	0.25	2.20	0.35	4.4	0.60	9.0	1.00
$500 < l_n \leqslant 600$	2.60	0.16	1.30	0.25	2.6	0.40	5.0	0.70	11.0	1.10
$600 < l_n \leqslant 700$	3.00	0.18	1.50	0.30	3.0	0.45	6.0	0.70	12.0	1.20
$700 < l_n \leqslant 800$	3.40	0.20	1.70	0.30	3.4	0.50	6.5	0.80	14.0	1.30
$800 < l_n \leqslant 900$	3.80	0.20	1.90	0.35	3.8	0.50	7.5	0.90	15.0	1.40
$900 < l_n \leqslant 1000$	4.20	0.25	2.00	0.40	4.2	0.60	8.0	1.00	17.0	1.50

注：距离测量面边缘 0.8mm 范围内不计。

（2）量块等的划分

量块等是按量块实测长度的测量不确定度、长度变动量、平面度和研合性来确定的。量块分为 1，2，3，4，5 等。"等"表示量块的长度的实测值与其真值的接近程度。各等量块长度测量的不确定度和长度变动量，应不超过表 1.4.8 的规定。

表 1.4.8　量块等的要求

标称长度 l_n(mm)	1 等		2 等		3 等		4 等		5 等	
	测量不确定度	长度变动量	测量不确定度	长度变动量	测量不确定度	长度变动量	测量不确定度	长度变动量	测量不确定度	长度变动量
	最大允许值(μm)									
$l_n \leqslant 10$	0.022	0.05	0.06	0.10	0.11	0.16	0.22	0.30	0.6	0.50
$10 < l_n \leqslant 25$	0.025	0.05	0.07	0.10	0.12	0.16	0.25	0.30	0.6	0.50
$25 < l_n \leqslant 50$	0.030	0.06	0.08	0.10	0.15	0.18	0.30	0.30	0.8	0.55
$50 < l_n \leqslant 75$	0.035	0.06	0.09	0.12	0.18	0.18	0.35	0.35	0.9	0.55
$75 < l_n \leqslant 100$	0.040	0.07	0.10	0.12	0.20	0.20	0.40	0.35	1.0	0.60
$100 < l_n \leqslant 150$	0.05	0.08	0.12	0.14	0.25	0.20	0.5	0.40	1.2	0.65
$150 < l_n \leqslant 200$	0.06	0.09	0.15	0.16	0.30	0.25	0.6	0.40	1.5	0.70
$200 < l_n \leqslant 250$	0.07	0.10	0.18	0.16	0.35	0.25	0.7	0.45	1.8	0.75
$250 < l_n \leqslant 300$	0.08	0.10	0.20	0.18	0.40	0.25	0.8	0.50	2.0	0.80
$300 < l_n \leqslant 400$	0.10	0.12	0.25	0.20	0.50	0.30	1.0	0.50	2.5	0.90
$400 < l_n \leqslant 500$	0.12	0.14	0.30	0.25	0.60	0.35	1.2	0.60	3.0	1.00
$500 < l_n \leqslant 600$	0.14	0.16	0.35	0.25	0.7	0.40	1.4	0.70	3.5	1.10
$600 < l_n \leqslant 700$	0.16	0.18	0.40	0.30	0.8	0.45	1.6	0.70	4.0	1.20

标称长度	1 等		2 等		3 等		4 等		5 等	
l_n(mm)	测量不确定度	长度变动量	测量不确定度	长度变动量	测量不确定度	长度变动量	测量不确定度	长度变动量	测量不确定度	长度变动量
	最大允许值(μm)									
$700 < l_n \leqslant 800$	0.18	0.20	0.45	0.30	0.9	0.50	1.8	0.80	4.5	1.30
$800 < l_n \leqslant 900$	0.20	0.20	0.50	0.35	1.0	0.50	2.0	0.90	5.0	1.40
$900 < l_n \leqslant 1000$	0.22	0.25	0.55	0.40	1.1	0.60	2.2	1.00	5.5	1.50

注:1. 距离测量边缘 0.8 mm 范围内不计。

　　2. 表内测量不确定度置信概率为 0.99。

(3) 量块等和级的关系

从量块定等和分级的要求中,可以发现相应等与级的量块,其长度变动量、平面度、研合性和年稳定性等指标的要求是相同的,它们相对应的关系如下。

① 量块等和级的关系:

K 级—1 等

0 级,K 级—2 等

1 级—3 等

2 级—4 等

3 级—5 等

因此,要建立量块标准,各等标准量块需用以上与等相对应的级别的量块来建标。如建立 3 等标准量块,必须用 1 级以上的量块;建立 5 等标准量块,必须用 3 级以上的量块,等等。K 级为校准级,其长度偏差允许值与 1 级相同,而其余各项技术指标则都高于 0 级,这是为了使高等量块既容易制造,又不妨碍作高等量块使用。

② 修理后量块的高等低级现象:

量块经长期使用修理后,中心长度减小而超过原级规定的中心长度允许偏差,如研合性、平面度、长度变动量,量块中心长度的测量不确定度都没有降级,或修后仍保持不变,则只降低级而不降低等,从而出现了高等低级的现象。如 2 等 1 级、2 等 2 级、3 等 3 级等情况,使用时可按等使用。

③ 量块使用时等与级的替代:

分析量块级的要求、量块等的要求、量块测量时有关温度的各项要求和量块测量面的平面度的规定等,可以知道,K,0,1,2,3 级量块的中心长度允许偏差至少不超过相应的 1,2,3,4,5 等量块的中心长度测量的不确定度,而研合性、平面度及长度变动量的要求分别高于或等于对应等别量块的要求。因此,0,1,2,3 级量块可分别替代 2,3,4,5 等量块使用。反过来 3 等量块的研合性、平面度、长度变动量要求比 0 级量块、2 级量块要低。

量块等和级使用时,能否替代,必须从量块的中心长度允许偏差、长度测量总不确定度、研合性、平面度及长度变动量几个方面加以比较而定。

5. 量块的量值传递系统及量块的检定

(1) 量块的量值传递系统

建立量值传递系统的意义,在于保证正确地、合理地进行量值传递,以保证量值的准确和统一。量块是长度量值传递的实物标准,担负着量值传递的任务。在传递过程中,不同等级的量块,测量不确定度有不同的要求。必须采取不同等级的量块作为标准,并选取相应准确度的计量仪器及测量方法来测量,这就形成了量块本身的量值传递系统。量块计量检定工作基准波长,目前实际使用的有稳定的氦-氖激光波长和氪-86辐射光波波长,配以相应的量块激光干涉仪或柯式干涉仪作为工作基准仪器,用来检定最高等级标准量块。我国现行的量块量值传递系统的框图如图 1.4.19 所示。图中符号 U_r 为测量结果总的相对不确定度;U 为测量结果总的绝对不确定度(或称总不确定度)(μm);l 为所考虑的长度(m),不确定度的置信水平均为 0.99。框图内量值的单位均为毫米(mm)。

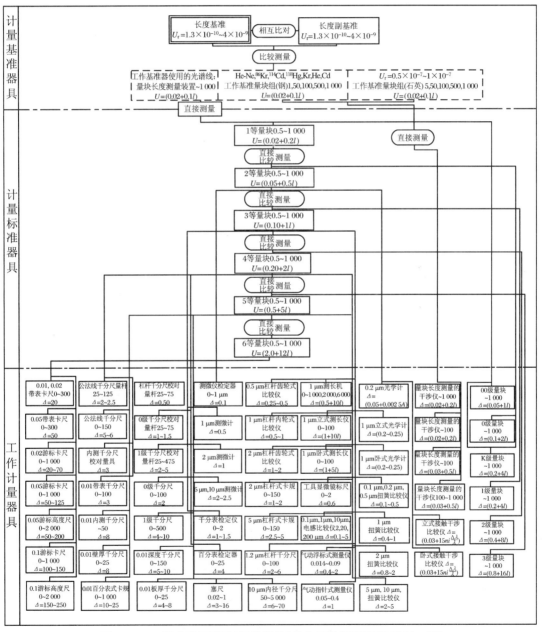

图 1.4.19　长度计量器具(量块部分)检定系统框图(JJG 2056—90)

（2）量块的检定

为保证量块量值的准确，必须对量块实行周期检定。量块检定必须按国家计量检定规程 JJG 146—2003 进行。

① 量块的检定项目：

根据国家计量检定规程的要求，量块的检定项目及主要检定工具列于表 1.4.9 中。

表 1.4.9　量块检定项目和主要检定设备

序　号	检定项目		主要检定设备	首次检定	后续检定
1	外观		目测	+	+
2	截面尺寸、连接孔、支承标记		游标卡尺	+	—
3	侧面平面度、侧面与测量面和侧面之间的垂直度、平行度和到棱（国家检定规程）		平尺、刀口尺、直角尺、塞尺、读数放大镜、工具显微镜、千分尺、角度规	+	—
4	表面粗糙度	侧面和到棱测量面的倒棱边	表面粗糙度比较样块、光切显微镜、轮廓仪等	+	—
		测量面	干涉显微镜		
5	测量面的平面度		平晶	+	—
6	测量面的研合性		平晶和量块	+	+
7	测量面的硬度		维氏（或其他）硬度计	+	—
8	量块的长度		各种量块干涉仪；光学、电感和电容等形式的比较仪；测长机；各等标准量块组	+	+
9	量块的长度变动量			+	+
10	量块的长度稳定度			—	+

注：表中需检定的项目用"＋"表示；可以不检定的项目用"—"表示。

② 量块的检定条件：

a. 标准条件。

量块长度检定证书给出的测量结果，应是标准条件下的值。标准条件规定如下：

　　　　　温度　　　　　　　　　　　20℃
　　　　大气压力　　　　　　　　　101.325 kPa
　　　水蒸气压力（温度）　　　　　1.333 kPa

b. 量块检定时的温度要求。

量块检定时，室内温度应稳定，均匀和接近 20℃，具体的要求随量块的长度和等级不同而有所差别，其值可参考表 1.4.10 的规定。表中所列温度控制项目 1 是指量块长度测量时，量块和比较仪的温度对 20℃偏差的允许值（±℃）。温度控制项目 2 指的是长度测量时，量块附近空气的稳定性，温度变化速度的允许值（℃/h）。温度控制项目 3 是指当量块经研合性等表面检定后，放置在恒温风室内比较仪旁边敞盖木盘上，为使温度平衡到与室温相同（20℃）的时间（min）。温度控制项目 4 指的是已在恒温室内经过长时间的温度平衡，假定量块的温度为 20.5℃，以不使温度剧变的过程，把量块安置到温度为 20℃的仪器工作台上，在长度测量之前还需平衡温度的时间（min）。

表 1.4.10　1～6 等量块测量时有关温度的各项要求

被检量块 等	级	所用标准量块等别	比较测量所用仪器的名称	被检量块标称长度(mm)																				
				大于	到	大于	到	大于	到	大于	到	大于	到											
					5	5	10	10	30	30	100	100	1 000											
				控制项目																				
				1	2	3	4	1	2	3	4	1	2	3	4	1	2	3	4	1	2	3	4
3	1	2	立式接触干涉比较仪、测微差计	3	0.8	90	4	2	0.8	120	6	1	0.5	150	8	0.5	0.4	180	10	0.2	0.3	180	15
4	2	3	立式接触干涉比较仪、测微差计	10	0.8	90	4	5	0.8	120	6	2	0.8	150	8	1	0.4	180	10	0.5	0.3	180	15
5	3	4	立式光学计、卧式光学计、测微差计	10	1	90	0	10	1	120	0	5	1	150	5	2.5	0.5	180	10	1	0.4	180	10
6		5	立式光学计、卧式光学计、测微差计	10	1	90	0	10	1	120	0	5	1	150	5	5	0.5	180	10	3	0.4	180	10

表 1.4.10 中所列温度控制项目 1 的数据,适用于相比较的标准和被测量块的温度膨胀系数均为 $a_s = a = 11.5 \times 10^{-6}\text{℃}^{-1}$,$\Delta a_s = \Delta a = \pm 1 \times 10^{-6}\text{℃}^{-1}$ 的情况,如果 $a_s,a,\Delta a_s$ 和 Δa 的数据不与此相同,则项目 1 的数据应作相应的缩小或放宽。

表 1.4.10 中所列控制项目 2,3 和 4 的数据,适用于相比较的标准与被测量块均为钢质量块,初始和终了均系设定的特定温度状态(这在实际测量中是常见的)。如果量块的材料不相同或在实际测量时,初始和终了的温度状态不同,则 2,3 和 4 各项的数据应作相应的调整。

③ 量块主要检定项目的检定方法:

按量块的检定规程的要求,量块的检定项目主要有 10 项,见表 1.4.9。现主要讨论量块测量面的平面度、量块的长度、量块长度变动量的检定方法。

a. 量块的测量面平面度的检定方法。

量块测量面的平面度用直径不小于 45 mm,厚度不小于 11 mm 的玻璃或石英平晶以技术光波干涉法测量。

对于平面度数值比较小的量块测量面,如图 1.4.20(a)所示。使平晶和量块测量面之间形成很小的楔形空气层,在白光(或单色光)照明下,由平行于量块测量面长、短两边和两对角线方向所看到的共四个方向干涉条纹图像,先以相邻两干涉条纹的间隔 M 为单位,读出干涉条纹的弯曲量 m。以其中绝对值最大的比值作为结果,代入下式计算出被测量面的平面度误差 F:

$$F = \frac{m}{M} \times \frac{\lambda}{2}$$

式中:m/M 为干涉条纹的弯曲度(在对弓形干涉条纹引线读取弯曲度时,应注意到所引的弦线必须通过干涉条纹的中线与量块测量面上距侧面 0.8 mm,并与侧面相平行的线的相交点）；M 为干涉条纹的间距，即相邻两干涉条纹之间的距离；λ 为所采用光源的波长。

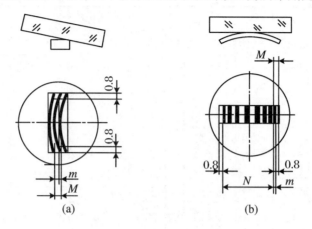

图 1.4.20　平面度测量干涉图形

如果测量面上，在平行测量面长、短两边（或两对角线）方向，测得平面度是凸起和凹陷方向相反的，设凸起的为 m_1/M，凹陷的为 m_2/M，则该测量面平面度合成值 F_c 应为

$$F_c = \left(\left| \frac{m_1}{M} \right| + \left| \frac{m_2}{M} \right| \right) \times \frac{\lambda}{2}$$

对于平面度数值较大的量块测量面，如图 1.4.20(b) 所示，使平晶测量面与量块凸起的那一测量面相接触，调整平晶，使其中一条干涉条纹的中线，与量块测量面上距左侧面而且相距 0.8 mm 的平行线相重合，向右数出干涉条纹的整数部分 N，然后以干涉条纹间隔 M 为单位，估读出第 N 条线中线与向右到测量面上到距离量块右边侧面 0.8 mm 之间的距离 m/M。于是被测量块测量面的平面度 F 可由下式表示：

$$F = \frac{1}{2} \left(N + \frac{m}{M} \right) \times \frac{\lambda}{2}$$

对于标称长度较小的量块，在用技术光波干涉法测量其平面度时，应注意避免平晶重量对测量结果的影响。平面度测量结果不超过表 1.4.11 的规定。

表 1.4.11　量块测量面的平面度的规定

标称长度 l_n(mm)	等	级	等	级	等	级	等	级
	1	K	2	0	3,4	1	5	2,3
	平面度最大允许值(μm)							
$0.5 \leqslant l_n \leqslant 150$	0.05		0.10		0.15		0.25	
$150 < l_n \leqslant 500$	0.10		0.15		0.18		0.25	
$500 < l_n \leqslant 1\,000$	0.15		0.18		0.20		0.25	

注：1. 距离测量面边缘 0.8 mm 范围内不计。

　　2. 距离测量面边缘 0.8 mm 范围内，表面不得高于测量面的平面。

b. 量块测量面研合性的检定方法。

量块测量面的研合性，根据量块不同的等和级，选用平面度为 $0.03\,\mu$m 和 $0.1\,\mu$m 的平晶或标称长度不小于 $5.5\,\mu$m 的研合性已确认合格的量块测量面来鉴定。见表 1.4.12。

表 1.4.12　量块研合性

等	级	要　求
1	K	量块与平面度为 0.03 μm 的平晶相研合,当研合面在照明均匀的白光下观察时,在测量面中心沿长边方向约 1/3 的区域(不包括距侧面为 0.8 mm 的边区)内应无光斑
2	0	量块与平面度为 0.1 μm 的平晶相研合,当研合面在照明均匀的白光下观察时,可以有任何形状的光斑,但应无色彩
3,4	1,2	量块与平面度为 0.1 μm 的平晶相研合,当研合面在照明均匀的白光下观察时,可以有任何形状的光斑,但应无色彩
5	3	量块与平面度为 0.1 μm 的平晶相研合,当研合面在照明均匀的白光下观察时,可以有均匀的黄色彩,但应无光波干涉条纹
5	3	量块与量块相研合,当分开研合面时,应感觉到有研合力存在,且在被研过的测量面上应无显著的油膜

注:使用中和修理后的 2 等或 0 级量块,当研合面在照明均匀的白光下观察时,在测量面中心半径为 3 mm 的区域内应无光斑,其余位置可以略有光斑。

使用平晶检定研合性时,先使平晶与量块的测量面相互接触,并沿测量面切向轻轻移动。透过平晶看到研合面上干涉条纹变宽消失时,稍向研合切面法向和切向加力移动使其研合,其结果应符合表 1.4.12 的规定。

使用量块测量面检定研合性时,先使作为研合检定的标准量块测量面轻轻接触,并沿被检测量面切向轻轻移动。当手感研合面之间异物已经排除时,稍向研合面法向和切向加力移动,使其相互研合,其结果应符合表 1.4.12 的规定。

c. 量块的长度和长度变动量的检定方法。

量块的长度和长度变动量的检定可同时进行。经过外观和各项表面质量(平面度、研合性等)检定合格的量块,根据被测量块的等、级,按表 1.4.10 的规定选择标准量块的等,当各项都达到规定的要求时,即可开始量块长度和长度变动量的测量。

首次按等检定的量块,要求量块的初始级别不低于表 1.4.13 的规定。

表 1.4.13　首检量块等级对应关系

首次拟检定量块的等	量块最低应具备的初始级别	首次拟检定量块的等	量块最低应具备的初始级别
1	K	4	2
2	0	5	3
3	1		

④ 量块长度的检定:

3 等以下量块长度的检定主要用比较法进行。对于 5 等或 3 级以下的量块,有时可在测长机上直接测量量块的长度。这要求测长机要经过 3 等以上的量块检定合格,并给出标尺的修正值。

下面分别叙述微差比较测量和直接测量两种方法。

a. 量块长度的微差比较测量。

用比较仪将被测量块与标准量相比较,测量出它们之间的长度微小差值,从而推算出被

测量块的长度,称为微差比较测量。被测量块长度 L 可由下式表示:

$$L = L_s + r \tag{1.4.1}$$

式中:L_s 为标准量块的长度;r 为由比较仪测出的被测与标准量块长度的差值。

比较仪的功能,就是把相比较两个量块长度微小值放大到人眼能够观察的程度。分辨出比较仪的一个刻度的间隔距离所表示的长度值越小,表示这种比较仪的放大倍数越大,或者灵敏度越高。比较仪的这种功能,是采用机械杠杆原理、光学显微镜原理、光学杠杆原理、光波干涉原理等来实现的。在比较仪上,多数都采用两种或数种放大原理恰当地组合在一起的结构,以获得应有的放大灵敏度。微差比较测量时常用的仪器有立式接触式干涉仪、卧式接触式干涉仪、超级光学计、测长机、立式光学计等。用各种比较仪测量量块长度的方法大同小异。检定的方法如下。

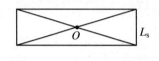

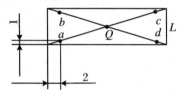

图 1.4.21 量块测量示意图

在比较仪上,先以标准量块的中心长度 L_s 把仪器的示值调到"零",拨动拨叉数次,设这时稳定的示值为 O_1,移动量块,使仪器的测帽对准被测量块 L 的中心,拨动拨叉数次,设这时稳定示值为 Q_1。移动量块,同理可获得如图 1.4.21 所示各点位置的读数 a_1,b_1,c_1,d_1 和 a_2,b_2,c_2,d_2,Q_2,O_2。于是有被测量块中心点的长度

$$L = L_s + \frac{1}{2}(Q_1 + Q_2) - \frac{1}{2}(O_1 + O_2) \tag{1.4.2}$$

被测量块(图 1.4.21)各点位置的长度

$$L_a = L_s + \frac{1}{2}(a_1 + a_2) - \frac{1}{2}(O_1 + O_2) \tag{1.4.3}$$

$$L_b = L_s + \frac{1}{2}(b_1 + b_2) - \frac{1}{2}(O_1 + O_2) \tag{1.4.4}$$

$$L_c = L_s + \frac{1}{2}(c_1 + c_2) - \frac{1}{2}(O_1 + O_2) \tag{1.4.5}$$

$$L_d = L_s + \frac{1}{2}(d_1 + d_2) - \frac{1}{2}(O_1 + O_2) \tag{1.4.6}$$

由式(1.4.2)～式(1.4.6)可以获得被测量块中心长度和任意(代表)点长度的实测值。

如果用 ΔL 表示被测量块中心长度对标称长度的偏差,于是有

$$\Delta L = L - l \tag{1.4.7}$$

式中:l 为被测量块标称长度。

或者有

$$\Delta L = \Delta L_s + \frac{1}{2}(Q_1 + Q_2) - \frac{1}{2}(O_1 + O_2) \tag{1.4.8}$$

式中:ΔL_s 为标准量块中心长度对其标称长度的偏差。

同理可得被测量块其他位置的长度对其标称长度的偏差

$$\Delta L_a = \Delta L_s + \frac{1}{2}(a_1 + a_2) - \frac{1}{2}(O_1 + O_2) \tag{1.4.9}$$

$$\Delta L_b = \Delta L_s + \frac{1}{2}(b_1 + b_2) - \frac{1}{2}(O_1 + O_2) \tag{1.4.10}$$

$$\Delta L_c = \Delta L_s + \frac{1}{2}(c_1 + c_2) - \frac{1}{2}(O_1 + O_2) \tag{1.4.11}$$

$$\Delta L_d = \Delta L_s + \frac{1}{2}(d_1 + d_2) - \frac{1}{2}(O_1 + O_2) \tag{1.4.12}$$

由式(1.4.8)~式(1.4.12)可以获得被测量块中心长度和任意(代表)点长度对其标称长度偏差的实测值。

由式(1.4.2)~式(1.4.6)或式(1.4.8)~式(1.4.12)各式计算出的结果相互比较,取其中差值的绝对值最大者即为被测量块长度的变动量。

b. 量块长度的直接比较测量。

被测量块的长度与仪器本身所装备的标准器长度相比较,从而推算出被测量块的长度,称为直接比较测量。以测长机为例说明直接比较测量的方法。

首先,使尾座与头座上球面测帽的顶点相互接触,调整尾座机构,找到最大值。将显微镜和光学计管相应地读出数 O_1, O_2, O_3 和 O_4。再读出仪器标尺的温度 t_{s1},作为起始零位和起始温度一起记录于量块检定记录表内(表 1.4.14)。

表 1.4.14　量块检定记录表

测长机直接比较测量用量块检定记录格式

测长机直接比较测量用量块检定记录(主页)　　　　　　　　　　　　第　　页

送检单位＿＿＿＿＿＿＿＿＿＿　主检员＿＿＿＿＿＿＿＿　检验员＿＿＿＿＿＿＿

被检量块编号＿＿＿＿＿原＿＿等＿＿级　证书号＿＿＿＿＿＿　制造者＿＿＿＿＿＿＿　受检块数＿＿＿

标准量块编号＿＿＿＿＿,＿＿＿＿＿等＿＿级　证书号＿＿＿＿＿＿　制造者＿＿＿＿＿＿　使用块数＿＿＿

被检量块检定后合于＿＿＿＿＿等＿＿级　证书号＿＿＿＿＿＿　所用仪器名称＿＿＿＿＿　仪器编号＿＿＿

检定日期　自＿＿＿年＿＿月＿＿日至＿＿＿年＿＿月＿＿日　有效期至＿＿＿年＿＿月＿＿日

被测量块				测量时温度(℃)			被 测 量 块											
	测量表面			仪器标尺的偏差(µm)			中心长度(µm)						长度变动量(µm)				结论
标称长度(mm)	外表	研合性			量块	仪器标尺	起始零位	终了读数		放上量块读数	量块与标准尺之差		各点读数			结果 h	符合 中心长度偏差 ΔL(µm)	等级
	上 下	上 下					O_1	O_1'	始终零位平均 O_m	Q_1	不加温度修正 L_{s1}	加入温度修正 L_{s1t}	Q_1' Q_2' Q'	a_1 a_2 a			
			ΔL_{s2}	t_1	t_{s1}	O_2	O_2'		Q_2				b_1 b_2 b				
			ΔL_{s3}	t_2	t_{s2}	O_3	O_3'		Q_3				c_1 c_2 c				
			ΔL_s	t	t_s	O_4	O_4'		Q_4				d_1 d_2 d				
						O	O'		Q								
1	2 3	4 5	6	7	8	9	10	11	12	13	14	15 16 17	18			19	20 21

注:表面符号说明:划痕—h,碰伤—p,锈蚀—x,合格—√,不合格—$\otimes$,修后合格—$\otimes$ $L_{s1} = Q - Q_m$, $t = \frac{1}{2}(t_1 + t_2)$, $t_s = \frac{1}{2}(t_{s1} + t_{s2})$, $O_m = \frac{1}{2}(O + O')$, $L_{s1t} = L_{s1} + a_{s2}L_{s2}(t_s - 20) + a_3 L_{s3}(t_s - 20) - aL(t - 20)$, $\Delta L = \Delta L_s + L_{s1}$ 或 L_{s1t}。

　　然后,将尾座和头座分开,使两测帽的距离略长于被测量长度 l 。将安装在专用工具上经恒温控制已达到规定要求的被测量块(以不使其温度发生突然变化),安装在仪器的工作台上,使仪器的球面测帽的顶点,分别对准量块两测量面的中心,放贴附温度计于(靠近其中之一支承点的)量块上,恒温片刻,读出量块温度 t_1 ,并记录下来。移动尾座和头座,由显微镜观察到仪器的示值应与量块的标称长度 l 相同。由工作台调整机构倾转量块,使光学计管的示值达到最小值,微动头座,由显微镜重复对准 l 数次,在光学计管可相应地得到读数 Q_1 , Q_2 , Q_3 和 Q_4 ,再读出量块的温度 t_2 ,一起记录下来。

　　⑤ 量块的长度变动量:

　　各等级量块长度变动量的允许偏差,按国家检定规程,应符合表 1.4.10 的要求。

　　量块长度变动量的检定一般在每块量块中心检定完之后,随即进行。将仪器测帽顶点对准量块测量面中心 Q ,如图 1.4.21 所示,调整仪器的示值为零,拨动拨叉数次,稳定时读数,然后移动量块,顺序对准 a , b , c , d 各点,读取各点的读数 Q' , a_1 , b_1 , c_1 , d_1 ;再顺序对准量块 d , c , b , a 及 Q 各点,同样读取各点读数 d_2 , c_2 , b_2 , a_2 及 Q_2 ,分别记入记录表中。设被检量块 a , b , c , d 四点与中心长度分别为 h_a , h_b , h_c , h_d ,则有

$$h_a = \frac{1}{2}(a_1 + a_2) - \frac{1}{2}(Q'_1 + Q'_2) \tag{1.4.13}$$

$$h_b = \frac{1}{2}(b_1 + b_2) - \frac{1}{2}(Q'_1 + Q'_2) \tag{1.4.14}$$

$$h_c = \frac{1}{2}(c_1 + c_2) - \frac{1}{2}(Q'_1 + Q'_2) \tag{1.4.15}$$

$$h_d = \frac{1}{2}(d_1 + d_2) - \frac{1}{2}(Q'_1 + Q'_2) \tag{1.4.16}$$

　　根据量块长度变动量的定义,取 h_a , h_b , h_c , h_d 四者中绝对值最大的一个作为该量块实测的长度变动量。

6. 量块检定结果的处理

　　整套量块检定完毕后,应根据检定的原始数据计算量块的实测尺寸,确定整套量块的等和级,填写检定证书及各类历史记录卡片。下面将量块检定结果处理的有关主要问题分析如下。

　　(1) 量块等的确定

　　前面已经叙述过关于量块等的划分规定,即量块的等是根据量块的研合性、测量面平面度、长度变动量和中心长度测量的不确定度来确定的。

　　按表 1.4.10 根据检定类别规定的受检项目,各项检定结果与受检各项技术指标相比较都应合格,所采用的测量方法对量块长度测量的总不确定度应不超过表 1.4.8 的规定。以此来确定被检的单个量块属于某一等。

　　量块长度对其标称长度的偏差超过 D_w 时不能再作量块使用:

$$D_w = 4 + 40l \quad (\mu m) \tag{1.4.17}$$

　　除确已无法修复的不合格量块按作废处理(并在检定证书上加以注明)以外,按其余合格部分来确定整套量块属于某一等。在实际工作中,按等使用量块的有关要求选择检定标准量块、比较仪器及环境温度要求,以保证测量的总不确定度,并按相应等别的要求,修复研合性、平面度及长度变动量等。

（2）量块级的确定

量块的级是根据量块的研合性、测量面的平面度、长度变动量和中心长度偏差来确定的。在确定量块的级别时,除各项检定结果与受检各项技术指标(表 1.4.9)规定相比较都应合格以外,其测量结果都应符合表 1.4.11 与表 1.4.12 的规定。量块的中心长度与测量的总不确定度有着密切的关系。较大的测量不确定度会使中心长度偏差失实。为此在确定单块量块级别时,必须按表 1.4.8 的规定,使得所确定的级的量块长度不确定度至少不超过相应等的量块长度测量的不确定度。

量块中心长度实测的偏差 Δ_i 是实测尺寸 L_i 与标称长度 l 之差,即

$$\Delta_i = L_i - l \tag{1.4.18}$$

因为实测尺寸 L_i 总有一定测量误差 δ,所以实测偏差 Δ_i 的可靠性就随着测量误差 δ 的增大而降低。若我们在确定单块量块级别时,仅将实测偏差值 Δ 比较,往往会出现"误收"或"误废"的情况。实际上,表 1.4.6 所列的偏差值 Δ,包括制造偏差 Δ_m 和测量误差 δ 两部分,用下式表示:

$$\Delta = \Delta_m + \delta \tag{1.4.19}$$

实际上,制造偏差 Δ_m 和测量误差 δ 在 Δ_m 和 δ 范围内出现的概率是遵守正态分布规律的,因此式(1.4.19)可改写为

$$\Delta^2 = \Delta_m^2 + \delta^2 \tag{1.4.20}$$

$$\Delta_m = \pm \sqrt{\Delta^2 - \delta^2} \tag{1.4.21}$$

由式(1.4.21)可见,只有当测量误差 δ 与允许偏差 Δ 比较起来,小到可以忽略不计的时候,$\Delta_m = \Delta$。这时可测得偏差 Δ_i 直接与允许偏差 Δ 的数据相比较来确定量块的级别。但是,在一般情况下,测得误差 δ 与允许偏差 Δ 比较起来,总不会小到可以忽略不计的程度,因此,必须把实测的偏差 Δ_i 与式(1.4.21)算出来的制造偏差相比较,以此来确定被测量块的级别。

一般在量块检定中,取

$$|\delta| \leqslant \frac{1}{2}|\Delta| \sim \frac{3}{2}|\Delta| \tag{1.4.22}$$

对于级别较低的量块 $|\delta| \leqslant \frac{1}{2}|\Delta|$,对于级别较高的量块 $|\delta| \leqslant \frac{3}{2}|\Delta|$。

在确定量块级别时,如果实测中心长度偏差 Δ_i 在 Δ_m 之内,就要比较 Δ_i 与 Δ_m 来确定。若 Δ_i 超过 Δ_m,并在允许偏差 Δ 附近,处于合格与不合格的边缘,应用高一等的测量方法(或以原测量方法)进一步复测,按复测结果来确定该量块的级别。

为保证全套量块质量,在每块量块级别确定后,可按下列原则确定整套量块的级别:新制造的量块,按标准规格必须完整齐全,可按其中最低一级的级别来确定整套量块的级别。修理后和使用中的量块,除了确已无法修复的不合格量块按作废处理外(并在检定证书上加以注明),可按合格部分中最低一级的级别来确定整套量块的级别。

7. 检定周期

使用中的量块,应根据量块长度的稳定度、使用中的磨损和保养情况的好坏,来确定量块长度测量结果有效期。有效期一般可在 3 个月到两年之间选取,状态特别好的可以放长到 4 年,状态特别不好的应封存停用。

8. 检定证书

① 按等检定的使用中的量块,检定合格的,应发给检定证书,给出每一块量块的中心长度实测值,说明可作某等使用和有效期。

② 按级检定的使用中的量块检定完毕,对其中合格部分应发给统一规定的检定证书,说明可作某级使用和有效期。

③ 检定中,部分不合格的量块,在检定证书上加以注明;整套判为不合格的,出具检定结果通知书,并说明作废原因。

9. 检定记录

被测量块中心长度每次测得的最后结果,按表 1.4.15 所示的格式填写,作为发出检定证书的副本留底检查。同时也作为观察、分析量块长度长期稳定度,确定检定结果有效期长、短的重要依据。

表 1.4.15　量块长度历史记录卡(主页)

送检单位:　　　　　　　　制造者:　　　　　　　　量块编号:

主检号										
校检号										
标准量块编号										
证书号										
受检块数										
检定日期										
合于	等级	等级	等级	等级	等级	等级	等级	等级	等级	等级
标称长度(mm)	中心长度偏差(μm)									
	1	2	3	4	5	6	7	8	9	10

10. 量块中心长度测量误差的分析

任何测量都存在测量误差。量块中心长度测量由于各方面的条件不够理想,往往会有很多误差影响测量的最后结果,现以量块测量中的微差比较测量法为例,说明量块中心长度测量时的误差来源及计算方法。

(1) 主要误差来源

微差比较测量法测量量块中心的长度,是将被检量块与标准量块进行比较,通过比较,用仪器读出两者之差,经过计算求出被检量块的中心长度尺寸。由此可以看出,用微差比较法检定量块的中心长度时,主要误差来源于标准量块中心长度的检定误差,比较仪器的误差,被检量块长度变动量引起的对中误差,测量温度影响带来的误差以及量块受力变形、量块安放位置等带来的测量误差。下面分析几项主要误差的来源。

(2) 标准量块中心长度测量误差 δ_1

微差比较法测量量块的中心长度,标准量块中心长度测量误差直接影响到被测量块的测量误差。一般标准量块测量误差以其测量不确定度来表示,不同等级量块的中心长度测量不确定度可直接从表 1.4.7 中查出。

(3) 仪器误差 δ_2

微差比较测量时,比较用仪器的误差直接影响到被检量块与标准量块中心长度差值的测得,是量块中心测量时一项主要误差来源。仪器的误差可以从有关说明书中查到。

(4) 温度误差 δ_3

在比较测量时,被测量块实测尺寸可按下式表示:

$$L = L_s + a_s L_s(t_s - 20) - aL(t - 20) \tag{1.4.23}$$

式中:L_s 为标准量块在 20℃时的测量尺寸;ΔL 为当标准量块的温度为 t_s,被检量块的温度为 t 时,由比较仪测量测得它们之间的中心长度差;a_s 为标准量块的热膨胀系数;a 为被检量块的热膨胀系数。

设 $C = a_s L_s(t_s - 20) - aL(t - 20)$,并取 $\Delta t_s = t_s - 20$,$\Delta t = t - 20$,则

$$C = a_s L_s \Delta t_s - aL \Delta t$$

在微差比较测量中,标准量块与被检量块标称尺寸相同,即 $L = L_s$。同时绝大多数相比较的量块热膨胀系数是相近的,即 $a_s = a$。为简化测量和计算,量块的温度 t_s 和 t 也不做精确测量,而是通过恒温措施使 $t_s = t$,并且使 Δt_s 和 Δt 控制在一定范围内才开始测量。于是被检量块中心长度可直接用下式表示:

$$L = L_s + \Delta L \tag{1.4.24}$$

此时,把温度差异引起的误差当作随机误差来处理,这项误差为

$$\delta_3 = dc = \pm \sqrt{\left(\frac{\partial c}{\partial a_s} \cdot da_s\right)^2 + \left(\frac{\partial c}{\partial a} \cdot da\right)^2}$$

$$= \pm \sqrt{(L \cdot \Delta t \cdot da_s)^2 + (L \cdot \Delta t \cdot da)^2} \tag{1.4.25}$$

若被检量块与标准量块符合国家标准,

$$a_s = a = 11.5 \times 10^{-6} ℃^{-1}, \quad \Delta a_s = \Delta a = \pm 1 \times 10^{-6} ℃^{-1}$$

这时式(1.4.25)中 da_s 和 da 都可用 Δa 来表示,于是,被检量块存在长度变动量的允许偏差而引起的测量误差 δ_4 由于被检量块存在长度变动允许偏差 h,测量时可能造成中点不准而引起中心长度测量误差,如图 1.4.22 所示。

实际测量时,测帽顶点对量块中点有一定的偏差,设对准点落于以真正中心 Q 为圆心,以 a 为半径的圆内,该圆称为瞄准圆。从图 1.4.22 中可以看出

$$\delta_4 = \pm \frac{a}{b}h \tag{1.4.26}$$

式中:a 为瞄准圆半径,对有经验的检定员,$a \leqslant 1\,\mathrm{mm}$;$b$ 为量块测量面在短边方向长度的一半(距边缘 $0.5\,\mathrm{mm}$ 和到棱 $0.3\,\mathrm{mm}$ 不计);h 为量块长度变动量的允许值。

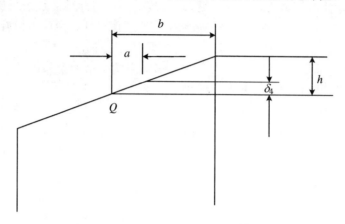

图 1.4.22　长度变动量对中误差

(5) 接触变形误差 δ_5

在量块测量中,球形测帽顶点对准量块平面,由于测量力的作用,会产生接触变形。根据弹性变形公式可知,由于测力的影响,接触变形误差为

$$\delta_5 = (K - K_s)\sqrt[3]{\frac{P^3}{D}} \tag{1.4.27}$$

式中:K,K_s 为被测量块、标准量块的变形系数;P 为测量力(N);D 为测帽球面直径(mm)。

当标准量块与被测量块材料相同时,变形系数 K_s 近似等于 K,如不考虑测力变化的影响,接触变形误差 δ_5 可略去不计。

根据以上的分析,用比较测量法测量量块中心长度时,其测量总不确定度为

$$\delta = \pm \sqrt{\delta_1^2 + \delta_2^2 + \delta_3^2 + \delta_4^2} \tag{1.4.28}$$

式中:δ_1 为标准量块中心长度测量总不确定度;δ_2 为仪器误差;δ_3 为温度误差;δ_4 为量块长度变动量允许偏差引起的对中误差。

11. 误差计算实例

用立式接触干涉仪检定标称长度为 $8\,\mathrm{mm}$ 的 4 等量块,计算其中心长度测量的总不确定度。

按误差源来分析有以下几种误差。

(1) 标准量块测量的总不确定度 δ_1

检定 4 等量块,应以 3 等量块为标准。查表 1.4.8,可知标称长度至 $8\,\mathrm{mm}$ 的 3 等量块中心长度总不确定度为 $\pm 0.11\,\mu\mathrm{m}$,即

$$\delta_1 = \pm 0.11\,\mu\mathrm{m}$$

（2）仪器误差 δ_2

对于立式接触式干涉仪，说明书中规定了仪器的示值误差为

$$\delta_2 = \pm \left(0.03 + \frac{1.5ni\Delta\lambda}{\lambda} \right)$$

式中：i 为选取的仪器分度值，一般在测量时，取 $i = 0.1\,\mu m$；n 为使用分划格数；$\Delta\lambda$ 为波长测量误差，按规定 $\Delta\lambda = \pm 0.002\,\mu m$；$\lambda$ 为仪器滤光片波长，取 $\lambda = 0.56\,\mu m$。

设被检量块中心长度允许偏差符合 2 级量块要求，即与标准量块差在 $\pm 0.5\,\mu m$ 以内，即 $n = 5$。则有

$$\delta_2 = \pm 0.033\,\mu m$$

（3）温度误差 δ_3

根据误差分析 $\delta_3 = \pm\sqrt{2}\Delta a\Delta t$，根据我国量块标准规定 $\Delta a = \pm 1 \times 10^{-6}\,^\circ\!C^{-1}$；$a = 11.5 \times 10^{-6}\,^\circ\!C^{-1}$。检定 4 等量块（标称长度为 8 mm）时温度要求为 $\Delta t = \pm 2\,^\circ\!C$，则有

$$\delta_3 = \pm 0.023\,\mu m$$

（4）由于量块长度变动量允许偏差而引起的对中误差 δ_4

根据误差分析，对中误差为

$$\delta_4 = \pm \frac{a}{b}h$$

取 $a = 1\,mm$，$b = \dfrac{9}{2} - 0.8 = 3.7\,mm$，而标称长度为 8 mm 的 4 等量块的长度允许变动量允许偏差 $h = 0.30\,\mu m$，所以

$$\delta_4 = \pm \frac{1}{3.7} \times 0.3 = \pm 0.081\,(\mu m)$$

同样，作为标准使用的标称长度为 8 mm 的 3 等量块也存在由于长度变动量允许偏差而引起的对中误差 δ_4，查标准量块长度变动量允许偏差为 $h_s = \pm 0.16\,\mu m$，故

$$\delta_4 = \pm \frac{1}{3.7} \times 0.16 = \pm 0.043\,(\mu m)$$

将上述误差代入公式 $\delta = \pm\sqrt{\delta_1^2 + \delta_2^2 + \delta_3^2 + \delta_4^2 + \delta_5^2}$，得测量标称长度为 8 mm 的 4 等量块中心长度的测量总不确定度为

$$\delta = \pm\sqrt{0.11^2 + 0.033^2 + 0.023^2 + 0.081^2 + 0.043^2} = 0.15\,(\mu m)$$

按 4 等量块测量的总不确定度要求，当标准尺寸为 8 mm 时，测量的总不确定度要求不大于 $\pm 0.22\,\mu m$，而经过计算所得测量总不确定度为 $\pm 0.15\,\mu m$，表示上述测量方法符合要求。

12. 平晶

（1）平晶的概念

由光学玻璃研磨而成的具有两个端面的圆柱体，用于以光波干涉法测量工件平面形状误差的测量器具，称为平晶。平晶分为单面平晶和双面平晶两种。平晶的检定系统如图 1.4.23 所示，图中"平晶"是指单面平晶。一个端面为测量面的平晶，称为单面平晶，又称为平面平晶，其结构如图 1.4.24 所示。

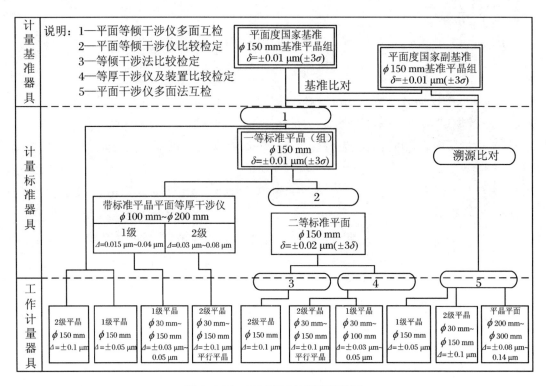

图 1.4.23　平面平晶的检定系统图

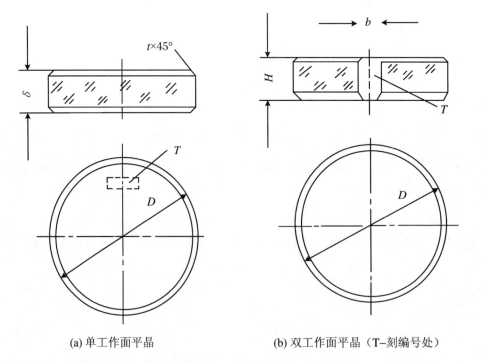

(a) 单工作面平晶　　　　　　　(b) 双工作面平晶（T–刻编号处）

图 1.4.24　单面平晶

平面平晶的尺寸规格见表 1.4.16。

表 1.4.16　平面平晶的尺寸规格

直径 D(mm)	δ, H(mm)	t(mm)	b(mm)
$\phi30$	15	1	10
$\phi45$	15	1	10
$\phi60$	20	1	10
$\phi80$	25	1.5	—
$\phi100$	25	1.5	—
$\phi150$	25	1.2	—
$\phi200$	30	2	—
$\phi250$	35	2	—

（2）平晶的工作原理

光波干涉现象是平晶的工作原理。这种现象是光波在屏幕上叠加后，屏幕上一些地方的光波振动始终加强，而在另一些地方的光波振动始终减弱，光波振动加强的地方明亮，光波振动减弱的地方黑暗，于是在屏幕上形成明暗交替的条纹，称这些条纹为干涉条纹。形成干涉条纹的原理如下。

平晶的工作面是理想平面，如果被测量面也是理想平面，把上述两个平面扣在一起后，使平晶的工作面与被测量面之间有一很小的夹角，形成楔形空气层，在单色光的照射下，我们在被测量面（相当于屏幕）看到明暗交替的干涉条纹，形成过程如图 1.4.25 所示。在白光（如荧光灯）照射下，干涉条纹是彩色的。

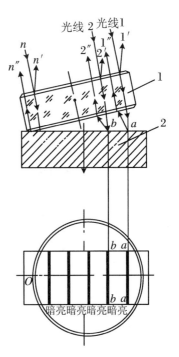

光线 1 是照射在平晶上的平行光中的一条光线，它射到平晶上后一部分被反射成为光线 $1'$，一部分透过平晶射到被测面上后被反射再次透过平晶成为光线 $1''$。从几何光学知道，光线 $1'$ 和光线 $1''$ 是相干光，它们发生干涉。同理，光线 $2'$ 和光线 $2''$，光线 $3'$ 和光线 $3''$……光线 n' 和光线 n'' 也是相干光，它们发生干涉。如果用单色光（例如由钠光灯发出的黄色光），则平晶与被测面的接触处 00 是暗条纹，接着是亮条纹，如此形成明（亮）暗交替的干涉条纹。

亮暗条纹的位置可以用下式计算。

亮条纹的位置：

$$\Delta = k\lambda \quad (k = 0,1,2,\cdots)$$

暗条纹的位置：

$$\Delta = (2k+1)\frac{\lambda}{2} \quad (k = 0,1,2,\cdots)$$

式中：λ 为所用光波的波长。

如果被测面有形状偏差（凸凹不平），则干涉条纹发生变形。

为了叙述光波干涉现象，上面我们有意地使平晶的工

图 1.4.25　光波干涉原理图
1. 平晶；　2. 被测量面

作面与被测面之间有一小夹角,形成楔形空气层,以便看到相互平行明暗交替的干涉条纹。这些干涉条纹称为等厚干涉条纹。

在实际测量工作中,是将平晶工作面和被测面擦净后,将平晶工作面扣在被测面上,当被测面是理想平面,则平晶工作面与被测面紧密接触,没有空气层,所以看不到干涉条纹。如果被测面不是理想平面,而是凸凹不平的,则平晶工作面与被测面之间有空气层,于是我们看到的不是平行明暗交替的干涉条纹,而是变了形的干涉条纹。被测面偏差越大,干涉条纹变形越大。当偏差大到一定程度时,干涉条纹变成光圈。因此,可以根据干涉条纹的形状或光圈的数量计算出被测面的偏差量——平面度。

① 根据干涉条纹计算平面度:

被测面的平面度 δ 是由通过平晶直径方向上干涉条纹的弯曲量(h)相对于条纹的间距(H)的比值(N)乘以所用光的波长(λ)的一半来计算的:

$$\delta = \frac{h}{H} \cdot \frac{\lambda}{2}$$

图 1.4.26(a)是被测面为矩形而且小于平晶的工作面的情况,图 1.4.26(b)是被测面等于或大于平晶工作面的情况。

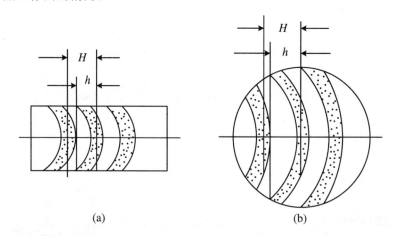

(a)   (b)

图 1.4.26　计算平面度示例之一

② 根据光圈计算平面度:

当干涉条纹的弯曲量等于干涉条纹的间距,即 $h = H$ 时,干涉条纹就变成光圈:

$$h/H = N = 1$$

根据光圈计算平面度时,在光圈数大于1的情况下,是取平晶直径方向上光圈数最多的光圈数(N)乘以所用光的波长(λ)的一半作为平面度(图 1.4.27):

$$\delta = N \cdot \frac{\lambda}{2}$$

从上可见,用平晶测量平面度时,是以所用光的波长的一半($\lambda/2$)作为"尺子"进行测量的,所以能够得到很高的精度。

为了形成干涉条纹,平晶工作面的精度要求很高,表 1.4.17 是平面平晶工作面的平面度值。

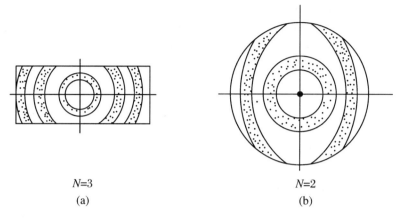

N=3
(a)

N=2
(b)

图 1.4.27 计算平面度示例之二

表 1.4.17 平面平晶工作面的平面度

直径 D(mm)	(2/3)D(mm)	1 级		2 级	
		平面度(μm)	(2/3)D 处平面度(μm)	平面度(μm)	(2/3)D 处平面度(μm)
φ30	φ20	0.03	0.03	0.10	0.05
φ45	φ30	0.03	0.03	0.10	0.05
φ60	φ40	0.03	0.03	0.10	0.05
φ80	φ53	0.05	0.03	0.10	0.05
φ100	φ67	0.05	0.03	0.10	0.05
φ150	φ100	0.05	0.03	0.10	0.05
φ200	φ133	0.06	0.04	0.10	0.05
φ250	φ167	0.10	0.05	0.10	0.05

平晶用于检定量块的研合性和平面度,以及角度块、仪器和千分尺等量具工作面的平面度,用于检验高精度的平面零件。

平晶特别适于计量部门、光学车间、实验室作标准平面。在机械制造中,有一些零件的表面粗糙度尺 R_a 值很小,平直度要求很高,例如在机械密封装置中,阀片的平面度要求不大于 $0.3\,\mu m$。测量这样高精度的几何形状误差,其他测量方法很难完成,而利用平晶以光波干涉法进行测量却方便而准确。

使用前要根据被测量平面的大小选择平晶的规格(直径 D),选好后,要检查平晶的质量:工作面不允许有划痕和碰伤,而且平晶是在周期检定期内,这样的平晶才能使用。

① 用平晶测量小型平面的平面度:

所谓小型平面是指比所用平晶的工作面积小的平面。例如所用平晶的直径为 $60\,mm$,面积小于 $\frac{1}{4}\pi\times60^2\approx2\,827(mm^2)$ 的平面均称为小型平面。

用平晶测量小型平面的平面度时,一次读数即可求出平面度误差。图 1.4.28 是用平晶检定千分尺的测砧测量面的平面度的示意图。

用平晶测量小型平面时,由于被测面的平面度值的大小不同、凸凹的形状和方向不同,所以看到的干涉条纹或光圈的形状也不同,而且是各式各样的。用大平晶测量小型平面时,按理说,从平晶上读出几条干涉条纹或光圈,就是几条干涉条纹或光圈。但实际上读得的干涉条纹数或光圈数比实际的多,例如从平晶上读得 3 条干涉条纹,实际可能是两条。为什么会出现这种现象呢? 是因为平晶没调整好,所以在测量时要细心调整平晶和被测件,使它们的两个面接触好再读数,即光圈最少时为两个面接触好。

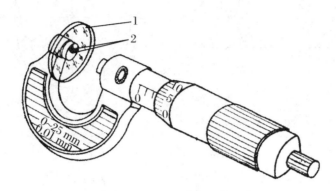

图 1.4.28　用平面平晶检定千分尺的测砧测量面的平面度示例
1. 平面平晶;　2. 光圈

如果所用平晶的直径与被测面的直径相等,则从平晶上读得几条干涉条纹或光圈,实际就是几条干涉条纹或光圈。

② 用平晶测量大型平面的平面度:

所谓大型平面是指比所用平晶的工作面积大的平面。这种情况在生产现场中也经常碰到。例如,有一个制件,其平面的长度 $l = 300\ mm$,宽 $b = 50\ mm$,平面度要求不大于 $1\ \mu m$。为测量该平面的平面度,选用一块 2 级直径为 $80\ mm$ 的平晶,测量方法如图 1.4.29(a)所示。用平晶检定高精度小型平尺测量面的平面度属于这种情况。

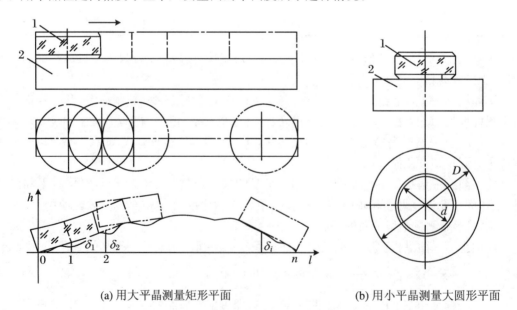

(a) 用大平晶测量矩形平面　　　　　　　　(b) 用小平晶测量大圆形平面

图 1.4.29　用平面平晶测量示例
1. 平面平晶;　2. 被测件

操作过程如下：将平晶和被测件一起放到计量室的平台上恒温 18 h 以上（室内温度为 20±5℃），然后再进行测量。

测量前先用脱脂棉花和航空汽油或酒精把平晶和被测面擦净，用 60～100 W 普通白炽灯作为照明灯。但是，灯要放在高处，要远离平晶，防止热传到平晶和被测件上，操作平晶时要戴白细纱手套。

测量时，将平晶放在被测面上，调整平晶使呈现的干涉条纹的方向与被测面的纵向平行。根据干涉条纹的弯曲程度和方向，确定被测面在该测量位置的平面度值。像使用水平仪测量直线度一样，从被测面的一端开始，使平晶依次沿被测面纵向移动平晶直径的一半距离（本例是每次移动 40 mm），在如图 1.4.29(a)所示 1，2，…，6 位置上进行测量。根据平晶在各位置所测量得的平面度 Δ_i，然后用计算法或作图法求出各测量段相对于理想平面的偏差 δy_i，即

$$\delta y_i = 2\left\{\frac{i}{n}\left[(n-1)\Delta_1 + (n-2)\Delta_2 + \cdots + \Delta_{n-1}\right]\right.$$
$$\left. - \left[(i-1)\Delta_1 + (i-2)\Delta_2 + \cdots + \Delta_{i-1}\right]\right\} \quad (\mu\text{m})$$

式中：n 为测量段数；i 为测量段序号；Δ_i 为平晶在某测量位置的读数（μm）。

将上式按测量段列出计算公式，见表 1.4.18。

表 1.4.18　各测量段相对理想平面偏差 Δy_i 的计算公式

n	δy_i 的计算公式	n	δy_i 的计算公式
1	$\delta y_1 = \Delta_1$	6	$\delta y_1 = \dfrac{16\Delta_1 + 8\Delta_2 + 6\Delta_3 + 4\Delta_4 + 2\Delta_5}{6}$
			$\delta y_2 = \dfrac{8\Delta_1 + 16\Delta_2 + 12\Delta_3 + 8\Delta_4 + 4\Delta_5}{6}$
			$\delta y_3 = \dfrac{6\Delta_1 + 12\Delta_2 + 18\Delta_3 + 12\Delta_4 + 6\Delta_5}{6}$
2	$\delta y_1 = \Delta_1$ $\delta y_2 = 0$		$\delta y_4 = \dfrac{4\Delta_1 + 8\Delta_2 + 12\Delta_3 + 16\Delta_4 + 8\Delta_5}{6}$
			$\delta y_5 = \dfrac{2\Delta_1 + 4\Delta_2 + 6\Delta_3 + 8\Delta_4 + 10\Delta_5}{6}$
			$\delta y_6 = 0$
3	$\delta y_1 = \dfrac{4\Delta_1 + 2\Delta_2}{3}$ $\delta y_2 = \dfrac{2\Delta_1 + 4\Delta_2}{3}$ $\delta y_3 = 0$	7	$\delta y_1 = \dfrac{12\Delta_1 + 10\Delta_2 + 8\Delta_3 + 6\Delta_4 + 4\Delta_5 + 2\Delta_6}{7}$
			$\delta y_2 = \dfrac{10\Delta_1 + 20\Delta_2 + 16\Delta_3 + 12\Delta_4 + 8\Delta_5 + 4\Delta_6}{7}$
			$\delta y_3 = \dfrac{8\Delta_1 + 16\Delta_2 + 24\Delta_3 + 18\Delta_4 + 12\Delta_5 + 6\Delta_6}{7}$
4	$\delta y_1 = \dfrac{6\Delta_1 + 4\Delta_2 + 2\Delta_3}{4}$ $\delta y_2 = \dfrac{4\Delta_1 + 8\Delta_2 + 4\Delta_3}{4}$ $\delta y_3 = \dfrac{2\Delta_1 + 4\Delta_2 + 6\Delta_3}{4}$ $\delta y_4 = 0$		$\delta y_4 = \dfrac{6\Delta_1 + 12\Delta_2 + 18\Delta_3 + 24\Delta_4 + 16\Delta_5 + 8\Delta_6}{7}$
			$\delta y_5 = \dfrac{4\Delta_1 + 8\Delta_2 + 12\Delta_3 + 16\Delta_4 + 20\Delta_5 + 10\Delta_6}{7}$
			$\delta y_6 = \dfrac{2\Delta_1 + 4\Delta_2 + 6\Delta_3 + 8\Delta_4 + 10\Delta_5 + 12\Delta_6}{7}$
			$\delta y_7 = 0$

n	δy_i 的计算公式	n	δy_i 的计算公式
5	$\delta y_1 = \dfrac{8\Delta_1 + 6\Delta_2 + 4\Delta_3 + 2\Delta_4}{5}$ $\delta y_2 = \dfrac{6\Delta_1 + 12\Delta_2 + 8\Delta_3 + 4\Delta_4}{5}$ $\delta y_3 = \dfrac{4\Delta_1 + 8\Delta_2 + 12\Delta_3 + 6\Delta_4}{5}$ $\delta y_4 = \dfrac{2\Delta_1 + 4\Delta_2 + 6\Delta_3 + 8\Delta_4}{5}$ $\delta y_5 = 0$	7	$\delta y_1 = \dfrac{12\Delta_1 + 10\Delta_2 + 8\Delta_3 + 6\Delta_4 + 4\Delta_5 + 2\Delta_6}{7}$ $\delta y_2 = \dfrac{10\Delta_1 + 20\Delta_2 + 16\Delta_3 + 12\Delta_4 + 8\Delta_5 + 4\Delta_6}{7}$ $\delta y_3 = \dfrac{8\Delta_1 + 16\Delta_2 + 24\Delta_3 + 18\Delta_4 + 12\Delta_5 + 6\Delta_6}{7}$ $\delta y_4 = \dfrac{6\Delta_1 + 12\Delta_2 + 18\Delta_3 + 24\Delta_4 + 16\Delta_5 + 8\Delta_6}{7}$ $\delta y_5 = \dfrac{4\Delta_1 + 8\Delta_2 + 12\Delta_3 + 16\Delta_4 + 20\Delta_5 + 10\Delta_6}{7}$ $\delta y_6 = \dfrac{2\Delta_1 + 4\Delta_2 + 6\Delta_3 + 8\Delta_4 + 10\Delta_5 + 12\Delta_6}{7}$ $\delta y_7 = 0$

表 1.4.18 只列出 $n=7$,实际还可以往下列,读者根据测量工作需要按表中的规律,往下列出计算公式。

被测平面的平面度凹由 Δ_i 的最大值和最小值的绝对值之和决定。

本例的被测面的长度 $l = 300\,\text{mm}$,平晶直径 $D = 80\,\text{mm}$,故测量段 $n = l/(0.5D) = 300/(0.5 \times 80) \approx 7$,测量得各个位置上的平面度为

$$\Delta_1 = +0.1\,\mu\text{m}; \quad \Delta_2 = -0.2\,\mu\text{m}$$
$$\Delta_3 = -0.1\,\mu\text{m}; \quad \Delta_4 = +0.2\,\mu\text{m}$$
$$\Delta_5 = -0.1\,\mu\text{m}; \quad \Delta_6 = -0.1\,\mu\text{m}$$

将上述测量结果代入表 1.4.18 中 $n=7$ 的 δy_i 的计算公式进行计算得

$$\delta y_1 = -0.14\,\mu\text{m}; \quad \delta y_2 = -0.48\,\mu\text{m}$$
$$\delta y_3 = -0.49\,\mu\text{m}; \quad \delta y_4 = -0.17\,\mu\text{m}$$
$$\delta y_5 = -0.31\,\mu\text{m}; \quad \delta y_6 = -0.26\,\mu\text{m}$$
$$\delta y_7 = 0$$

故被测量面的平面度为

$$\Delta H = -0.49\,\mu\text{m} \quad (\text{凹})$$

也可以像使用水平仪那样,根据测量得到的各个位置的平面度 $\Delta_1, \Delta_2, \cdots, \Delta_i$,用作图法求得被测量面的平面度 ΔH。

用小平晶测量大型平面,除了上述情况外,还有一种情况如图 1.4.29(b)所示。假设平晶的直径为 d,被测件的直径为 D,$D > d$,从平晶上读得的光圈数为 N,故被测量面的平面度 N'' 为

$$N'' = \frac{D^2}{d^2} N$$

例如用 $\phi 60\,\text{mm}$ 的平晶去测量 $\phi 100\,\text{mm}$ 的工件的平面度,从平晶上读得是 3 个光圈,在自然光下测量。故该平面的平面度为

$$\Delta H = N'' \cdot \frac{\lambda}{2} = \frac{D^2}{d^2} \cdot N \cdot \frac{\lambda}{2} = \frac{100^2}{60^2} \times 3 \times \frac{0.58}{2} = 2.416\,7\,(\mu\text{m})$$

式中:0.58 为白光的波长值。

（3）平面度方向的确定

平面无论是凸起或凹下，或者凹凸不平，用平晶去测量时，都会出现干涉条纹或光圈，通过干涉条纹的弯曲程度或光圈的个数计算出凸起或凹下或凹凸不平的数值，即计算出平面度值。但是，怎样判定被测面是凸，是凹，还是凹凸不平呢？即被测面的平面度的方向如何确定？这是使用平晶测量中很重要的问题。

可以通过判定高低干涉条纹和高低光圈的方法来确定平面度的方向。为此，特做如下约定：如果被测面是凸起，则出现高干涉条纹（高光圈），其平面度值为正（＋）；如果被测面是凹下，则出现干涉条纹（低光圈），其平面度值为负（－）。也可以从光圈的颜色变化来识别高低光圈。判定高低条纹（光圈）的方法见表 1.4.19，表图中的黑点为加力点的位置投影。

表 1.4.19　识别高低条纹（光圈）的方法

图　示	加力位置	条纹（光圈）名称	条纹（光圈）移动情况
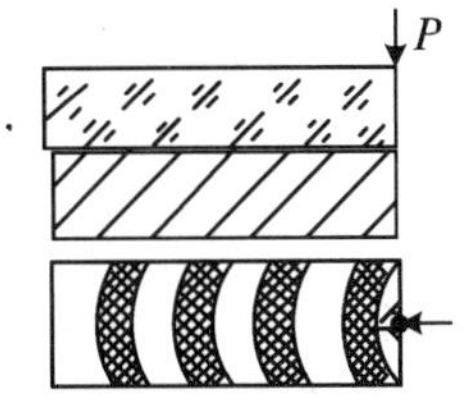	一侧加压法（倾斜）	高条纹	干涉条纹弯曲方向背向加力点，说明被测面凸（＋）
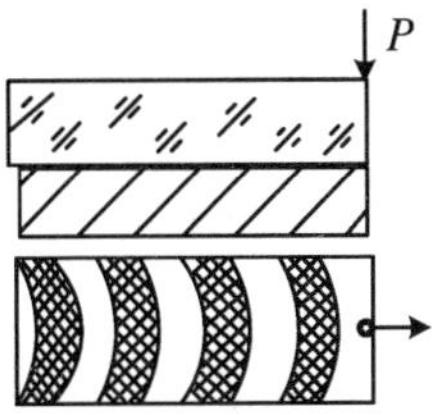		低条纹	干涉条纹弯曲方向朝向加力点，说明被测面凹（－）
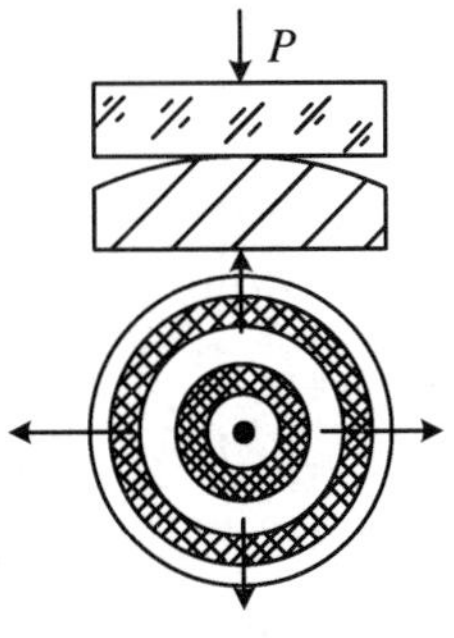	中间加压法（无倾斜）	高光圈	光圈从中心向边缘移动，光圈变少且变粗，说明被测面凸（＋）
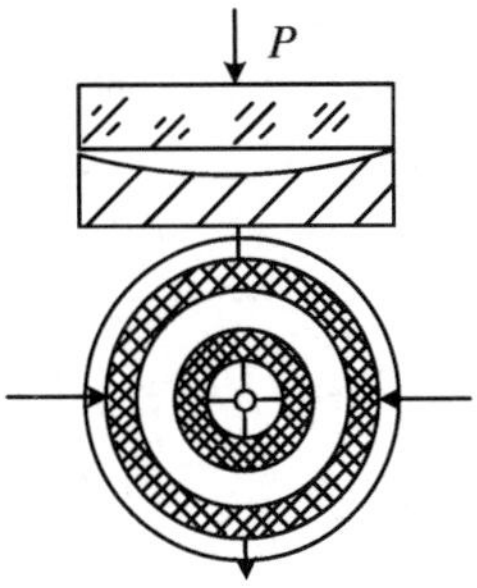		低光圈	光圈从边缘向中心移动，光圈变少且变粗，说明被测面凹（－）

图　示	加力位置	条纹(光圈)名称	条纹(光圈)移动情况
蓝色 红色 黄色	色序法（自然光）	高光圈	从光圈中心到边缘的颜色顺序为黄色、红色、蓝色,说明被测面为凸(＋)
黄色 红色 蓝色		低光圈	从光圈中心到边缘的颜色顺序为蓝色、红色、黄色,说明被测面为凹(－)

根据识别高低条纹(光圈)的方法求出图 1.4.27(a)和图 1.4.27(b)的平面度。从图 1.4.27(a)中可看到,干涉条纹弯曲方向背向加力点,说明是高条纹,所以被测面是凸起的。根据目估,干涉条纹的最大弯曲量 h 与干涉条纹间距 H 的比值 $h/H = 2/3$,白光的平均波长 $\lambda = 0.58\,\mu m$。故该平面的平面度值 Δ 为

$$\Delta = \frac{h}{H} \cdot \frac{\lambda}{2} = \frac{2}{3} \times \frac{1}{2} \times 0.58 = 0.193\,(\mu m)$$

在使用平晶中,最常用的是白光,有时还用到其他颜色的光。可见光光波的波长 λ 如下。

白光:$0.58\,\mu m$;　红光:$0.63\,\mu m \sim 0.77\,\mu m$;

橙光:$0.6\,\mu m \sim 0.63\,\mu m$;　黄光:$0.57\,\mu m \sim 0.6\,\mu m$;

绿光:$0.5\,\mu m \sim 0.57\,\mu m$;　青光:$0.45\,\mu m \sim 0.5\,\mu m$;

蓝光:$0.43\,\mu m \sim 0.45\,\mu m$;　紫光:$0.39\,\mu m \sim 0.43\,\mu m$。

图 1.4.27(b)的情况是,当在平晶的直径中心上施加压力时,2 个光圈逐渐向中心移动,故说明是低光圈,所以被测面是凹下的,其平面度值 δ 为

$$\delta = N \cdot \frac{\lambda}{2} = -2 \times \frac{0.58}{2} - 0.58\,(\mu m)$$

读取光圈时,应从垂直于被测面读取,如不在垂直方向读取则会产生误差,应对读数结果进行修正:

$$N = \frac{N'}{\cos \alpha}$$

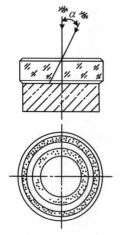

图 1.4.30　从不同位置读光圈示例

式中:N 为在垂直位置观察时的光圈数(个);N' 为与垂直方向成倾角口位置观察到的光圈数(个),如图 1.4.30 所示。

例如,$N' = 2$ 个,$\alpha = 45°$ 时,则 $N = \dfrac{2}{\cos 45°} = 2.8$ 个。

（4）平面平晶的保养

平面平晶的结构很简单,但它却是精密量具,应认真保养。

① 被测面的表面粗糙度尺 a 值不得大于 $0.04\,\mu m$。因为被测面太粗糙不仅会把平晶的工作面划伤,而且光线透过平晶照射到被测面上后产生漫反射,形不成干涉条纹（光圈）。

② 平晶对温度变化很敏感,所以在操作平晶时,动作要快,不得将平晶长时间握在手中。要像水平仪一样,不能将平晶在被测面上推着走。

③ 使用中,不要只使用平晶工作面上的某一个或几个地方,而应使工作面上的有效直径内的各个地方均使用到。在实际工作中,我们看到有些人只使用平晶工作面的中央很小一块面积,其他地方很少用,这是不好的习惯,容易造成平晶工作面局部磨损。

④ 使用完毕,要用脱脂棉把平晶擦净,放入盒内,存放地点附近要干燥,无酸碱蒸气。放平晶的盒内要衬绒布,严防磕碰平晶。

⑤ 平晶要实行周期检定,检定不合格的要进行修复。但是,一般工厂都没有修理平晶的设备。所以对不合格的平晶或是报废,或是送到能修平晶的工厂修理,或送到生产平晶的工厂去修理。平晶检定的方法是用 $\phi150\,mm$ 的标准平晶组来传递。

⑥ 不同级别的平晶不能混淆,不能混放在一起。

（5）双面平晶

两个端面为测量面且相互平行的平晶,称为双面平晶,又称为平行平晶,其结构如图 1.4.31 所示。

平行平晶共有四个系列,每个系列中尺寸相邻的任意四块都可以组成一套,共分六套。从平晶检定系统图中可以看到,$\phi30\sim\phi150\,mm$ 的平行平晶的两个工作面的平面度 $\Delta=\pm0.1\,\mu m$,两个工作面的相互平行度见表 1.4.20。

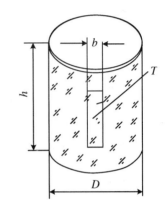

图 1.4.31　双面平晶(T-刻字处)

表 1.4.20　平行平晶的尺寸和工作面的相互平行度

系 列 尺 寸(mm)	Ⅰ	Ⅱ	Ⅲ	Ⅳ
h	15.00	40.00	65.00	90.00
	15.12	40.12	65.12	90.12
	15.25	40.25	65.25	90.25
	15.37	40.37	65.37	90.37
	15.50	40.50	65.50	90.50
	15.62	40.62	65.62	90.62
	15.75	40.75	65.75	90.75
	15.87	40.87	65.87	90.87
	16.00	41.00	66.00	91.00
D	30	30	40	50
t	1	1	1	1
b	8	8	8	8
工作面的相互平行度(μm)	0.6	0.6	0.8	1

（6）平行平晶的用途

平行平晶是利用光波干涉现象,将两个平面的微小平行度误差变为干涉条纹(光圈)进行读数的检验平行度的量具。它的主要用途是检定外径千分尺、杠杆千分尺、公法线千分尺和杠杆卡规两个测量面的相互平行度。检定时,要根据被检定对象的检定规程的规定选择平行平晶的尺寸,图1.4.32是用平行平晶检定 0～25 mm 千分尺两测量面的示例。

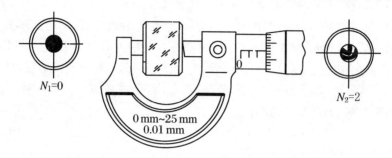

图 1.4.32　用平行平晶检定千分尺工作面平行度示例之一

千分尺测量面的表面粗糙度尺 a 值不大于 $0.05\,\mu m$,平面度不大于 $0.6\,\mu m$。这样的平面可视为理想平面,与平晶的工作面完全接触后产生暗条纹。从表 1.4.20 知,0 mm～25 mm 千分尺两测量面的平行度为 $2\,\mu m$。如果千分尺的两个测量面绝对平行,即平行度为 0 时,两测量面与平行平晶工作面完全接触,则在两个测量面上看不见干涉条纹。如果千分尺的两个测量面不平行,如图 1.4.32 所示,我们调整平行平晶,使它与一个测量面接触,另一个测量面不接触,于是在上面看到干涉条纹或光圈。

图 1.4.32 的两个测量面的光圈数是 $N_1 = 0, N_2 = 2$,在日光灯下检定,故该位置的千分尺的两个测量面的平行度为

$$\Delta = (N_1 + N_2)\frac{\lambda}{2} = (0 + 2) \times \frac{0.58}{2} = 0.58\,(\mu m)$$

千分尺两个测量面的平行度要用尺寸相邻的四块平行平晶依次检定,其中平行度值最大的作为检定结果,据此判定被检定千分尺的平行度是否合格。图 1.4.33 是用四块平行平晶检定 25 mm～50 mm 千分尺的示例,检定得 $\Delta_1 = 1.1\,\mu m, \Delta_2 = 0.2\,\mu m, \Delta_3 = 2\,\mu m, \Delta_4 = 2.2\,\mu m$,取 Δ_4 作为检定结果,从而判定该受检千分尺的测量面平行度不合格。因为千分尺标准规定 25 mm～50 mm 千分尺的平行度不大于 $2\,\mu m$。两个测量面的平行度不合格,则需要研磨两个测量面,至合格为止。

平行平晶的中心长度(h)最大为 91 mm,所以,在检定测量范围大于 100 mm 的千分尺测量面的平行度时,需要借助于量块。检定时,根据被检定千分尺的测量范围和检定规程规定的检定点选取平晶和量块,然后将平面平晶研合到量块的测量面上,组成平晶量块组进行检定,如图 1.4.34 所示。

（7）长平晶

由光学玻璃研磨而成的具有一个测量面的长方体,用于以光波干涉法测量工件平面形状误差的测量器具,称为长平晶,其结构如图 1.4.35 所示。目前,常见的长平晶有两种规格:长度尺寸为 210 mm 和 310 mm。长平晶工作面的平面度值不超过表 1.4.21 的规定,长平晶的非工作面上的"＋"是受检点标记。

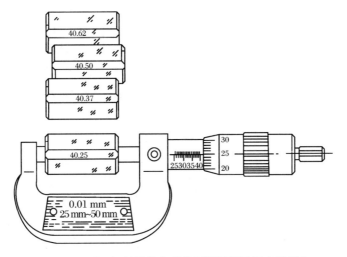

图 1.4.33 用平行平晶检定千分尺测量面平行度示例之二

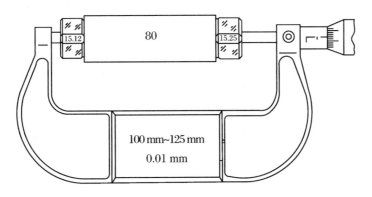

图 1.4.34 用平行平晶和量块检定千分尺测量面平行度示例

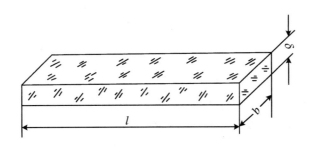

图 1.4.35 长平晶

表 1.4.21 长平晶的尺寸及平面度

长度 l（mm）	宽度 b（mm）	厚度 δ（mm）	平面度（μm）		
			在工作长度内（在无自重变形时）	在横向 40 mm 内	非工作面在 100 mm 内
210	40 ± 1	25 ± 0.5	$-3 \sim 0$	0.1	1
310	40 ± 1	30 ± 0.5	$-0.45 \sim -0.15$	0.1	1

（8）长平晶的使用

长平晶的工作面是理想平面，长平晶（组）是用来传递研磨平尺平面度的标准，它是以等倾干涉法检验研磨平尺等高精度平面的平面度。用长平晶检验高精度平面的平面度是在平面等倾干涉仪上进行的，其原理如图 1.4.36 所示。

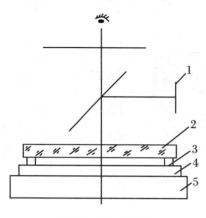

图 1.4.36　长平晶
1. 单色光源；　2. 长平晶；　3. 量块；
4. 被测件；　5. 工作台

将被测件放在干涉仪的工作台上，用脱脂棉花和航空汽油将平晶工作面和被测面擦净，把两块尺寸差小于 $0.1\,\mu m$ 的 $3.5\,mm$ 量块分别研合在被测面的两端上，然后把平晶的工作面朝下使平晶架在两块量块上。如果是用 $210\,mm$ 的平晶，两量块之间的距离为 $200\,mm$；用 $310\,mm$ 的平晶，两量块之间的距离为 $300\,mm$。这样支承可以使平晶因自重而向下弯曲变形最小。支承好后，平晶和被测面间形成一平行空气层，它位于等倾斜干涉仪光路中的聚焦点附近，并与光轴垂直，这时在仪器目镜中可看到一组等倾干涉环。工作面从一端慢慢移到另一端，被测件和平晶也随着从一端移到另一端。如果被测面也是理想平面，则空气层的各处相等，即被测面平行于平晶的工作面，故移动工作台时，看到的干涉环中心的明暗不变。如果被测面某处凹下，则该处的空气层厚度变厚，引起干涉环扩大，从中心"冒出"一个新的干涉环。如果被测面某处凸起，则该处的空气层变薄，引起干涉环收缩并使中心"消失"一个干涉环。

可见，用长平晶以等倾干涉法测量平面度，实际上是测量空气层厚度的变化。我们根据干涉环是"冒出"或是"消失"，又根据"冒出"或"消失"的干涉环的数量，就可以知道被测面是凸或是凹，及其凸或凹的程度。

设备点空气层厚度为 $H_0, H_1, H_2, \cdots, H_i, H_{i-1}, \cdots, H_{n-1}, H_n$ 等，则某一点 i 对两端点连线的偏差 F_i 为

$$F_i = \left(1 - \frac{L_i}{L_n}\right)H_0 + \frac{L_i}{L_n}H_n - H_i$$

式中：F_i 为 i 点对 0 点与 n 点连线的偏差；H_0, H_i, H_n 为 0 点、i 点及 n 点的空气层厚度；L_i 为 i 点到 0 点的距离；L_n 为 n 点到 0 点的距离。

测量出各点的平面度偏差值后，通过数据处理，即得到被测面的平面度。用长平晶测量平面度较用平面平晶测量平面度的优点是精度高；缺点是需要仪器，数据处理也麻烦。由于上述原因，所以在生产实际中，长平晶目前用得不多。

1.4.5　任务评价与总结

1.4.5.1　任务评价

任务评价见表 1.4.22。

表 1.4.22 任务评价表

评价项目	配 分%	得 分
一、成果评价:60%		
是否能够熟悉游标卡尺的调修项目	20	
是否能够掌握游标卡尺的调修方法	20	
是否能够掌握游标卡尺调修时所用的工具与仪器的使用方法	20	
二、自我评价:15%		
学习活动的目的性	3	
是否独立寻求解决问题的方法	5	
团队合作氛围	5	
个人在团队中的作用	2	
三、教师评价:25%		
工作态度是否正确	10	
工作量是否饱满	5	
工作难度是否适当	5	
自主学习	5	
总分		

1.4.5.2 任务总结

在进行游标卡尺的调修时,必须按照游标卡尺的调修项目及其相应的调修方法,逐一进行调修,调修完成后,必须重新进行检定,根据检定结果判断调修是否达到了游标卡尺的使用要求。

练习与提高

1. 主尺常见的故障有哪些? 如何排除?
2. 简述手工研磨法的操作过程。
3. 简述游标游框与主尺间隙的修理。

项目 2　外径千分尺的使用与维护

2.1　项　目　描　述

　　螺旋测微器又称千分尺、螺旋测微仪、分厘卡,是比游标卡尺更精密的测量长度的工具,用它测长度可以准确到 0.01 mm,测量范围为几个厘米。它的一部分加工成螺距为 0.5 mm 的螺纹,当它在固定套管 B 的螺套中转动时,将前进或后退,活动套管 C 和螺杆连成一体,其周边等分成 50 个分格。螺杆转动的整圈数由固定套管上间隔 0.5 mm 的刻线去测量,不足一圈的部分由活动套管周边的刻线去测量,最终测量结果需要估读一位小数。本项目主要从千分尺的结构及其工作原理、千分尺的使用与保养、千分尺的检定与调修等方面进行学习,并要求学生掌握相关的技能。

2.1.1　学习目标

　　学习目标见表 2.1.1。

表 2.1.1　学习目标

序　号	类　别	目　标
一	专业知识	1. 外径千分尺的结构； 2. 外径千分尺的使用与保养； 3. 外径千分尺的检定与调修
二	专业技能	1. 外径千分尺的使用与保养； 2. 外径千分尺的检定与调修
三	职业素养	1. 良好的职业道德； 2. 沟通能力及团队协作精神； 3. 质量、成本、安全和环保意识

2.1.2　工作任务

1. 任务 1:认识千分尺

见表 2.1.2。

表 2.1.2 认识千分尺

名 称	认识千分尺	难 度	低
内容： 1. 千分尺的结构及其工作原理； 2. 千分尺的使用与保养		要求： 1. 熟悉千分尺的结构； 2. 掌握千分尺的工作原理； 3. 掌握千分尺的使用与保养方法	

2. 任务 2：千分尺的检定

见表 2.1.3。

表 2.1.3 千分尺的检定

名 称	千分尺的检定	难 度	中
内容： 1. 千分尺的检定项目； 2. 千分尺的检定方法		要求： 1. 熟悉千分尺的检定项目； 2. 掌握千分尺的检定方法	

3. 任务 3：千分尺的调修

见表 2.1.4。

表 2.1.4 千分尺的调修

名 称	千分尺的调修	难 度	高
内容： 1. 千分尺的调修项目； 2. 千分尺的调修方法		要求： 1. 熟悉千分尺的调修项目； 2. 掌握千分尺的调修方法	

2.2 任务 1：认识外径千分尺

2.2.1 任务资讯

螺旋副量具是机械制造业中常用的量具，它比卡尺精度高，使用方便。按用途不同，螺旋副量具一般分为外径千分尺、杠杆千分尺、公法线千分尺、内径千分尺、深度千分尺、螺纹千分尺和 V 形砧千分尺等。

2.2.2 任务分析与计划

认识千分尺时，认识的主要内容有千分尺的工作原理、千分尺的结构以及千分尺的使用。

2.2.3 任务实施

2.2.3.1 测微头

1. 构造

利用螺旋副原理进行读数的测量长度的测量器具,称为千分尺,是一种常用的长度测量器具。根据构造原理的不同,测微头分为机械式测微头和电子式测微头两类。这里介绍的是机械式测微头,简称为测微头,又称为微分头。它是利用螺旋副原理进行读数的测量长度的工具,也可作为测量装置的部件。

螺旋副的原理是千分尺的基本原理,所以测微头是千分尺的基础部件。所谓螺旋副原理是将测微螺杆的旋转运动变成直线位移,测杆在轴心线方向上移动的距离与螺杆的转角成正比:

$$L = P \frac{\phi}{2\pi} \quad (\text{mm})$$

式中:L 为测杆的直线位移的距离(mm);P 为测微螺杆的螺距(mm);ϕ 为测微螺杆的转角(弧度)。

测微螺杆的直线位移的距离 L 从微分筒和固定套筒上显示出来。公制测微头的测微螺杆的螺距 $P = 0.5\,\text{mm}$,微分筒锥体斜面上均匀地刻 50 条线,微分筒旋转一周,测微螺杆移动一个螺距的距离,测杆直线前进或后退 0.5 mm,所以,当微分筒转过一格时,测微螺杆移动的距离为

$$i = \frac{L}{50} = \frac{P \frac{\phi}{2\pi}}{50} = \frac{0.5 \times \frac{2\pi}{2\pi}}{50} = 0.01\,(\text{mm})$$

式中:i 是微分头的分度值,又称为读数值、刻度值。0.01 mm = 1/100 mm,所以微分头应称为"百分头"才名副其实,微分头的测微螺杆的量程为 25 mm。

微分头是利用微分筒与固定套筒相互配合来进行读数的。在固定套筒表面上刻有一条与其轴线平行的纵向刻线(基线),在该刻线的两侧均匀地刻有线,就一侧而言,两条刻线之间的距离是 1 mm,面上下两侧相邻刻线之间的距离是 0.5 mm。在刻线上标出的数字是毫米,这就是主尺的分度值。

固定套筒的纵刻线和微分筒上的刻线宽度为 0.15~0.20 mm,刻线宽度差应不大于 0.03 mm。

2. 测微头的使用

微分头不能单独使用,必须装上某些机构以后才构成测量工作或测量装置。例如,装上尺架和测砧后就构成千分尺。

3. 测微头的保养

① 不得压伤测微头,严禁磕碰划伤测微杆及其测量面。

② 不得将测微头浸泡在水、冷却液、油等液体内。

③ 不得将测微头放置在潮湿、有酸或磁性的地方,也不得放置在高温和振动的地方。

④ 装有测微头的测量装置,要对测微头实行周期检定,检定周期由计量器具检修部门确定。

2.2.3.2　外径千分尺

1. 结构

外径千分尺简称千分尺,它是利用螺旋副原理,对弧形尺架上两测量面间分隔的距离进行读数的通用长度测量工具。小型外径千分尺如图 2.2.1 所示,数显式千分尺如图 2.2.2 所示,大型外径千分尺的构造如图 2.2.3 所示。

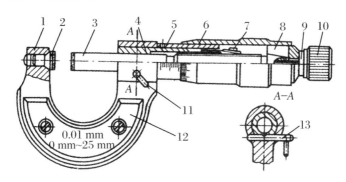

图 2.2.1　小型外径千分尺

1. 尺架;　2. 固定测头(测砧);　3. 测微螺杆;　4. 螺纹轴套;　5. 固定套管;　6. 微分筒;　7. 调节螺母;
8. 弹簧套;　9. 垫圈;　10. 测力装置;　11. 锁紧手柄;　12. 护板;　13. 锁紧销

图 2.2.2　数显式千分尺

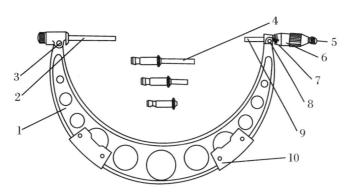

图 2.2.3　大型外径千分尺的构造

1. 尺架;　2. 测砧;　3. 测砧紧固螺钉;　4. 可换测砧;　5. 测力装置;
6. 微分筒;　7. 固定套管;　8. 锁紧装置;　9. 测微螺杆;　10. 隔热板

数显式外径千分尺的结构如图 2.2.2 所示。分度值为 0.01 mm(也有制成 0.001 mm

的),测量范围通常为:0～10 mm,0～25 mm,25～50 mm,50～75 mm,75～100 mm,100～125 mm,125～150 mm,150～175 mm,175～200 mm,200～225 mm,225～250 mm,250～275 mm,275～300 mm,300～400 mm,400～500 mm,500～600 mm,600～700 mm,700～800 mm,800～900 mm,900～1 000 mm,1 000～1 200 mm,1 200～1 400 mm,1 400～1 600 mm,1 600～1 800 mm,1 800～2 000 mm 等。

2. 外径千分尺的使用

(1) 检查千分尺

使用前必须首先检查千分尺的外观和各部位的相互作用是否合格。检查外观凭眼睛看,检查各部位的相互作用凭手感和凭耳朵听。

① 检查外观及对外观的要求。用棉丝把千分尺的各部位表面擦干净,然后仔细观察各部位,不允许有划伤、锈迹和影响使用性能的缺陷。

② 检查各部位的相互作用及对各部位的要求。用绸子或白色柔软而干净的棉丝擦净测砧的测量面和测微螺杆的测量面,然后旋转棘轮(测力装置)看它能否轻快而灵活地带动微分筒旋转,测微螺杆移动是否平稳,有无卡住现象;在全量程范围内微分筒与固定套筒之间有无摩擦;当用手把微分筒定住后,棘轮是否发出"咔咔"的声音;如果棘轮能带动微分筒灵活地旋转,测微螺杆移动平稳,无卡住现象,微分筒与固定套筒之间无摩擦,紧住测微螺杆后棘轮能发出"咔咔"声,满足这些要求,说明所检查的千分尺的各部位的相互作用合格。

(2) 校对"0"位

① 直接校对"0"位。测量范围是0～25 mm 的千分尺,可以直接校对"0"位。校对的方法是:将两个测量面擦干净后,旋转微分筒,当两个测量面快要接触,待棘轮发出"咔咔"声后,即可进行读数。

注　符合下述要求则算"0"位正确:当棘轮发出"咔咔"声后,微分筒上的"0"刻线应与固定套筒的基线重合,微分筒端面也恰好与固定套筒的"0"刻线右边缘恰好相切。如果不恰好相切,允许"离线"不大于0.1 mm,"压线"不大于0.05 mm。

② 用校对杆校对"0"位。对于测量范围大于25 mm 的千分尺,则用校对量杆或量块校对"0"位。校对的方法是:将校对量杆或量块当作制件来进行测量,测量结果读得的数值应与校对量杆和量块的实际长度符合,说明"0"位正确。当然,也允许"离线"和"压线",数值分别为0.1 mm 和0.05 mm。

"0"位压线、离线如图2.2.4所示。

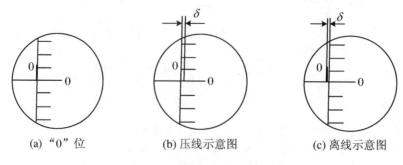

(a) "0"位　　　　(b) 压线示意图　　　　(c) 离线示意图

图 2.2.4　"0"位压线、离线示图

（3）外径千分尺的读数

① 读毫米和半毫米数部位。微分筒锥面的端面是读毫米和半毫米的基准，所以读数时先看微分筒锥面的端面左边固定套管上露出来的毫米刻线，然后加上微分筒上的读数就是整个读数。

② 读不大于半毫米的小数部分。固定套管上的纵刻线是微分筒读数的指示线，读数时，看固定套管纵刻线所对准的微分筒锥面上的刻线，读出被测工件的小数部分。若固定套管的纵刻线对准微分筒锥面上两条刻线之间，则估读到小数点第三位，即读到微米（μm）。

测微头的两种读数方式如图 2.2.5 所示。

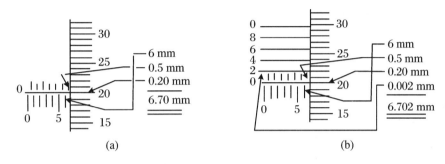

图 2.2.5　测微头的两种读数方式

（4）外径千分尺使用中应注意的问题

① 必须使用棘轮。任何测量都必须在一定的测力下进行，棘轮是测力装置，其作用是在千分尺的测量面与被测面接触后控制恒定的测量力，以减少测量力误差引起的测量误差。因此，在测量中，当千分尺的两个测量面快要与被测表面接触时，就轻轻地旋转棘轮，待棘轮发出"咔咔"的爬动声，说明测量面与被测面接触后产生的力已经达到测量力的要求。

② 注意微分筒的使用。在比较大的范围内调节千分尺时，应转动微分筒而不应该旋转棘轮，这样不仅能提高测量速度，而且能防止棘轮不必要的磨损。只有当测量面与被测面快要接触时才旋转棘轮进行测量。退尺时，应该旋转微分筒，而不应该旋转棘轮或后盖，以防后盖松动而影响零位。

测微头的读数如图 2.2.6 所示。

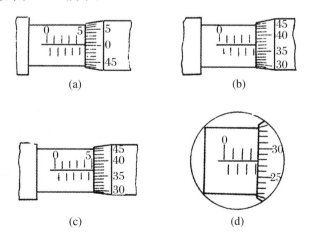

图 2.2.6　测微头的读数

③注意操作千分尺的方法。使用大型千分尺时,要由两个人同时操作。测量小型工件时,可以用两只手同时操作千分尺:一只手握住尺架的隔热装置,另一只手操作微分筒或棘轮;也可以左手拿工件,右手的无名指和小指夹住尺架,食指和拇指旋转棘轮;也可以用右手的小指和无名指把千分尺的尺架压在掌心内,食指和拇指旋转微分筒进行测量。

④注意测量面和被测面的接触状况。当两测量面与被测面接触后,要轻轻地晃动千分尺或晃动被测件,使测量面和被测面之间接触紧密。测量时,不得只用测量面的边缘。

⑤注意千分尺的位置状态。大型千分尺的刚性差,尺架容易变形。为了减少千分尺变形时对测量结果的影响,测量时,千分尺的位置状态要与检定的状态相同。

⑥注意取平均值。为了减少测量误差,可以对同一部位多测量几次,取几次测量结果的算术平均值作为最终的测量结果。

⑦在不同的部位测量。对于圆柱形工件,为了判定它是否有圆度误差,可以在同一横截面内的不同位置多测量几次,比较测量结果是否一致,如不一致,则说明有圆度误差。为了判定是否有圆柱度误差,可在全长的各部位多测量几次。

(5)外径千分尺的保养

①使用千分尺要轻拿轻放,不得使硬物磕碰千分尺。

②不准用油石和砂布等硬物磨或擦千分尺的测量面与测微螺杆。

③不允许把千分尺浸泡在水、冷却液或油类等液体中,也不允许在千分尺的固定套筒和微分筒之间注入煤油、酒精、机油、柴油或凡士林等。如果千分尺被水和机油等上述油类浸入,可以用航空汽油冲洗,然后在测微螺杆的螺纹部分和其他活动部位放少许润滑油。

④千分尺用完后要用软质干净棉丝擦干净,然后放入其盒内固定位置,并放在干燥的地方保存。长期存放时,可在测微螺杆上涂防锈油,测量面不要接触。

⑤千分尺要实行周期检定。一般为3个月一检。

2.2.4　任务评价与总结

2.2.4.1　任务评价

任务评价见表2.2.1。

表2.2.1　任务评价表

评价项目	配　分(%)	得　分
一、成果评价:60%		
是否能够熟悉千分尺的结构	20	
是否能够掌握千分尺的工作原理	20	
是否能够正确地使用和保养千分尺	20	
二、自我评价:15%		
学习活动的目的性	3	
是否独立寻求解决问题的方法	5	
团队合作氛围	5	
个人在团队中的作用	2	

续表

评价项目	配　分(%)	得　分
三、教师评价:25%		
工作态度是否正确	10	
工作量是否饱满	5	
工作难度是否适当	5	
自主学习	5	
总分		

2.2.4.2　任务总结

1. 熟悉千分尺的结构、理解千分尺的工作原理,是使用千分尺的前提条件,因此,我们必须要熟悉千分尺的结构、理解千分尺的工作原理。

2. 在使用和保养千分尺时,必须按照千分尺的使用要求和正确的保养方法,进行使用和保养,这对于保证千分尺的工作精度、延长千分尺的使用寿命,具有重要的意义。

练习与提高

1. 千分尺的工作原理是什么?
2. 怎样使用千分尺? 在使用千分尺时,要注意哪些问题?
3. 怎样保养千分尺?

2.3　任务 2:外径千分尺的检定

2.3.1　任务资讯

根据千分尺检定规程的要求,结合企业实际,千分尺的主要检定项目有:外观检定、各部分的相互作用、测微螺杆的轴向窜动和径向摆动、测砧与测微螺杆工作面的相对偏移、测力、刻线宽度及宽度差、指针与刻度盘相对位置、微分筒的端面棱边至固定套管刻线的距离、微分筒锥面的端面与固定套管毫米刻线的相对位置、工作面的表面粗糙度、工作面的平面度、工作面的平行度、示值误差、校对用量杆。

2.3.2　任务分析与计划

千分尺的检定,以现行的《国家计量检定规程》为准。该规程对检定三条件、检定项目、检定要求和检定方法，以及检定结果的处理都做了明确的规定。

2.3.3　任务实施

1. 外观检定

【要求】

① 千分尺及其校对用量杆不应有碰伤、锈蚀、带磁或其他缺陷，刻线应清晰、均匀。

② 千分尺应附有调整零位的工具，测量上限大于 25 mm 的千分尺应附有校对用量杆。

③ 千分尺上应标有分度值、测量范围、制造厂名（或厂标）及出厂编号。

④ 使用中和修理后的千分尺及其校对用量杆不应存有影响准确使用的外观缺陷。

【检定方法】　目力观察。

2. 各部分的相互作用

【要求】

① 微分筒的转动和测微螺杆的移动应平稳、无卡滞现象。

② 可调或可换测砧的调整或装卸应顺畅，作用要可靠，锁紧装置的作用应切实有效。

③ 带有表盘的千分尺，表移动应灵活、无卡滞现象。

④ 使用中和修理后的千分尺及其校对用量杆不应存有影响准确使用的外观缺陷。

【检定方法】　实验或目力观察。

3. 测微螺杆的轴向窜动、径向摆动、微分丝杆轴向窜动

【要求】　测微螺杆的轴向窜动和径向摆动均不大于 0.01 mm。

【检定方法】　测微螺杆的轴向窜动，用杠杆千分表检定（图 2.3.1）。检定时，可用杠杆千分表与测微螺杆测量面接触，沿测微螺杆轴向分别往返加力 3～5 N，杠杆千分表示值的变化即为轴向窜动量。测微螺杆的径向摆动也可以用杠杆千分表检定（图 2.3.2）。检定时，将测微螺杆伸出尺架 10 mm，使杠杆千分表接触测微螺杆端部；再沿杠杆千分表测量方向加力 2～3 N，然后以相反方向加力 2～3 N，这一检定应在相互垂直的两个径向方向检定。

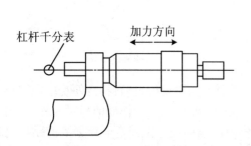

图 2.3.1　测微螺杆的轴向窜动的检定

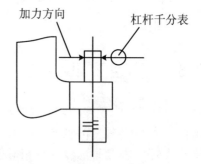

图 2.3.2　测微螺杆的径向摆动的检定

【注意事项】　检定时，应先把测量工作表面擦干净，同时检测各部分相互作用是否灵活平稳，测力要均匀，手感要平稳，仔细观察。

4. 测砧与测微螺杆工作面的相对偏移

【要求】　千分尺测砧与测微螺杆工作面的相对偏移量应不大于表 2.3.1 的规定。

表 2.3.1　千分尺测砧与测微螺杆工作面的相对偏移量允许值

测量范围(mm)	测砧与测微螺杆工作面的相对偏移量(mm)
0～25	0.1
25～50	0.15
50～75	0.2
75～100	0.3
100～200	0.4
200～300	0.5
300～400	0.8
400～500	1.0

【检定方法】　在平板上用杠杆百分表检定(图 2.3.3)。对于测量范围大于 300 mm 的千分尺用百分表检定。检定时借用千斤顶将千分尺放置在平板上,调整千斤顶使千分尺的测微螺杆与平板工作面平行,然后用百分表测出测砧与测微螺杆在这一方位上的偏移量 x,最后将尺架侧转 90°,按上述方法测出测砧与测微螺杆在另一方位上的偏移量 y。测砧与测微螺杆工作面的相对偏移量 Δ 按下式求得:

$$\Delta = \sqrt{x^2 + y^2}$$

也可以用专用检具检定。

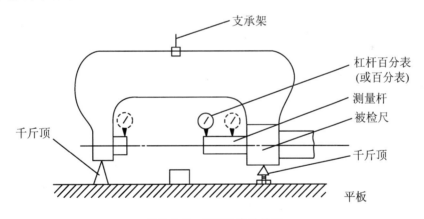

图 2.3.3　用百分表的检定

【注意事项】　检定时,测力要均匀,手感要平稳,仔细观察百分表的数值。

5. 测力

【要求】　千分表的测力(即工作面与球面接触时所作用的力)应在 6～10 N 范围内。

【检定方法】　用分度值不大于 0.2 N 的专业测力计检定。检定时,使工作面与测力计的球工作面接触后进行。

【注意事项】　检定时,按被测尺寸调整外径千分尺,要缓慢平稳地旋转微分筒或测力装置。

6. 刻线宽度及宽度差

【要求】　固定套筒纵刻线和微分筒上的刻线宽度为 0.12～0.15 mm,刻线宽度差应不

大于 $0.03\,\text{mm}$；刻线盘的刻线宽度为 $0.20\sim0.30\,\text{mm}$，刻线宽度差应不大于 $0.05\,\text{mm}$。

【检定方法】 在工具显微镜上检定。微分筒或刻线盘上的刻线宽度至少任意抽检三条刻线。

【注意事项】 检定时，能够正确使用工具显微镜，在检定前应注意目镜中的米字形基准线是否对准零位，正确读数和处理数据。

7. 指针与刻度盘的相对位置

【要求】 板厚千分尺刻度盘上的指针末端应盖住刻线盘短线长度的 $30\%\sim80\%$，指针末端上表面至刻线盘表面的距离应不大于 $0.7\,\text{mm}$，指针末端与刻度盘刻线宽度应一致，差值应不大于 $0.05\,\text{mm}$。

【检定方法】 指针末端与刻度盘刻线的相对位置可以用目力估计。指针末端上表面至刻度盘表面的距离应用塞尺进行检定。上述检定应在刻度盘上均匀分布的三个位置上进行，指针末端与刻度盘的刻线的宽度差在工具显微镜上检定。

【注意事项】 检定时，能够正确使用工具显微镜和塞尺。

8. 微分筒的端面棱边至固定套管刻线的距离

【要求】 微分筒的端面棱边至固定套管刻线的距离应不大于 $0.4\,\text{mm}$。

【检定方法】 工具显微镜上检定，也可用 $0.4\,\text{mm}$ 塞尺置于固定套管刻线表面上，用比较法检定。检定时在微分筒转动一周内不少于三个位置上进行。

【注意事项】 检定时，能够正确使用工具显微镜和塞尺。

9. 微分筒锥面的端面与固定套筒毫米刻线的相对位置

【要求】 当测量下限调整正确后，微分筒上的零刻线与固定套管纵刻线对准时，微分筒的端面与固定套管毫米刻线右边缘应相切。若不相切，压线不大于 $0.05\,\text{mm}$，离线不大于 $0.1\,\text{mm}$。

【检定方法】 当测量下限调整正确后，使微分筒锥面的端面与固定套管任意毫米刻线的右边缘相切时，读取微分筒的零刻线与固定套管纵刻线的偏移量。

【注意事项】 检定时，要掌握正确使用压线与离线的读数方法。

10. 工作面的表面粗糙度

【要求】 外径千分尺和校对量杆的工作面的表面粗糙度 R_a 应不大于 $0.05\,\mu\text{m}$。壁厚、板厚千分尺的工作面的表面粗糙度 R_a 应不大于 $0.10\,\mu\text{m}$。

【检定方法】 用表面粗糙度比较样块用比较法检定，也可用粗糙度检查仪检定。

【注意事项】 检定时，要借助光线进行仔细比较，掌握正确操作粗糙度检查仪的方法。

11. 工作面的平面度

【要求】 外径千分尺工作面的平面度应不大于 $0.6\,\mu\text{m}$；1 级外径千分尺工作面的平面度应不大于 $1\,\mu\text{m}$；壁厚千分尺测微螺杆工作面的平面度应不大于 $1.2\,\mu\text{m}$；板厚千分尺工作面的平面度应不大于 $1\,\mu\text{m}$。

【检定方法】 用二级平晶检定。检定时，用光波干涉法检定。对于使用中的可用 1 级刀口尺用光隙法检定。对于工作面直径为 $6.5\,\text{mm}$ 的，距离边缘 $0.2\,\text{mm}$ 范围内不计；对于工作面直径为 $8\,\text{mm}$ 的，距离边缘 $0.5\,\text{mm}$ 范围内不计。

【注意事项】 检定时，正确调整平晶，使干涉条纹呈 $3\sim5$ 条，沿整个被测面以平晶半径为步长,依次连续测量三点就得到各中点对其左右相邻点的连线间的高度差。再按选定的统一坐标处理所得到的数据。如果被测长度小于平晶直径,则可直接从干涉条纹的弯曲度测出平面度误差值。

12. 工作面的平行度

【要求】 当外径千分尺锁紧装置紧固与松开时,千分尺的两工作面的平行度不大于表2.3.2中的规定。板厚千分尺工作面的平行度应不大于$2\mu m$。

表2.3.2 千分尺工作面的平行度允许值

测量范围(mm)	平行度(μm)	
	0 级	1 级
0~25	1	2
25~50	1.3	2.5
50~100	1.5	3
100~150	—	4
150~200	—	6
200~300	—	7
300~400	—	8
400~500	—	10

【检定方法】 测量上限至100 mm的千分尺两工作面的平行度用平行平晶检定,也可以用量块检定。0级外径千分尺用4等量块检定,1级外径千分尺、板厚千分尺用5等量块检定。测量上限大于100 mm的千分尺两工作面的平行度用专用检具检定。

两工作面的平行度也可以用其他相应的准确度一起来检定。

使用平行平晶检定时,依次将4块厚度差为1/4螺距的平行平晶放入两工作面之间,转动微分筒,使两工作面与平行平晶接触,并轻松转动平晶,使两工作面上的干涉条纹数减至最少时,分别读取两工作面上的干涉条纹,取两工作面上的干涉条纹数目之和与所用光波长值的计算结果作为两工作面的平行度。利用平行平晶组中每一块平晶按照上述程序分别进行检定,取其中最大一组平行度值作为受检千分尺的两工作面平行度检定。

使用量块检定时,依次按照尺寸约为上下限的中间尺寸,间隔为微分筒1/4转的4组量块进行。每组量块以其同一部位放入如图2.3.4所示工作面间的4个位置上,按微分筒分别读数,并求出其差值,以4组差值中最大值作为被检千分尺两工作面的平行度。

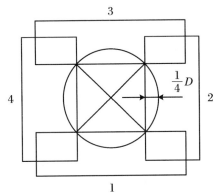

图2.3.4 用量块检定千分尺
工作面的平行度

13. 示值误差

【要求】 外径千分尺的示值误差应不超过表2.3.3的规定。

表2.3.3　千分尺示值误差允许值

测量范围(mm)	示值误差(μm)	
	0 级	1 级
0~100	±2	±4
100~150	—	±5
150~200	—	±6
200~300	—	±7
300~400	—	±8
400~500	—	±10

【检定方法】 0级外径千分尺用4等或相应等的专用量块检定;1级外径千分尺用5等或相应等的专业量块检定;各种千分尺的受检点应均匀分布于测量范围的5点上,具体受检点分布如表2.3.4所示。各点上的示值误差均不应超过表中的规定。

表2.3.4　千分尺受检点

测量范围(mm)	受检点尺寸(mm)
0~10	2.12,4.25,6.37,8.50,10
0~15	3.12,6.24,9.37,12.50,15
0~25	5.12,10.25,15.37,20.5,25 或 5.12,10.24,15.36,21.5,25
大于25	$A+5.12,A+10.25,A+15.37,A+20.5,A+25$ 或 $A+5.12,A+10.24,A+15.36,A+21.5,A+25$

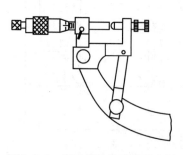

图2.3.5　借助相应准确度的专用检具的检定

测量上限大于150 mm的外径千分尺可以只检定测微头的示值误差。用5等或相应等的专用量块借助相应准确度的专用检具按0~25 mm的千分尺受检点检定(图2.3.5),测微头各点相对于0点的示值误差不超过±3 μm。

【注意事项】 千分尺示值误差的检定是千分尺检定中最重要的一项,检定每一个量块后,在千分尺上读取相应的误差值,必须用一组量块进行检定。

14. 校对用量杆

【要求】 外径千分尺的校对用量杆尺寸偏差和两工作面的平行度应不超过表2.3.5中的规定。

表 2.3.5　千分尺校对用量杆尺寸偏差和两工作面平行度误差允许值

校对用量杆的标称尺寸(mm)	尺寸偏差(μm)		工作面的平行度(μm)
	0 级	1 级	
25	±1	±2	1
50	±1.5	±2	1
75	±1.5	±2	1.5
100～125	—	±2.5	2
150～175	—	±3	2.5
200～225	—	±3.5	3.5
250～275	—	±3.5	3.5
325～375	—	±4	4
425～475	—	±5	5

【检定方法】　量杆的尺寸及工作面的平行度在光学计或测长机上,采用 4 等量块用比较法检定。对于平工作面的量杆应采用球面测帽在如图 2.3.6 所示的 5 点上进行检定。各点尺寸偏差均不应超过表 2.3.5 中的规定。5 点中的最大值与最小值之差即为量杆两工作面的平行度误差。对于球工作面的量杆,应用直径为 8 mm 的平面测帽进行检定。

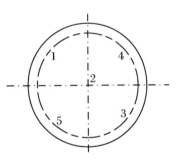

图 2.3.6　工作面的量杆检定

【注意事项】　在进行量杆的校对时,要注意千分尺应水平夹持住量杆。

2.3.4　任务评价与总结

2.3.4.1　任务评价

任务评价见表 2.3.6。

表 2.3.6　任务评价表

评价项目	配　分(%)	得　分
一、成果评价:60%		
是否能够熟悉千分尺的检定项目	20	
是否能够掌握千分尺的检定方法	20	
是否能够掌握千分尺检定时所用的工具与仪器的使用方法	20	
二、自我评价:15%		
学习活动的目的性	3	

续表

评价项目	配 分(%)	得 分
是否独立寻求解决问题的方法	5	
团队合作氛围	5	
个人在团队中的作用	2	
三、教师评价:25%		
工作态度是否正确	10	
工作量是否饱满	5	
工作难度是否适当	5	
自主学习	5	
总分		

2.3.4.2　任务总结

在进行千分尺的检定时,必须按照千分尺的检定项目及其相应的检定方法,逐一进行检定,并将检定结果记录下来,根据检定结果判断千分尺的各项技术指标是否满足千分尺的使用要求。

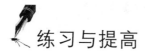

练习与提高

1. 千分尺的检定项目有哪些?
2. 简述千分尺工作面的平面度的检定步骤。

2.4　任务 3:外径千分尺的调修

2.4.1　任务资讯

外径千分尺的主要调修项目按照调修顺序主要有:外观的修理、微分筒在转动过程中出现摩擦现象的修理、微分丝杆轴向窜动的修理、千分尺径向摆动的修理、紧固装置的修理、测力的修理、平面平行度的修理、调整零位和示值误差的修理等。

2.4.2　任务分析与计划

外径千分尺在调整与维修时,必须先分析其产生问题的原因,根据其具体原因选择合适的调整与维修的方法与工具去解决这些问题,使调整和维修后的外径千分尺的工作性能达到工作精度的要求。

2.4.3　任务实施

1. 外观的修理

【产生原因】　长期使用,使用后没有及时清洗干净。

【调修方法】

① 锈蚀和划痕的修理。用砂纸打磨,然后用氧化铬抛光;丝杆螺丝部分有锈,可涂上磨料与螺母互研;研磨剂一般用氧化铬,腐蚀严重时可用金刚砂研磨膏。研磨膏只能涂在丝杆上,不能涂在螺母中。研磨后,用汽油清洗丝杆和螺母,滴入钟表油,调整好螺纹间隙,再进行研磨,以便将研磨剂研磨掉,然后再一次用汽油清洗,滴入钟表油,调整调节螺母,使微分丝杆既无窜动又能在全部工作行程中运动平稳。

② 毛刺和压坑的修理。微分筒刻线边缘有毛刺,可用什锦锉和油石将毛刺去掉。微分筒边缘有压坑,可用带锥度的圆木棒,塞入微分筒内,用木榔头敲击压坑边缘处。

2. 微分筒在转动过程中出现摩擦现象的修理

【产生原因】　测杆有轴向窜动,紧固装置不可靠,微分筒与丝杆装配不良,不干净或有毛刺,微分筒变形,微分丝杆弯曲,微分筒与测杆座外圆配合间隙过大或装配不好,弹簧套内锥与测杆后部锥体配合不好。

【调修方法】　针对具体情况采取相应的调修措施:

① 测杆有轴向窜动,紧固装置不可靠,微分筒与丝杆装配不良,不干净或有毛刺,将产生摩擦。修理时将丝杆和微分筒的配合面用油石打磨一下,以便去掉不明显的毛刺,用棉花蘸汽油,将配合面擦一下即可解决。

② 若微分筒变形,可将木制或铜制的专用圆棒塞入微分筒,反复在虎钳上调整即可(图2.4.1)。

③ 由微分丝杆弯曲造成的摩擦,一般出现在行程的开始或末尾,可用调直的方法来解决。调直时,在丝杆下面适当的位置放两个小铅块,将丝杆凸面向上,在凸面上放置一个小铅块,用小榔头轻轻敲打铅块,逐渐将丝杆调直。如图2.4.2所示。

图 2.4.1　在虎钳上调整微分筒

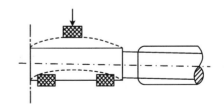

图 2.4.2　微分丝杆弯曲调直方法

④ 对于微分筒与测杆座外圆配合间隙过大或装配不好,使微分筒偏位而引起的摩擦,可通过重新安装微分筒来排除。摩擦不严重时从摩擦部位的对面,将微分筒扳一下或用木

棒轻轻敲打几下,即可消除摩擦现象。

⑤ 对于弹簧套内锥与测杆后部锥体配合不好而造成的摩擦,修理时,可用专用铰刀铰弹簧套内锥孔,如图 2.4.3 所示。

⑥ 微分筒后端与其轴线垂直时,微分筒的摩擦位置始终不会改变,可将微分筒装在带锥度的心轴上,将心轴装在车床上,车去不垂直的部分,如图 2.4.4 所示。

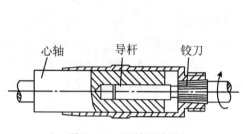

图 2.4.3　用铰刀锥孔

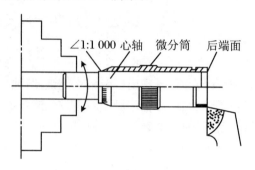

图 2.4.4　在车床上修理后端面

3. 微分丝杆轴向窜动的修理

【产生原因】　丝杆与螺纹轴套配合有间隙,丝杆磨损不均匀。

【调修方法】　调修的步骤如下:

① 一般可涂好磨料,用丝杆与千分尺本身螺母对研,研磨到丝杆能够在全部工作行程内转动平稳又无窜动为止。

② 用汽油清洗干净,滴入钟表油即可。研磨丝杆应注意,在研磨中需要不断调节螺母的松紧程度。太松,容易出现螺纹牙根磨不到的现象,而将牙形磨偏;太紧,丝杆容易卡住或将研磨剂挤出,而影响研磨效果。

③ 修理轴向窜动时,研磨螺杆应与示值修复同时考虑,在丝杆旋转较紧的地方,应该多研磨一些,最后需要通研一遍,这样,既能消除轴向窜动,又可为示值的修复打好基础。

④ 在研磨过程中,应注意不要使研磨剂流入尺架孔中,以免引起测杆与尺架孔的磨损,增大径向摆动。

⑤ 轴向窜动符合要求之后,可用汽油清洗干净,用氧化铬或抛光剂精研一次,用凡士林或滴入变压器油对研一次,最后,清除研磨剂再进行一次彻底的清洗,滴入钟表油,调整好调节螺母。

4. 千分尺径向摆动的修理

【产生原因】　由尺架导孔和活动测杆磨损造成的。

【调修方法】　修理径向摆动时,首先要检查测杆工作部分的直线度和锥度,如果超差,可将测杆与微分筒一起夹在车床三爪卡盘上,用长方条红宝石油石打磨测杆直至检查合格为止。然后,再修理尺架导孔,最常用的修理方法是利用专用冲子将尺架孔缩小,从而减少测杆与导孔之间的间隙。如图 2.4.5 所示。

5. 紧固装置的修理

【产生原因】　对于螺钉式紧固装置,螺钉产生毛刺,端部打堆和螺钉过短,会造成紧固失灵,拔销式紧固装置的结构,是由于拔销上 V 形槽磨损造成的。

【调修方法】

① 对于螺钉式紧固装置,螺钉产生毛刺,端部打堆和螺钉过短,会造成紧固失灵。可用什锦锉、油石打磨毛刺和打堆部分,或配换螺钉。

② 拔销式紧固装置的结构,如图 2.4.6 所示是由拔销上 V 形槽磨损造成的。修理时,将拔销从千分尺架中取出,用刀口形冲头冲击 V 形槽两侧发亮的点,也可用半圆锉、椭圆油石修理 V 形槽两侧,使 α 角增大,以增加摩擦力,使其紧固可靠。但 α 角不能修磨太多。如果 V 形槽底部低于回转中心,紧固将失灵且不可修复,这时只能换新的拔销。

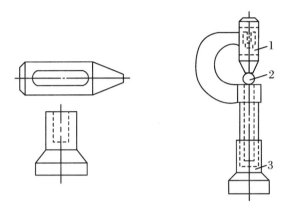

图 2.4.5　千分尺径向摆动的修理
1. 冲子;　2. 大于光杆直径的钢球;　3. 底座

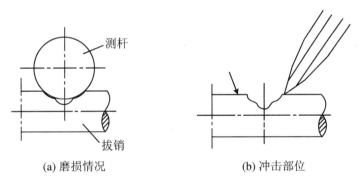

(a) 磨损情况　　　　　　　　　(b) 冲击部位

图 2.4.6　紧固装置的修理

6. 测力的修理

【产生原因】　棘轮棘爪磨损。

【调修方法】　对于棘轮棘爪式测力装置,若棘轮棘爪磨损,会使测力减小,修理时可用油石打磨棘爪。减小棘爪角度可使测力增大,但棘爪太小,影响测力的平稳,而且不耐磨。棘爪角度一般为 $70°\sim80°$。棘爪太短了,可换新件。弹簧疲劳变形和圈数不够,更换新弹簧。各部件均磨损严重,可更换全套测力装置,如果测力不合格,需要更换弹簧或棘轮。

7. 平面平行度的修理

【产生原因】　工作面磨损,尺架变形,固定测砧松动,测杆弯曲。

【调修方法】　固定测砧正常磨损多为工作面倾斜,活动测杆工作面的正常磨损多为中间高,边缘低,呈现凸形尺架变形。固定测砧松动,测杆弯曲和工作面磨损等均影响千分尺的平面度和平行度。修理平面度和平行度时,应注意两项同时修复。千分尺的平行度,是指在测量范围内,微分丝杆旋转时,应保持两个测量面相互平行,而且与测杆轴线垂直。

① 测砧松动的修理可用 502 或 914 黏接剂黏接牢固。

② 测杆弯曲,应换新测杆。

③ 尺架变形的修理:尺架变形时,两测量面有明显的错位,测砧与测杆的轴线不在同一轴线上。

针对尺架变形的修理有三种修理情况:

① 若测砧与测杆前后错位,修理时,将尺架在虎钳上,按有利的方向,用扳手扳动尺架靠测砧部位。

② 若测砧与测杆上下错位,当测砧高于测杆量面时,可将尺架靠近测砧部位上下放垫铁,用铁榔头冲击尺架的内部。

③ 当测砧量面低于测杆量面时,可用铁榔头冲击测砧的外部,应边冲击,边检查,直至符合要求为止。

修理千分尺工作面的平面度和平行度应注意的问题:

① 修理千分尺工作面和平行度时,研磨器的长度尺寸要接近千分尺的测量上限尺寸,这样可避免测杆伸出太多,使得研磨时径向摆动量大,影响平行度的修复。

② 一组研磨器为四块,千分尺的螺距为 0.5 mm。每两块研磨器之间间隔的尺寸应为 1/4 螺距,即 0.12～0.13 mm。研磨器的平行度应在 ±2 μm 之内。

③ 研磨平行度时,在研磨器工作面上均匀涂好磨料,把四块研磨器依次放置于千分尺两工作面之间,旋转微分筒,使千分尺两工作面接触研磨器工作面。手工研磨一般是左手持研磨器,沿着整个工作面前后摆动。

④ 研磨平面平行度时,四块研磨器要轮换使用,这样,不但四块研磨器磨损均匀,也有利于平行度的修复。修理平行度的研磨器,也可用一组三块的研磨器,每块研磨器相隔的尺寸为 0.17 mm。修理后,要检验平面的平行度是否合格。

修理后对平面平行度的检定,根据检定结果采取对应的措施:

① 用一组四块平行平晶分别夹持在千分尺两工作面之间,调出干涉带。若其中一块平晶出现的干涉条纹数少,而另一块平晶出现的干涉带的条数多,这就说明了测砧和测杆的工作面与微分丝杆的轴心线不垂直。

【修理方法】 修理时,仍需用四块研磨器进行研磨,但在两量面出现干涉条纹最多的尺寸段上,应选用相应的尾数尺寸接近的那块研磨器多研磨一定的时间。例如:用 15.36 mm 的平行平晶检验时干涉带最多,选用 24.32 mm 的研磨器即可。

② 以测砧测量面为基面,在测微螺杆测量面上观察干涉带时,平晶干涉带不随测微螺杆测量面与平晶接触点位置变换而变化,也不随微分筒转角不同而变动。这说明测砧测量面倾斜。

【修理方法】 修理时,在四块研磨器工作面上,一面涂变压器油,另一面涂磨料,将涂磨料的工作面接触测砧的工作面。

③ 以测砧测量面为基面,在测微螺杆测量面上观察干涉带时,平晶干涉带随接触点变换而变化,且随微分筒转角不同而变动其位置。这说明测微螺杆测量面与其轴线不垂直。

【修理方法】 修理时,用同样的方法,将研磨器涂磨料的工作面接触测杆工作面,而将研磨器润滑油的工作面接触测砧工作面,进行研磨即可。另一个方法是将测杆从螺孔中取出,夹持在专用工具上进行研磨。如图 2.4.7 所示。

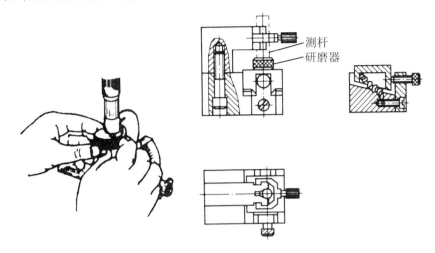

测杆
研磨器

图 2.4.7 夹持专用工具

④ 如果用四块平晶检验,干涉带的形状呈三棱形,这就说明存在着测杆径向摆动或尺架变形。

【调修方法】 可通过调尺架或缩孔来解决。如果干涉带形状仍不变化,可先单独修磨测杆工作面,然后再将测杆旋入千分尺螺孔中进行研磨。如果测杆工作面已磨好,可在研磨器一面涂润滑油,一面涂磨料,涂磨料的面接触测砧工作面。300 mm 以上的千分尺,测砧一般是可换和可调的,可分别把测砧和测杆装夹在专用工具上进行研磨,如图 2.4.8 所示。

8. 压线超差的修理

【产生原因】 微分丝杆与测杆座的配合位置不好。

【调修方法】 对于测杆压配在测杆座上的千分尺,对零位后若压刻线超差,需改变微分丝杆与测杆座的配合位置,可用圆冲子对准测杆压入测杆座内的尾部,用榔头冲击冲子,将测杆从测杆座中冲出压刻线的尺寸即可。对于轻型千分尺,对零位后若压刻线超差,可用圆柱冲子向微分筒里冲击锥套至一定距离即可。

9. 示值误差的修理

【产生原因】 工作面的平面度和平行度,测杆的轴向窜动和径向摆动,微分丝杆的不均匀磨损是影响示值误差的重要因素。因为

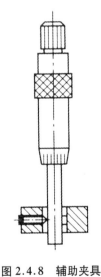

图 2.4.8 辅助夹具

当螺距偏大时,测杆的位移量相应增大,示值就变小了,就会产生负误差。反之,就会产生正误差。旋转测杆时,若出现有松有紧的现象,则在测杆转动较松的部位,就是丝杆牙廓磨损较多的地方,相当于螺距增大,示值就变小了,就会产生负误差。而在微分丝杆转动较紧的位置,就是螺纹磨损较少的地方,示值误差将出现正值。

【调修方法】

① 修理千分尺示值误差时,应根据示值误差检定结果先确定出研磨量和研磨范围。示值误差为正值的位置,磨损较少;示值误差为负值的位置,螺纹磨损较严重。为达到丝杆磨损均匀一致,应以负值为基础,愈趋于正值的位置研磨量应愈大,愈趋于负值的位置研磨量应愈小,

千分尺示值误差的研磨量为检定结果最大绝对值减去示值误差允许值的绝对值所得的差值。

$$\Delta L = L_0 - L_1$$

式中：ΔL 为示值误差研磨量(mm)；L_0 为检定结果最大绝对值(mm)；L_1 为示值误差允许值的绝对值(mm)。

② 微分丝杆的修理。根据检定各点示值误差的分布情况,确定研磨量和研磨部位之后就可以进行微分丝杆的修理了。丝杆的修理多采用丝杆与螺母对研的方法。

a. 各点误差均为负值。这种情况是各点均有磨损,而在与千分尺零位相对应的丝杆根部磨损却很少。例如:0～25 mm 千分尺各检定点的示值误差。

【修理方法】 研磨丝杆的根部,以便使丝杆根部的磨损量与丝杆的其他部位的磨损量近似,均变为负值。这样,经过零位调整后,丝杆各检定点的示值误差就会产生相应的变化,并达到规程的要求。见表 2.4.1。

表 2.4.1　各点误差均为负值时各检定点的示值误差(μm)

千分尺检定点	零　位	5.12	10.24	15.36	21.50	25
研磨前检定结果	0	−5	−5	−8	−5	−3
研磨点和研磨量	4	0	0	0	0	0
研磨后检定结果	0	−1	−1	−4	−1	−1

具体的修理方法:首先,应找出丝杆根部需要研磨的部位,取下微分筒,将丝杆旋入尺架孔中,使两工作面接触后,观察丝杆根部与螺孔接触的位置。然后选用一件测量范围大于千分尺的尺架作为研磨工具,将丝杆旋入研磨工具的螺孔中,涂上磨料后即可进行研磨修理。也可将丝杆倒过来,旋入千分尺本身的螺孔中进行研磨,如图 2.4.9 所示。

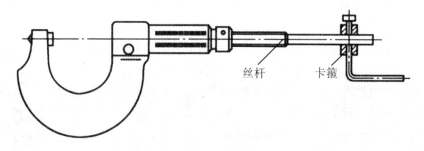

丝杆　　卡箍

图 2.4.9　带尾丝杆的研磨方法

b. 各点误差均为正值。这种情况是丝杆根部磨损较多。

【修理方法】 用前面介绍的研磨工具法进行研磨。研磨时,除丝杆根部以外,丝杆其他部位应普遍研磨,并应在正误差较大的地方多进行研磨。见表 2.4.2。

表 2.4.2　各点误差均为正值时各检定点的示值误差(μm)

千分尺检定点	零　位	30.12	35.24	40.36	45.50	50
研磨前检定结果	0	3	5	7	7	7
研磨量	0	0	1	3	3	3
研磨后检定结果	0	0	4	4	4	4

c. 各点误差有正有负。

【修理方法】　这种情况应分两步进行修理。第一步需将负值修成合格,即研磨与零位相对应的丝杆根部;第二步需根据第一次研磨后的检定结果,研磨示值误差为正值的部位。见表2.4.3。

表 2.4.3　千分尺各检定点的示值误差(μm)

千分尺检定点	零位	55.12	60.24	65.36	70.5	75	千分尺检定点	零位	55.12	60.24	65.36	70.5	75
研磨前误差	0	9	5	-5	-8	-4	第二次研磨量	0	9	5	0	0	0
第一次研磨量	4	0	0	0	0	0	第二次检定结果	0	4	4	-1	-4	0
第一次检定结果	0	13	9	-1	-4	0							

2.4.4　任务评价与总结

2.4.4.1　任务评价

任务评价见表2.4.4。

表 2.4.4　任务评价表

评价项目	配　分(%)	得　分
一、成果评价:60%		
是否能够熟悉千分尺的调修项目	20	
是否能够掌握千分尺的调修方法	20	
是否能够掌握千分尺调修时所用的工具与仪器的使用方法	20	
二、自我评价:15%		
学习活动的目的性	3	
是否独立寻求解决问题的方法	5	
团队合作氛围	5	
个人在团队中的作用	2	
三、教师评价:25%		
工作态度是否正确	10	
工作量是否饱满	5	
工作难度是否适当	5	
自主学习	5	
总分		

2.4.4.2　任务总结

在进行千分尺的调修时,必须按照千分尺的调修项目及其相应的调修方法,逐一进行调修,调修完成后,必须重新进行检定,然后根据检定结果判断调修是否达到了千分尺的使用要求。

练习与提高

1. 千分尺的调修项目有哪些?
2. 简述千分尺研磨丝杆时应注意的事项。
3. 千分尺若出现压线或离线现象,应如何调整?
4. 千分尺测杆不灵活可能产生的原因有哪些?

项目 3　百分表的使用与维护

3.1　项　目　描　述

在所有机械零件测量工具中,百分表是属于其中的一种长度测量工具,它的刻度值为0.01 mm,是一种测量精度比较高的指示类量具,目前,百分表已经被广泛应用于测量工件的几何形状误差及位置误差(如圆度、平面度、垂直度、跳动等)等,也可用于校正零件的安装位置以及测量零件的内径等。百分表的构造主要由3个部件组成:表体部分、传动系统、读数装置。本项目主要从百分表的结构及其工作原理、百分表的使用与保养、百分表的检定与调修等方面进行学习,并要求学生掌握相关的技能。

3.1.1　学习目标

学习目标见表3.1.1。

表 3.1.1　学习目标

序　号	类　别	目　标
一	专业知识	1. 百分表的结构; 2. 百分表的使用与保养; 3. 百分表的检定与调修
二	专业技能	1. 百分表的使用与保养; 2. 百分表的检定与调修
三	职业素养	1. 良好的职业道德; 2. 沟通能力及团队协作精神; 3. 质量、成本、安全和环保意识

3.1.2　工作任务

1. 任务 1:认识百分表

见表3.1.2。

表 3.1.2　认识百分表

名　称	认识百分表	难　度	低
内容： 1. 百分表的结构及其工作原理； 2. 百分表的使用与保养		要求： 1. 熟悉百分表的结构； 2. 掌握百分表的工作原理； 3. 掌握百分表的使用与保养方法	

2. 任务2：百分表的检定

见表3.1.3。

表 3.1.3　百分表的检定

名　称	百分表的检定	难　度	中
内容： 1. 百分表的检定项目； 2. 百分表的检定方法		要求： 1. 熟悉百分表的检定项目； 2. 掌握百分表的检定方法	

3. 任务3：百分表的调修

见表3.1.4。

表 3.1.4　百分表的调修

名　称	百分表的调修	难　度	高
内容： 1. 百分表的调修项目； 2. 百分表的调修方法		要求： 1. 熟悉百分表的调修项目； 2. 掌握百分表的调修方法	

3.2　任务1：认识百分表

3.2.1　任务资讯

指示表是利用机械传动系统，将测量杆的直线位移转变为指针在圆刻度盘上的角位移，并由刻度盘进行读数的测量器具。其中，分度值为 0.01 mm 的称为百分表，分度值为 0.001 mm 的称为千分表。测量范围超过 10 mm 的指示表，称为大量程指示表。

3.2.2　任务分析与计划

认识百分表时，认识的主要内容有百分表的工作原理、百分表的结构以及百分表的使用与拆装。

3.2.3　任务实施

3.2.3.1　百分表的结构与传动原理

指示表类量具的两个共性名词术语：

（1）示值总误差

在整个正行程测量范围内,测得的示值误差曲线上,曲线的最高点与最低点的纵坐标上的最大差值,称为示值总误差。

（2）测力落差

在测量范围的同一位置上,将测量杆推入和伸出时所得的测力之差,称为测力落差。

根据前面所述,把分度值为 0.01 mm 的指示表称为百分表。百分表分为机械式百分表和数显式百分表,它们的结构如图 3.2.1(a)、图 3.2.1(b)和图 3.2.1(c)所示。测量范围为 0~3 mm,0~5 mm,0~10 mm 的称为百分表,测量范围大于 10 mm 的称为大量程百分表,目前生产的有 0~30 mm,0~50 mm,0~100 mm 的大量程百分表。

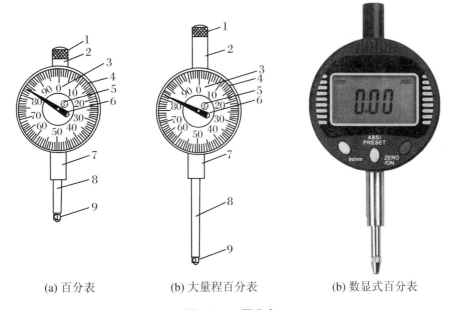

(a) 百分表　　　　(b) 大量程百分表　　　　(b) 数显式百分表

图 3.2.1　百分表

1. 测帽；　2. 上轴套；　3. 表盘；　4. 表圈；　5. 转数指针；　6. 长指针；　7. 下轴套；　8. 测杆；　9. 测头

机械式百分表表盘上的刻线宽度和指针尖端的宽度,规定如下：

测量范围为 0~3 mm 的百分表应为 0.1~0.2 mm；

测量范围为 0~5 mm,0~10 mm 的百分表应为 0.15~0.25 mm。

机械式百分表指针尖端应盖过表盘上短刻线长度的 30%~80%。百分表测量杆处于自由状态时,指针应位于从"0"位开始逆时针方向 30°~90°之间。矩形数显式百分表改变了百分表是圆形的传统结构。

机械式百分表的结构原理如图 3.2.2 所示为百分表的传动系统,根据百分表传动系统结构的不同,百分表除了采用齿条-齿轮传动外,还有采用蜗轮-蜗杆、杠杆-齿轮传动的系统。由于齿条-齿轮传动制造和维修都方便,所以,目前的百分表绝大多数都采用这种结构。常用百分表的齿条-齿轮的参数如下:$Z_1 = 10$ 齿,$Z_2 = 16$ 齿,$Z_3 = Z_4 = 100$ 齿。测量杆移动 1 mm,指针旋转一周。为满足这一要求,必须满足下式条件:

$$\frac{2\pi}{\pi m Z_2} = \frac{Z_3}{Z_1} = 2\pi$$

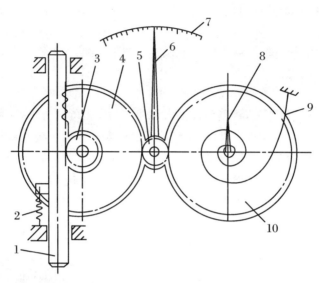

图 3.2.2　机械式百分表的传动系统

1. 齿条(测杆);　2. 拉簧;　3. 小齿轮 Z_2;　4. 大齿轮 Z_3;　5. 中心齿轮 Z_1;
6. 长指针;　7. 表盘;　8. 转数指针;　9. 游丝(卷簧);　10. 补偿齿轮 Z_4

故

$$m = \frac{Z_3}{\pi Z_1 Z_2} = \frac{100}{3.1416 \times 10 \times 16} \approx 0.199 \,(\text{mm})$$

式中:m 是百分表的齿条和各个齿轮的模数,故可以求出各个齿轮分度圆的周长 L。

齿轮 Z_2 的分度圆的周长 $L_2 = \pi m Z_2 = 10$ mm;

齿轮 Z_1 的分度圆的周长 $L_1 = \pi m Z_1 = 6.25$ mm;

齿轮 $Z_3 = Z_4$ 的分度圆的周长 $L_3 = L_4 = \pi m Z_3 = 62.5$ mm;

齿条的周节 $t_f = \pi m = 0.625$ mm。

当测杆移动 1 mm 时,与其齿条相啮合的齿轮 Z_2 转过 $1/t_f = 1/0.625 = 1.6$ 个齿,即转过 $n_2 = 1/10$ 周,而 Z_1 转过

$$n_1 = n_2 \frac{Z_3}{Z_1} = \frac{1}{10} \times \frac{100}{10} = 1 \,(\text{周})$$

也就是说,测量杆移动 1 mm,则齿轮 Z_1 带着指针旋转一周。表盘上均匀地刻有 100 条刻线,故每一格(两相邻刻线间的距离)为 0.01 mm。转数指针是用来记录长指针的转数的。图 3.2.2 所示长指针是随齿轮 Z_1 一起转动的,同时还带动与之啮合的 Z_4 及其转数指针 4 一起转动。因为齿轮 Z_1 的齿数为 10 个齿,齿轮 Z_4 的齿数为 100 个齿,所以齿轮 Z_3 转 10 圈,齿轮 Z_4 才转 1 圈,即长指针转 1 圈时,转数指针就转 1/10 圈,即 1 格。记住长指针和转数指针之间的这种关系,对读百分表很有好处。

百分表的长指针的长度 R,一般为 25 mm,所以长指针转过一格,其针尖转过的圆周长为

$$\frac{2\pi R}{100} = \frac{2 \times 3.1416}{100} = 1.57\,(\mathrm{mm})$$

可见,百分表能将测杆移动 0.01 mm 的微小直线位移在表盘上放大 1.57 倍。所以读数很方便。

上述介绍的是齿条-齿轮式传动百分表,此外还有蜗轮-蜗杆式和杠杆-齿轮式传动百分表。其中因齿条-齿轮传动结构简单,所以获得了广泛的应用。

百分表的示值误差应不大于表 3.2.1 中所示的规定。

表 3.2.1　百分表的示值误差(GB/T 1219—85)

测量范围(mm)	任意 0.1 mm 误差(μm)	任意 0.5 mm 误差(μm)	任意 1 mm 误差(μm)	任意 2 mm 误差(μm)	示值总误差(μm)	示值变动性(μm)	回程误差(μm)
0~3					±14		
0~5	±5	±8	±10	±12	±16	3	±12
0~10					±18		

数显式百分表相对于机械式百分表较先进,那么数显式百分表的特点有:

① 数显式百分表可以在任意位置置"0"。

② 数显式百分表可以进行公英制任意的转换,适用于不同的单位制。

③ 数显式百分表可以进行数据的保持。

④ 数显式百分表快速跟寻最大值(只显示一组测量数据中的最大值)。

⑤ 数显式百分表快速跟寻最小值(只显示一组测量数据中的最小值)。

⑥ 数显式百分表备有串行出口,可与计算机、打印机、记录仪连接进行自动数据处理。

⑦ 自动断电。

百分表不能单独使用,需通过表架将其夹持后使用。百分表还可以作为检具、专用量仪和某些机械设备的定位读数装置。

3.2.3.2　百分表的保养

① 百分表要实行周期检定制度。检定周期的长短根据百分表的使用频率而定,经常使用的检定周期要短些,使用少的检定周期长些,一般工厂规定百分表的检定周期为 3 个月。经检定合格的百分表要发给检定证(检定合格证),或者百分表背面贴上标志说明检定期。经检定不合格的要修复,修复不了的则报废。

② 防止碰撞百分表。使用中要轻拿轻放,不得碰撞百分表的任何部位。万一百分表被碰撞,应送到计量检定部门检定。不用时,不要过多地拨动测头使表内机构做无效运动,这样可以延长百分表的使用寿命。不使百分表剧烈振动。

③ 不准把百分表浸入油、水、冷却液或其他液体内,灰尘大的地方不要使用百分表,以防尘土进入百分表内,而加速表内机件的磨损。现在有防尘结构的百分表。

④ 不使用时,应让百分表的测量杆自由放松,使表内的机构处于自由状态,以保持其精度。

⑤ 用完百分表后,各部位擦净放入其盒内保存,但不得在测量杆上涂防锈油等黏性大的油脂。百分表应放在干燥、无磁性的地方保存。百分表架用毕后也要擦净保存,当不用百分表时,可以稍微松开表架上装夹百分表轴套的手轮。

⑥ 不是检定修理百分表的专业人员，严禁拆卸百分表。

3.2.3.3 百分表的拆装顺序

百分表有圆形百分表和扇形百分表，本实训主要研究的是圆形百分表，因此，应对圆形百分表结构进行认知和拆装。

圆形百分表按其结构及拆装大致分为前开式、后开式和外开式三类。其中后两种可使表圈平稳转动360°，以达到迅速调整分度盘零位刻线的导向作用。拆卸的顺序，应参照图3.2.3和图3.2.4的各类百分表结构。

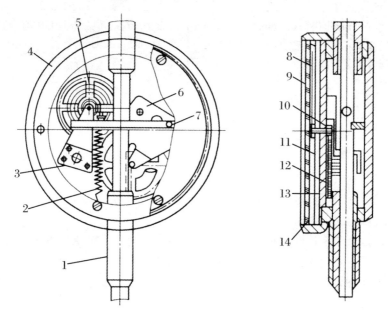

图 3.2.3　百分表的结构(一)

1. 套管；　2. 测力簧；　3,6. 支座；　4. 表圈；　5. 游丝；　7. 导向板；　8. 指针；　9. 表蒙；
10. 中心齿轮；　11. 分度盘；　12. 组合齿轮；　13. 圆座板；　14. 衬圈

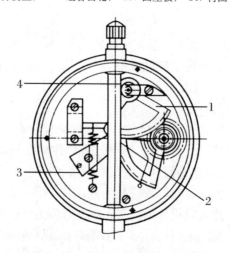

图 3.2.4　百分表的结构(二)

1. 扇形齿轮；　2. 中心变位齿轮；　3. 支座；　4. 枢轴支承板

1. 前开式

【操作方法】 这类百分表的拆装，从其正面开始，先卸去涨圈、表蒙、指针和分度盘。其常有的卡夹形式如下：

① 用三块 T 形簧片，将簧片固定于圆座板上，簧片的另一端压于表圈的凸缘部位。拆取时，卸去涨圈、表蒙、指针和分度盘，再卸去簧片，即可取出表圈，如图 3.2.5(a) 所示。

② 用整块成型的簧片，簧片固定于圆座板，拆卸同上。此簧片还有消除分度盘与表圈两者在转动时间隙的作用，如图 3.2.5(b) 所示。

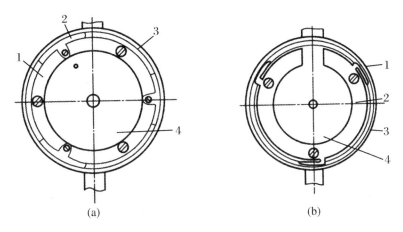

(a)   (b)

图 3.2.5 前开式的结构

1. 圆座板；2. 簧片；3. 表圈；4. 圈数分度盘

③ 用等边三角形或五角形的弹簧钢丝，如图 3.2.6 所示。

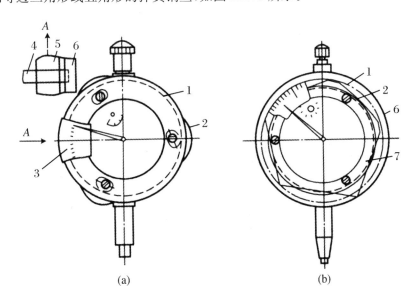

(a)   (b)

图 3.2.6 调零装置

1. 环形槽；2. 钢丝卡簧；3. 分度盘；4. 片状销；5. 表体；6. 表圈；7. 圆座板

a. 三角形的钢丝卡簧 2 卡于表体环形槽 1 内，该结构的分度盘 3 与表圈 6 不能从正面拆开，且其后盖是封闭的。拆卸时，只需将片状销 4 的凸出部位压缩即可。这种结构的指示表应用不广。

b. 五角形的钢丝卡簧 2 卡在表圈 6 与圆座板 7 内,弯角部位压在表圈内部凸缘上,从而使 6 与 5 连接。拆卸时,先取指针与分度盘,用镊子或起子挑出 2,即可开始以下的拆卸。

④ 拆卸顺序:

a. 取出钢丝卡簧做的涨圈,卸下表蒙和衬圈(有的百分表无此衬圈)。

b. 用起针工具取出大小指针(起针的专用工具见修理章节)。

c. 取出分度盘。

d. 用起子卸去簧片、片状销或卡簧,同时卸去表圈。

e. 卸去固定圆座板的螺钉,使板与表体分离。

f. 卸取圆座板上的零件,先去导槽块,去掉游丝外桩的锥销(用钳子或冲子),取出游丝的外端,使支座与圆座板分离,挠开圆座板后,各个齿轮和游丝随之可取下。

g. 拆除表体部分的零件,先取下测力弹簧(对具有恒定测力装置的指示表应卸去杠杆和测力弹簧),用起子取出滑轮和行程限位螺钉,旋去挡帽和测头,对于导向装置应按其结构拆卸。

☞ 以螺纹紧固的,用钳子夹于靠近测杆的部位,将导向杆拧出(与导槽块相配合时,应先卸去导槽块)。

☞ 铆在测杆的,应将导向杆插入钟表方镦内,以冲子将导向杆冲出(测杆横在方镦的平端)。

☞ 用夹持块定置的,拧出螺钉,将测杆从表壳内抽出,即可卸去导向杆。

2. 后开式

【操作方法】 这类百分表的拆装,需先打开后盖才能拆卸,常见的卡夹形式如下:

① 用两个片状销,片状销 2 分别夹卡于表圈的环形槽内,压缩或卸出 2,即可取出正面的指针和分度盘。

② 用两个成型的钢丝卡簧,卡簧 5 分别按对角线卡在环形槽 1 的槽内。

③ 用一个片状销和一个钢丝卡簧,片状销和卡簧分别对称卡夹在环形槽内。

这三种结构,某一部分是以螺钉固定或直接嵌入圆座板槽内,另一部分插入表圈的环形槽内,拆卸时,转动对称的一部分即可卸下表圈(有的成型钢丝卡簧设计成"9"状,俗称 9 字弹簧),如图 3.2.7 所示。

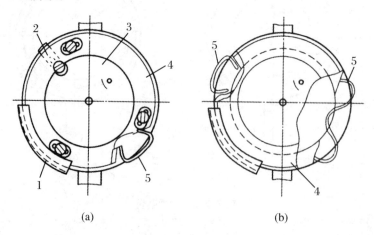

图 3.2.7 后开式的结构

1. 带环形槽的表圈; 2. 片状销; 3. 圈数分度盘; 4. 圆座板; 5. 钢丝卡簧

④ 顺序：

a. 卸去后盖，拧松片状销的固定螺钉，取出片状销。

b. 将表圈在指针指向的相反方向缓慢撬起，使达到能够离开表壳的高度，并将表圈从指针的指向方向（正方向）平移取出。此时应避免位置配合不当造成指针折损。

c. 卸去指针，取出分度盘，其余同前。

3. 外开式

【操作方法】　这类百分表的拆装，先从其外部拆装，常见的卡夹形式如下：

① 螺钉固定表圈，一般在百分表的表体 3，均布有 3～4 个螺钉孔，以螺钉 2 使表圈 1 与表体 3 相接，通过松开表圈均布的螺钉以便卸下其他部件，如图 3.2.8(a) 所示。

② 钩状销固定表圈，用两个钩状销 5，安装在表圈 1 的对称部位，5 钩状部分伸入 1 的环形槽内，只要将表体 3 的两个螺钉 2 旋出即可拆卸，如图 3.2.8(b) 所示。

③ 顺序。先要判断外开式的表圈结构的固定形式，而后卸去其相应的部位，取出表圈后即可卸除其余部件。对钩状销的拆移、分度盘与指针的卸除，都要保持平稳、适量的工作力度，以免损坏易损的零件。

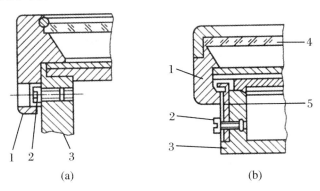

(a)　　　　　　　　　　　　　　(b)

图 3.2.8　外开式的结构

1. 表圈；　2. 螺钉；　3. 表体；　4. 表蒙；　5. 钩状销

3.2.4　任务评价与总结

3.2.4.1　任务评价

任务评价见表 3.2.2。

表 3.2.2　任务评价表

评价项目	配　分(%)	得　分
一、成果评价:60%		
是否能够熟悉百分表的结构	20	
是否能够掌握百分表的工作原理	20	
是否能够正确地使用和保养百分表	20	

续表

评价项目	配　分(%)	得　分
二、自我评价:15%		
学习活动的目的性	3	
是否独立寻求解决问题的方法	5	
团队合作氛围	5	
个人在团队中的作用	2	
三、教师评价:25%		
工作态度是否正确	10	
工作量是否饱满	5	
工作难度是否适当	5	
自主学习	5	
总分		

3.2.4.2　任务总结

1. 熟悉百分表的结构、理解百分表的工作原理,是使用百分表的前提条件,因此,我们必须要熟悉百分表的结构、理解百分表的工作原理。

2. 在使用和保养百分表时,必须按照百分表的使用要求和正确的保养方法,进行使用和保养,这对于保证百分表的工作精度、延长百分表的使用寿命,具有重要的意义。

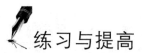 练习与提高

1. 百分表的工作原理是什么?
2. 怎样使用百分表? 在使用百分表时,要注意哪些问题?
3. 怎样保养百分表?

3.3　任务 2:百分表的检定

3.3.1　任务资讯

百分表在使用一段时间后,必须要对百分表的工作性能指标进行检定,根据检定的结果判断百分表是否能够满足工作性能的要求。

3.3.2　任务分析与计划

百分表的检定,以现行的《国家计量检定规程》为准。该规程对检定三条件、检定项目、检定要求和检定方法,以及检定结果的处理都做了明确的规定。

3.3.3　任务实施

1. 外观检定

【要求】

① 百分表的表蒙应透明洁净,不应有气泡和明显的划痕;表盘刻线应清晰平直,无目力可见的断线和粗细不均匀;测头上不应有碰伤、锈迹、斑点和明显的划痕。其他表面上不应有脱漆、脱铬、毛刺以及影响外观质量的其他缺陷。

② 表上必须有制造厂名或商标、分度值和出厂编号。

③ 使用中和修理后的百分表,允许有不影响使用准确度的外观缺陷。

【检定方法】　目力观察。

2. 各部分的相互作用检定

【要求】

① 表圈转动应平稳,静止应可靠,与表体的配合应无明显的松动。

② 测杆的移动及指针的回转应平稳、灵活,不得有跳动、卡住和阻滞现象。

③ 指针应紧固在轴上,测杆移动时,指针不应有松动。

④ 紧固百分表装夹套筒后,测杆应能够自由移动,不得卡住。

【检定方法】　试验和观察。

3. 指针与表盘的相互位置

【要求】

① 百分表的测杆处于自由状态时,调整表盘零刻线和测杆方向重合,此时指针位置应符合表 3.3.1 的要求。

表 3.3.1　指针位置的要求

表盘刻度形式(分度)	指针在距零刻度左上方(分度)
50	4~13
100	8~25

② 百分表测杆行程应超过工作行程终点,超过行程应符合表 3.3.2 的要求。

表 3.3.2　超过行程的要求

类　　别	测量范围(mm)	表盘刻度形式(分度)	超过终点的行程不少于(mm)
百分表	0~3	50	0.3
	0~5,0~10	100	0.5

③ 转数指针对准任何整转数时,指针偏离零位应不大于 15 个分度。

④ 指针末端与表盘刻线方向应一致,无目力可见的偏斜,指针末端上表面至表盘之间的距离应不超过 0.9 mm。

⑤ 指针末端应盖住短刻线长度的 30%～80%。

【检定方法】 在检定仪上逐项观察和试验。指针末端的上表面到表盘的距离可用目力观察。在有争议时用工具显微镜检定,采用 5 倍物镜,对指针上表面和表盘分别调焦,利用微动升降读数装置或附加百分表读数。两读数之差即为指针末端上表面到表盘刻线面的距离。

4. 指针末端及表盘刻线宽度

【要求】 应不超过表 3.3.3 的要求。

表 3.3.3　指针末端及表盘刻线宽度的要求

类　别	测量范围 (mm)	表盘刻度形式 (分度)	表圈直径 (mm)	指针末端及表盘刻线 宽度(mm)
百分表	0～3	50	42	0.10～0.20
	0～5,0～10	100	>42	0.15～0.25

【检定方法】 在工具显微镜上检定,应至少抽检任意 3 条刻线。

5. 测头测量面的表面粗糙度

【要求】 应不超过表 3.3.4 的要求。

表 3.3.4　测头测量面的表面粗糙度

测头材料	铜	硬质合金	宝　石
测头测量面表面粗糙度 $R_a(\mu m)$	0.1	0.2	0.05

【检定方法】 用表面粗糙度比较样块检定,有争议时可用表面粗糙度仪器检定。

6. 装夹套筒直径

【要求】 直径为 $\phi 8_{-0.015}^{0}$。

【检定方法】 用 1 级千分尺检定。

7. 测力

【要求】 测力应不超过表 3.3.5 的要求。

表 3.3.5　测力要求

类　别	测量范围(mm)	最大测力(N)	单向行程测力变化(N)	同一点正方向测力变化(N)
百分表	0～3,0～5,0～10	1.5	0.5	0.4

【检定方法】 用分度值不大于 0.1 N 的测力仪在百分表工作行程的始、中、末 3 个位置上检定,正向检定完后继续使指针转动 5～10 个分度,再进行反向检定。正行程中的最大测力值即为百分表的最大测力。单向行程中的最大测力值与最小测力值之差即为表的单向行程测力变化,各点的正行程测力值与反行程测力值之差,即为同一点正反向测力变化,均应不超过表 3.3.5 的要求。

8．示值变动性

【要求】　示值变动性应不超过表3.3.6的要求。

【检定方法】　将百分表装夹在刚性表架上,使测杆轴线垂直于平面工作台,在工作行程的始、中、末3个位置上,分别调整指针对准某一刻度,提升测杆5次,5次中最大读数与最小读数之差即为该位置上的示值变动性。上述3个位置的示值变动性均应不超过表3.3.6的要求。

表 3.3.6　示值变动性及测杆径向受力对示值影响的要求

类　　别	测力范围(mm)	示值变动性(μm)		测杆径向受力对示值影响(μm)	
		0 级	1 级	0 级	1 级
百分表	0~3,0~5,0~10	3	5	3	5

9．测杆径向受力对示值的影响

【要求】　示值变动性应不超过表3.3.6的要求。

【检定方法】　将百分表装夹在刚性表架上,使表的测杆轴线垂直于带筋工作台,在测头与工作台之间放置一个半径为10 mm的半圆柱侧块(量块附件),调整百分表于工作行程起始位置与侧块圆柱面最高位置附近接触,沿侧块母线垂直方向,分别在百分表的前、后、左、右4个位置移动侧块各两次,每次侧块的最高点与表的测头接触出现最大值(转折点)时,记下读数,在8个读数中,最大值与最小值之差应不超过表3.3.6的要求。这一检定还应在工作行程中的中、末两个位置上进行。

10．示值误差

【要求】　百分表的示值误差不得超过表3.3.7的要求。

表 3.3.7　百分表示值误差及回程误差的要求

准确度等级	百分表示值误差(μm)					回程误差(μm)
	任意 0.1 mm	任意 1 mm	工作行程			
			0~3 mm	0~5 mm	0~10 mm	
0	5	8	10	12	14	3
1	7	10	15	18	20	5

【检定方法】

①　用百分表检定器检定百分表,也可用其他不低于上述准确度的方法检定。

②　检定时,先将检定仪和百分表对好零位,百分表示值误差是在正反行程的方向上每间隔10个分度左右进行检定的。检定仪移动规定分度后,在百分表上读取各点相应的误差值,直到工作行程终点,继续压缩测杆使指针转过10个分度,接着反向进行检定。在整个检定过程中,中途不得改变测杆的移动方向,也不应对受检表和检定仪作任何调整。决定反行程误差的正负号的方法与正行程相同。

③　百分表的工作行程示值误差由正行程内各受检点误差中的最大值和最小值之差确定。

④　百分表任意1 mm的示值误差分别根据百分表0~1 mm、1~2 mm、2~3 mm……各

段正行程范围内所得误差中的最大值和最小值之差确定。

⑤ 百分表任意 0.1 mm 范围内的示值误差以正行程内任意相邻点上的误差之差来求得。

⑥ 用百分表检定器检定使用中的百分表的示值误差,可按 20 个分度间隔进行检定,检定完后,如工作行程,任意 1 mm 示值误差要求时,均应进行补点检定。

11. 回程误差

【要求】 百分表的回程误差应不超过表 3.3.7 的要求。

【检定方法】 在示值误差检定完毕后,取正、反行程同一点误差之差的最大值确定回程误差,百分表的示值误差、回程误差的数据处理如表 3.3.8 所示。

表 3.3.8 百分表示值误差、回程误差的数据处理

行程(mm)		受检点(分度)										
		0	10	20	30	40	50	60	70	80	90	100
		误差(μm)										
0~1	正	0	0	0	+4	+6	+2	+2	0	0	+1	+1
	反	+1	+2	+1	+5	+5	+4	+4	+1	0	+1	+1
1~2	正	+1	0	+1	+2	+3	+6	+5	+4	+2	+2	−1
	反	+1	+1	+3	+4	+5	+6	+5	+4	+2	+2	−1
2~3	正	−1	+4	+2	+4	+8	+8	(+10)	+8	+8	+6	+6
	反	+2	+4	+3	+4	+8	+9	+11	+8	+7	+7	+6
3~4	正	+6	+2	−1	−1	0	0	−1	0	−1	−1	−2
	反	+6	+1	+1	0	+1	0	+2	0	+1	0	−2
4~5	正	−2	(−3)	−3	−3	−1	−1	−2	−2	−1	−2	−1
	反	−2	−2	−2	−2	−1	−1	−2	0	0	0	0

工作行程示值误差:$10\,\mu$m$-(-3\,\mu$m$)=13\,\mu$m。

任意 0.1 mm 范围内示值误差:$4\,\mu$m$-(-1\,\mu$m$)=5\,\mu$m。

任意 1 mm 范围内示值误差:2~3 mm 范围内示值误差值最大,$10\,\mu$m$-(-1\,\mu$m$)=11\,\mu$m。

回程误差:$2\,\mu$m$-(-1\,\mu$m$)=3\,\mu$m。

3.3.4 任务评价与总结

3.3.4.1 任务评价

任务评价见表 3.3.9。

表 3.3.9 任务评价表

评价项目	配 分(%)	得 分
一、成果评价:60%		
是否能够熟悉百分表的检定项目	20	
是否能够掌握百分表的检定方法	20	
是否能够掌握百分表检定时所用的工具与仪器的使用方法	20	
二、自我评价:15%		
学习活动的目的性	3	
是否独立寻求解决问题的方法	5	
团队合作氛围	5	
个人在团队中的作用	2	
三、教师评价:25%		
工作态度是否正确	10	
工作量是否饱满	5	
工作难度是否适当	5	
自主学习	5	
总分		

3.3.4.2 任务总结

在进行百分表的检定时,必须按照百分表的检定项目及其相应的检定方法,逐一进行检定,并将检定结果记录下来,根据检定结果判断百分表的各项技术指标是否满足百分表的使用要求。

练习与提高

1. 百分表的检定项目有哪些?
2. 简述百分表示值误差和回程误差的检定。

3.4　任务3:百分表的调修

3.4.1　任务资讯

百分表经检定后,如果检定的结果显示其工作性能已达不到工作精度的要求,那么百分表就必须进行调整与维修,以保证百分表的工作性能达到工作精度的要求。

3.4.2　任务分析与计划

百分表在调整与维修时,必须先分析其产生问题的原因,根据其具体原因选择合适的调整和维修的方法与工具去解决这些问题,使调整和维修后的百分表的工作性能达到工作精度的要求。

3.4.3　任务实施

1. 外观修理

【常见故障】　表面产生锈斑、脱漆、刻线不清、断线、数字和标记模糊,测头磨损等。

【产生原因】　长期使用或保管不当等。

【调修方法】

① 测杆和装夹套筒出现锈蚀,可用细砂布或金相砂纸打磨掉。操作时不能扩大范围,以免损坏原有形状,影响使用性能。一般情况下,可先将大小指针、后盖、表圈和刻度盘取下,将表体和机芯一起放在盛有汽油的器具内清洗。清洗时,可用小刷刷洗齿廓间的脏物,可一边推动测量杆一边摇动百分表。清洗后再用洗耳球将机芯内的汽油吹干。然后,在齿轮轴孔中滴入钟表油。游丝不能沾油。

② 出现表盘刻线脱漆、刻线不清、断线、数字和标记模糊等现象时,可用黑漆按原线条字形重新描绘。油垢可用脱脂棉及皂液清洗,但切忌用酒精和汽油、煤油清洗。

③ 由于经常使用,测量头容易磨损。钢球测量面磨出小平面后,修理时可将滚花部分夹在弹簧夹上,弹簧夹头的后柄部再夹持在车床或台钳上,用平油石打磨,将平面修成圆弧后,再在毡轮上抛光即可。另外,钢球磨损后,也可将测头夹在台钳上用冲子冲击钢球的侧面,使钢球磨损的部分翻转到里面,再用带孔的圆冲子挤紧测头部分的钢球,如图3.4.1所示。

2. 百分表测量杆的修理

【常见故障】　测量杆移动不灵活,有卡住现象。

【产生原因】　测杆弯曲,测杆与导孔槽间及齿廓各配合面上有污物、锈蚀或毛刺。

【调修方法】

① 测杆弯曲可造成百分表测量杆移动不灵活,有卡住现象。修理时,可取出测杆,用木棒或改锥柄敲击矫直。也可在表体上敲击测杆,敲击的位置如图3.4.2所示。敲击时,应不

断检查测杆与导孔配合的情况,直到测杆移动平稳灵活为止。

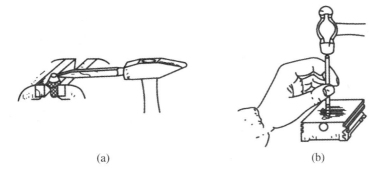

(a)　　　　　　　　　　　(b)

图 3.4.1　翻转和挤紧钢球的方法

② 测杆与导孔槽间及齿廓各配合面上有污物、锈蚀或毛刺,可造成百分表测杆移动不灵活,有卡住现象。指针产生的跳动是有规律性的。若长指针每转一圈跳动一次,毛刺或锈蚀应出现在中心齿轮 Z_2,Z_3,Z_4 上。修理时,用放大镜观察各齿面,用小三角玛瑙油石打磨齿面的锈蚀或毛刺。对缺齿或伤齿的齿条或齿轮,可换新的配件。如果没有新的配件,可以采用缩小百分表测量范围,调整齿轮和齿条的配合位置,将活动齿条上下颠倒方向等,使损伤的齿廓部分不进入工作行程。

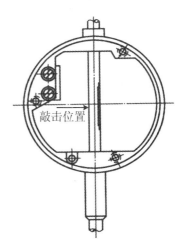

敲击位置

图 3.4.2　测杆弯曲的修理

3. 测杆径向摆动的修理

【常见故障】　测量杆径向摆动。

【产生原因】　导套孔径由于长时间的磨损而导致孔径增大。

【调修方法】　可采用三种方法:

(1) 冲击钢球缩孔法

将百分表的圆座板及测杆从表体上卸下来,用一根与导套外径尺寸相同的顶杆顶住导套内端,将直径大于导套孔径的钢球放在导套另一端的端面上,用榔头轻轻地冲击钢球,使导套孔径缩小,就可以减小测杆的径向摆动。

(2) 冲击铜套外端面缩孔法

缩孔前将圆座板拆卸下,测杆不必抽出,用钟表冲子冲击铜套外端面,如图 3.4.3 所示。

(3) 冲击铜套内外端面缩孔法

采用专用空心冲子来缩孔。如图 3.4.4 所示,专用冲头 4 装在废旧测杆 2 的端部,并一同穿入表体 3 的导孔内,然后将套筒外端平放在垫铁上,用小锤敲击废旧测杆另一端的圆头 1,铜套 6 的内外端就会同时受到冲击,使导孔缩小,这种缩孔方法不容易缩偏,能保证导杆与轴套导孔同心。

4. 表圈转动不平稳的修理

【常见故障】　表圈转动不平稳。

【产生原因】　表圈松动,表体环形槽上有毛刺。

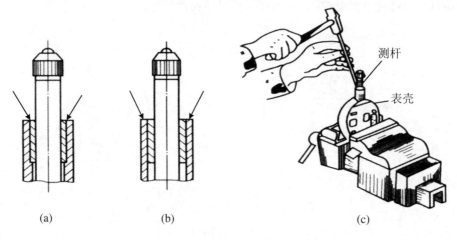

(a)　　　　　　　　　(b)　　　　　　　　(c)

图 3.4.3　冲击铜套外端面缩孔

【调修方法】　如图 3.4.5 所示,表圈松动时,可用尖嘴钳将片状销子适当调弯一点,以增大对表圈的压力,也可松开圆座板螺钉,将片状销子推出一点即可。表圈转动有阻滞现象,是因为表体环形槽上有毛刺,可用什锦锉或油石打磨掉毛刺。

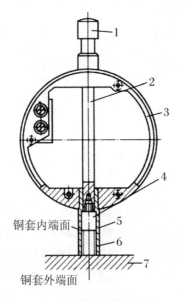

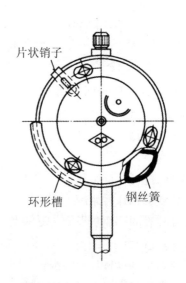

图 3.4.4　冲挤铜套内外端面缩孔法　　　　　　**图 3.4.5　修理表圈转动不平稳**

1. 圆头；　2. 废旧测杆；　3. 表体；　4. 冲头；
5. 套筒；　6. 铜套；　7. 垫铁

5. 百分表示值变化的修理

【常见故障】　百分表示值变化不符合规定要求。

【产生原因】　轴孔旷动、游丝预紧力不够、游丝变形、指针松动、齿轮 Z_2 和 Z_3 配合松动、上下套筒与表体配合松动。

【调修方法】　根据百分表示值误差产生的原因,有针对性地进行修理。

（1）轴孔旷动的修理

一般百分表中有三对齿轮轴孔,其中任何一对配合间隙过大都可能产生示值变化。但影响程度不同,中心齿轮 Z_1 和齿轮 Z_2 的两对轴承的旷动对示值变化的影响较大,补偿齿轮 Z_4 影响较小。轴孔旷动的修理方法是用冲子缩孔,如图 3.4.6 所示,将圆座板放在带孔的小台砧上,将带有心轴的冲头插入轴孔中,用铁榔头冲击冲头即可。缩孔后,如果轴孔配合略紧,可在轴孔中间滴入氧化铬对研,使其配合良好。

（2）调整游丝预紧力

游丝的作用是使各齿轮副在正、反行程中保持齿廓的单面啮合,消除空行程,从而减少空行程造成的示值变化。游丝预紧力太小时,克服不了传动系统中的摩擦力,会影响示值变化。游丝的预紧可在装配座板时进行,如图 3.4.7 所示,先顺时针拨动长指针 5 圈左右,使游丝卷紧,用右手拿着圆座板,食指按住针轴,使游丝不致松开,然后用螺钉将圆座板紧固在表体上。预紧后,游丝外径应小于补偿齿轮 Z_4 的外径,以免游丝与中心齿轮碰擦。

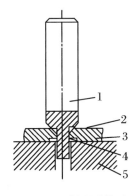

图 3.4.6　轴承孔缩孔

1. 冲头；　2. 非支承面；　3. 圆座板；　4. 支承面；　5. 垫铁

图 3.4.7　预紧游丝的方法

（3）游丝变形的修理和调整

游丝错乱时,应将游丝外端松开,使游丝处于全部松弛状态,用两把镊子拨开扭曲的部分,再矫正变形的部位。游丝的内外松动,预紧力会大大减小。修理时,首先检查游丝外端,用尖嘴钳子夹住固定游丝的推销,检查推销是否松动,如有松动,可用榔头推销,使其牢固;如果游丝内端松动,可用尖头的钟表冲子冲击夹紧游丝的内桩部分,游丝安装后,若与补偿齿轮 Z_4 不平行,应对游丝进行调整。当齿轮 Z_4 高点随 Z_4 齿轮而变动时,则应该调整游丝的内端根部。如果游丝中间高,可把游丝外圈平行于 Z_4 齿轮向上拉。安装好游丝,不论在松弛状态、预紧状态还是工作状态下,均应无明显偏心现象,每圈的间距应相等,游丝平面与齿轮轴心线应垂直,应不与其他零件碰擦。

（4）修理指针的松动

指针套与中心齿轮轴配合松动时,可将指针放在钟表砧子上,用空心钟表冲子缩孔,如图 3.4.8 所示。指针与针套松动的检查方法是用尖嘴镊子夹住指针轴,并轻轻拨动指针,若指针发生转动,则说明指针与针套松动。

方法 1:修理时,最简单的方法是用细针蘸一点 502 胶滴在指针与针套之间。

方法 2:锡焊是修理指针与针套松动或脱落最常用的方法。焊接前应将指针与针套的配合面用细什锦锉锉光,并将指针装在针套上。焊接时,将指针 1 和针套 2 放在铜片 3 上,如图 3.4.9 所示,在指针与针套配合面的周围涂上少许氯化锌焊剂,并放一点焊锡,然后用酒精灯加热铜片,待锡熔化后,便沿配合面流动,将指针焊牢在指针套上。

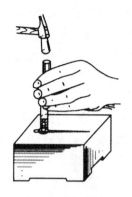

图 3.4.8　指针套缩孔

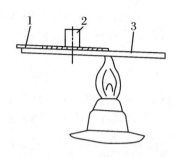

图 3.4.9　指针和针套的焊接

1. 指针；　2. 针套；　3. 铜片

（5）修理 Z_2 与 Z_3 齿轮配合松动

步骤 1：根据检定百分表示值稳定时，百分表指针有规律地不断向逆时针方向转过一个角度，同时转数指针也发生变化，就可以判定，Z_2 与 Z_3 齿轮松动。

步骤 2：修理时将齿轮从圆座板上取下，放在带孔的垫铁上，用尖冲子在 Z_3 与轴配合四周冲挤，如图 3.4.10 所示。Z_2 与 Z_3 齿轮配合面间隙过大时，可在冲挤后，再在 Z_2 与轴配合处滴入 502 黏接剂，也可用锡焊牢。

（6）修理上下套筒与表体配合松动

方法 1：百分表的套筒是与表体压配在一起的，对于钢套筒，松动不严重时，可用尖冲头在表体与套筒的配合孔的四周缩孔，将套筒挤紧，如图 3.4.11 所示。缩孔前应将百分表圆座板拆下来，只留下测杆、导杆和弹簧，然后调整套筒的位置，使测杆能在导孔中灵活移动时，将表体夹持在虎钳上缩孔。缩孔时应不断检查测杆在导孔中的灵活性。

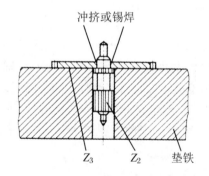

图 3.4.10　齿轮 Z_2 与 Z_3 配合松动修理

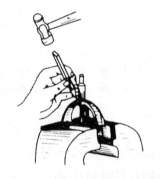

图 3.4.11　用冲击法修理套筒松动

方法 2：用 914 黏接剂将套筒与表体粘牢固，黏接方法也是上下套筒与铝制表体配合松动的最好修理方法。其操作步骤如下。

步骤 1：黏接前，应找出套筒与表体配合最为灵活的合适位置，并用油石划一细道作为标记。

步骤 2：用汽油清洗各部位，涂上 914 黏接剂，按原标记将套筒插压入表体中，并及时检查测杆的灵活性，若不灵活可转动套筒进行调整。

步骤 3：黏接后，如果测杆略有阻滞现象，可在套筒内放磨料进行研磨。对于钢制的表体也可用锡焊接。焊接前应用砂轮磨掉表体和套筒焊接部分的镀铬层，并调整好上下套筒的同轴度,可在表体内进行焊接,如图 3.4.12 所示。

6. 百分表示值误差的修理

【常见故障】　百分表示值误差不符合规定要求。

【产生原因】　齿轮、齿条局部磨损、齿条偏斜、游丝错乱与松动。

【调修方法】　百分表示值误差的修理针对故障产生原因的不同,其具体的修理方法也不相同,主要有以下几种方法。

(1) 齿轮、齿条局部磨损的修理

情况 1:百分表第一圈出现示值误差。

【调修方法】　修理时,可在测杆上端加以适当厚度的垫圈,可使磨损部分不进入工作行程,如图 3.4.13 所示。

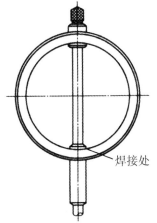

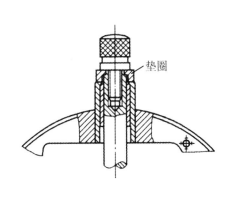

图 3.4.12　用焊接法修理套筒松动　　　　　图 3.4.13　齿条起始段磨损的调修方法

情况 2:齿轮 Z_2 局部变形,示值超差在全部行程范围也只出现一次,但改变齿轮与齿条的配合位置时,示值超差的位置将发生相应的变化。

【调修方法】　修理时,可通过调整 Z_2 与齿条的配合位置使示值误差消除。对于 0~3 mm 或 0~5 mm 的百分表,齿轮 Z_2 的工作部分只用了全部齿轮的一半以下,只要使坏齿、缺齿不在测量中起作用即可。对于 0~10 mm 的百分表,可以通过缩小测量范围的方法来消除示值超差。若齿条为活齿条,齿轮 Z_2 磨损后,可改变活齿条的方向,使齿轮 Z_2 的坏齿部分不参加啮合,如图 3.4.14 所示。

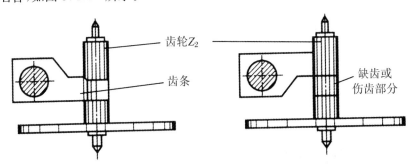

图 3.4.14　改变活动齿条方向使齿轮 Z_2 坏齿部分不参加啮合

情况3：由中心齿轮 Z_1 局部变形引起的示值超差，在 10 mm 范围内将出现 10 次。

【调修方法】　修理时，根据实际情况对中心齿轮 Z_1 局部变形引起的示值误差修理方法有三种。

① 修理时，对于圆座板和轴承上装有可换轴承的百分表，可用钟表冲子将两个轴承向同一方向冲击，使整个齿轮沿轴线方向移动一定的距离，使齿轮 Z_1 的坏齿部分不参加啮合。

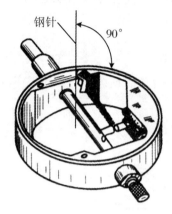

钢针　90°

图 3.4.15　齿条偏位的检查

② 如果不是可换轴承，可在圆座板上垫上两个同样厚度的垫圈，从而调整齿轮 Z_1 的啮合部分，使齿轮 Z_1 磨损部分不进入啮合状态。

③ 修理百分表时，可采用游丝反装，使齿廓的另一面参加啮合，使未磨损的齿廓变成工作齿廓。游丝反装后，将使测力减小，应适当增加测力弹簧的拉力。

（2）齿条偏斜的修理

齿条偏斜主要是由于导杆弯曲和导槽偏位造成的。

【调修方法】　修理时，用一根 0.3 mm 的钢针放在齿条齿间，观察钢针与表体端面的垂直度，如图 3.4.15 所示，如果钢针与表体不垂直，说明齿条偏位，需要修理导杆或导槽。

（3）游丝的错乱与松动

除游丝本身使用过久造成疲劳外，通常由安装时预紧力不足所致，游丝的预紧如图 3.4.16 所示，修整后的游丝应处在同一平面，如图 3.4.17 所示。

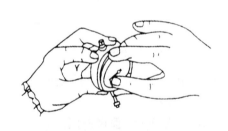

图 3.4.16　游丝的预紧与定置

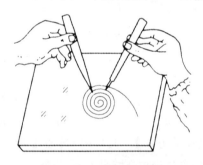

图 3.4.17　游丝的盘制

【调修方法】　针对游丝的现状，修理游丝的错乱与松动的步骤如下。

① 矫正与盘制。理想的同一平面，应是操作者的视力与游丝的高度相同时仅看到其外的一圈。实际操作很难一次成功，通常初经矫正的游丝有两种情况，如图 3.4.18 所示。

情况1：表示游丝不在同一平面，此时应两手分别用镊子夹持 A、B 两点，向相反方向适度反复拉伸加以矫正。

情况2：表示游丝的各圈不同轴，此时一手用镊子夹持 A 点不动，一手用镊子夹持 B 点，向 C 点的方向适度反复拉伸加以矫正。

② 内外桩的提位。对于游丝内外两端的紧固同样不应忽视，如图 3.4.18 所示。其修理方法应根据情况不同采取相应的修理方法。

情况1：安装后如与游丝齿轮不平行，当游丝齿轮转动时，若游丝最高点的位置不变。

【调修方法】　调整游丝外端的根部（外桩根部）。

情况2：游丝的最高点随游丝齿轮间的转动而变动。

【调修方法】 调整游丝内端的根部(内桩根部)。

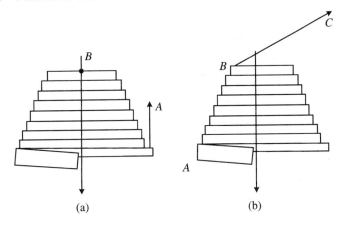

图 3.4.18 游丝的矫正

情况3:游丝的最高点在中间。

【调修方法】 将外圈从平行的方向向上提。

游丝的结构如图3.4.19和图3.4.20所示。

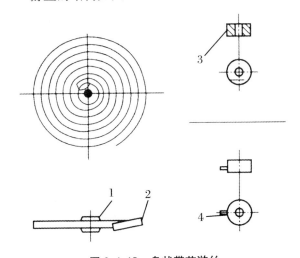

图 3.4.19 盘状带芯游丝

1. 芯套; 2. 盘状游丝; 3. 开口槽芯套; 4. 带锥销芯套

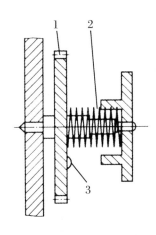

图 3.4.20 筒状扭簧式游丝

1. 游丝齿轮; 2. 筒状游丝; 3. 游丝铆钉

(4)游丝的预紧

游丝的预紧力是否适度,可将圆座板装入表体后,推动测杆使其在非工作状态回归,如图3.4.16所示。如发现指针有轻微的抖动、指示的示值不稳定或指针无法归位,这些都是游丝预紧力不足的明显特征。

【调修方法】 修理时,要先修理测力过小的因素,调整弹簧的测力或加以更换,而后进行游丝的修整。

(5)游丝齿轮的间隙影响

齿轮传动系统中,间隙的大小以中心齿轮和轴齿轮的影响最为明显,以游丝齿轮的影响最弱。因此,一般可以不缩孔和修整。

7. 指针随测杆移动时因速度快慢引起的变动

【常见故障】　测杆移动速度不同引起的示值指示的变化。

【产生原因】　测杆的径向摆动、导向装置的变形、游丝的变形和轴孔间的配合不是很好、指针安装松动、组合齿轮本身配合的松动、百分表齿轮偏心、刻度盘偏心等。

【调修方法】　百分表指针随测杆移动时因速度快慢引起的变动的修理针对故障产生原因的不同,其具体的修理方法也不相同。

情况1:慢速推移测杆产生示值变化。

【调修方法】　调整测杆的径向摆动与转动、导向装置的变形、游丝的变形和轴孔间的配合质量。

情况2:快速推移测杆产生示值变动。

【调修方法】　调修指针安装的松动、组合齿轮本身配合的松动。调修轴齿轮或片齿轮两者的松动,主要利用加垫法调整齿轮的啮合位置。如图3.4.21所示。

情况3:齿轮偏心引起的示值误差超差修理。

【调修方法】　为了使百分表在 ABC 曲线之间工作,可对百分表进行调整。调整时,拆下表圈,松开圆座板上的三个螺钉,手指按住指针曲线轴在 Z_2 与齿条原来配合的位置不变的情况下,在 Z_2 齿轮与圆座板做标记,拆下 Z_2 齿轮,将 Z_2 齿轮逆转1个齿后再装上即可。如图3.4.22所示。

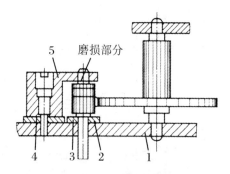

图3.4.21　加垫法调整齿轮啮合位置
1. 圆座板;　2. 齿轮 Z_1;　3,4. 垫圈;　5. 轴承座

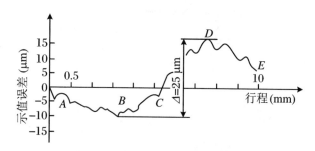

图3.4.22　百分表示值误差曲线

情况4:调整刻度盘偏心对示值误差的影响。

【调修方法】　造成刻度盘偏心的主要原因是圆座板与表体不同心或表圈与表体配合间隙太大。修理时,圆座板与表体不同心,可通过调整圆座板来解决;表圈与表体间隙大,应配换合适的表圈等。

3.4.4　任务评价与总结

3.4.4.1　任务评价

任务评价见表3.4.1。

表 3.4.1　任务评价表

评价项目	配　分(%)	得　分
一、成果评价:60%		
是否能够熟悉百分表的调修项目	20	
是否能够掌握百分表的调修方法	20	
是否能够掌握百分表调修时所用的工具与仪器的使用方法	20	
二、自我评价:15%		
学习活动的目的性	3	
是否独立寻求解决问题的方法	5	
团队合作氛围	5	
个人在团队中的作用	2	
三、教师评价:25%		
工作态度是否正确	10	
工作量是否饱满	5	
工作难度是否适当	5	
自主学习	5	
总分		

3.4.4.2　任务总结

在进行百分表的调修时,必须按照百分表的调修项目及其相应的调修方法,逐一进行调修,调修完成后,必须重新进行检定,根据检定结果判断调修是否达到了百分表的使用要求。

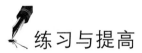

练习与提高

1. 简述表圈松动和转动不灵活的修理。
2. 百分表由哪三大部件组成?
3. 如何修理游丝?

项目 4　电动轮廓仪的使用与维护

4.1　项目描述

电动轮廓仪是通过仪器的触针与被测表面的滑移进行测量的,是接触测量。其主要优点是可以直接测量某些难以测量到的零件表面,如孔、槽等的表面粗糙度,又能直接按某种评定标准读数或是描绘出表面轮廓曲线的形状,且测量速度快、结果可靠、操作方便。但是被测表面容易被触针划伤,为此应在保证可靠接触的前提下尽量减少测量压力。电动轮廓仪按传感器的工作原理分为电感式、感应式以及压电式多种。仪器由传感器、驱动箱、电器箱等三个基本部件组成。本项目主要从电动轮廓仪的结构及其工作原理、电动轮廓仪的使用与保养、电动轮廓仪的检定与调修等方面进行学习,并要求学生掌握相关的技能。

4.1.1　学习目标

学习目标见表4.1.1。

表 4.1.1　学习目标

序　号	类　别	目　标
一	专业知识	1. 电动轮廓仪的结构; 2. 电动轮廓仪的使用与保养; 3. 电动轮廓仪的检定与调修
二	专业技能	1. 电动轮廓仪的使用与保养; 2. 电动轮廓仪的检定与调修
三	职业素养	1. 良好的职业道德; 2. 沟通能力及团队协作精神; 3. 质量、成本、安全和环保意识

4.1.2　工作任务

1. 任务 1:认识电动轮廓仪

见表4.1.2。

表 4.1.2　认识电动轮廓仪

名　　称	认识电动轮廓仪	难　　度	低
内容： 1. 电动轮廓仪的结构及其工作原理； 2. 电动轮廓仪的使用与保养		要求： 1. 熟悉电动轮廓仪的结构； 2. 掌握电动轮廓仪的工作原理； 3. 掌握电动轮廓仪的使用与保养方法	

2. 任务 2：电动轮廓仪的检定

见表 4.1.3。

表 4.1.3　电动轮廓仪的检定

名　　称	电动轮廓仪的检定	难　　度	中
内容： 1. 电动轮廓仪的检定项目； 2. 电动轮廓仪的检定方法		要求： 1. 熟悉电动轮廓仪的检定项目； 2. 掌握电动轮廓仪的检定方法	

3. 任务 3：电动轮廓仪的调修

见表 4.1.4。

表 4.1.4　电动轮廓仪的调修

名　　称	电动轮廓仪的调修	难　　度	高
内容： 1. 电动轮廓仪的调修项目； 2. 电动轮廓仪的调修方法		要求： 1. 熟悉电动轮廓仪的调修项目； 2. 掌握电动轮廓仪的调修方法	

4.2　任务 1：认识电动轮廓仪

4.2.1　任务资讯

电动轮廓仪是用来测量工件表面粗糙度的电动量仪。它的工作原理是根据表面粗糙度的定义来设计的。因此，必须清楚地了解表面粗糙度的知识，才能更好地掌握和使用电动轮廓仪。

4.2.2　任务分析与计划

认识电动轮廓仪时，认识的主要内容有电动轮廓仪的工作原理、表面粗糙度知识、电动轮廓仪的结构以及电动轮廓仪的使用。

4.2.3 任务实施

4.2.3.1 表面粗糙度知识

任何一个被加工的实际表面都不可能是理想化的表面,而是呈现出不同节距的峰谷起伏状轮廓。这种实际轮廓对理想表面的偏差可按其峰谷起伏的高低幅度及节距大小分为微观不平度、波度和宏观几何误差,如图 4.2.1 所示。宏观几何形状误差是一种大周期变化的不平度、波度和宏观几何形状误差,一般是指零件表面的平面度、直线度、圆度、圆柱度等,如图 4.2.1(d)所示,即为零件表面的直线度。波度是指较小周期的表面起伏误差,如图 4.2.1(c)所示。微观不平度是指零件表面微小周期(节距)和微小峰谷所形成的几何形状误差,也就是我们要讨论的表面粗糙度,如图 4.2.1(b)所示。测量粗糙度时,应选择在与加工痕迹和被测平面相互垂直的平面内进行。

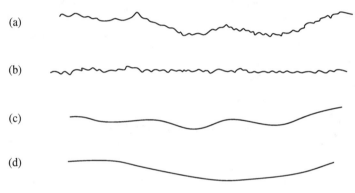

图 4.2.1 被加工实际表面形状

按照国标 GB 1031—83 的规定,评定粗糙度的参数一共有六个,其中高度方向参数三个,即 R_a,R_z,R_y,而 R_a,R_z 为优先选用参数;另外还有三个间距方向参数,即 s_m,s,t_p。高度方向的三个参数又称为主参数,间距方向的三个参数又称为辅助参数。为了弄清 R_a,R_z 的定义,必须对有关的几个概念加以说明。

1. 表面轮廓中线

它是一条与零件的宏观几何轮廓相一致的测量基准线,它把表面微观轮廓分为两半,在取样长度内使被测轮廓上各点至该线距离 y_1,y_2,y_3,$\cdots$,y_n 的平方和为最小,即

$$\sum_{i=1}^{n} y_i^2 = 最小 \tag{4.2.1}$$

其图形如图 4.2.2 所示。

实际上要在轮廓上找到符合最小二乘法的中线是很麻烦的。所以允许这样来确定中线,即取样长度之内,找出一条与表面宏观几何轮廓相一致并把微观轮廓分成两半的线;该线与其两边的轮廓线所围成的面积之和相等,即

$$F_1 + F_2 + \cdots + F_{2n-1} = F_2 + F_4 + \cdots + F_{2n}$$

2. 取样长度 l

为了将粗糙度与波度区分开,以限制和减小表面波度对粗糙测量结果的影响而规定的

一段长度 l，称为取样长度。大于此长度的起伏误差都被排除在粗糙度之外。不同等级的粗糙表面，其取样长度 l 也不一样，粗糙度越小，l 也越小。

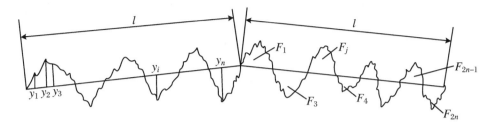

图 4.2.2　表面轮廓中线

电动轮廓仪面板上的切除就是取样长度。

3. 评定长度

被加工零件表面的粗糙度必然有不同程度的不均匀性，为取得平均效果，可以取若干个取样长度内的粗糙度的平均值作为评定结果，这若干个取样长度之和即为评定长度。

电动轮廓仪面板上的有效行程长度就是指评定长度。

在明确上述概念的基础上，再来定义 R_a，R_z。

4. 参数 R_a：轮廓的算术平均值偏差

其定义为"在取样长度内，轮廓曲线上各点到中线距离的绝对值的算术平均值"，即

$$R_a = \frac{1}{l} \int_0^l |y| \, \mathrm{d}x \qquad (4.2.2)$$

其近似值为

$$R_a = \sum_{i=1}^n \frac{|y_i|}{n} \qquad (4.2.3)$$

式中：n 为所计算的 y_i 的个数。

5. 参数 R_z：微观不平度十点高度

其定义为"在取样长度内，从平行于中线的任意一条线起到轮廓曲线的五个最高点（峰）和五个最低点（谷）之间的平均距离之差"。如图 4.2.3 所示。

$$R_z = \frac{(h_2 + h_4 + h_6 + h_8 + h_{10}) - (h_1 + h_3 + h_5 + h_7 + h_9)}{5} \qquad (4.2.4)$$

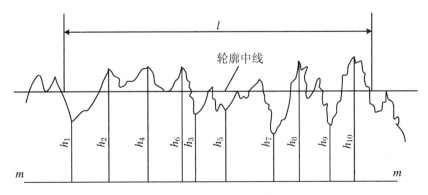

图 4.2.3　微观不平度十点高度

原有的表面粗糙度等级共分 14 级,每级都有对应的 R_a,R_z 值及取样长度 l。在评定粗糙度时,还规定在原粗糙度 ∇5～∇12 范围以内以 R_a 为准,在 ∇1～∇4 及 ∇13～∇14 范围内以 R_z 为准。用电动轮廓仪测量粗糙度时,R_a 值由其运算电路算出,并由表头指示出来。使用带微处理器的电动轮廓仪(如新生产的泰勒 5 型、6 型等),也可直接读取 R_z 值。

4.2.3.2　电动轮廓仪的用途

不论何种型号和规格的电动轮廓仪都可用来测量平面、轴、孔和圆弧等各种形状的工件表面的粗糙度。

电动轮廓仪所测粗糙度参数 R_a 值范围为 $0.04～10\,\mu m$。对于大于 $10\,\mu m$ 的表面,由于它的起伏不平较大,转换成的电信号也较大,将导致仪器放大器的失真,从而产生较大的测量误差,因此不宜采用电动轮廓仪进行测量。对于小于 $0.04\,\mu m$ 的表面起伏,由于传感器的触针不能做得太尖,所以保证不了与被测表面轮廓的谷底全部真正接触,从而也会造成较大的测量误差,故也不宜采用轮廓仪。

因为电动轮廓仪采用的是接触测量,所以应保证一定的测力。这对软材料表面容易引起划伤,故也不宜采用电动轮廓仪测量软材料的表面粗糙度。

4.2.3.3　电动轮廓仪的工作原理

电动轮廓仪通过传感器将被测表面的微观起伏转换成电信号,再经放大、运算处理后由积分表指示出 R_a 值,或将信号送入记录仪画出轮廓图形。图 4.2.4 为其原理方框图。

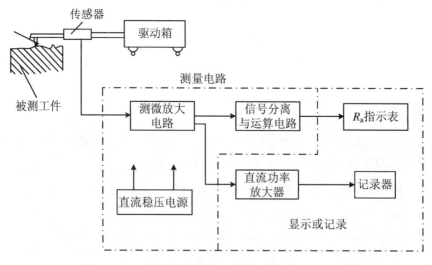

图 4.2.4　工作原理方框图

电动轮廓仪一般包括传感器、测量电路、显示或记录装置三个基本部分。

传感器的测端是一根很尖的触针,将它垂直于被测表面放置。驱动箱拖动传感器使触针沿垂直于表面加工痕迹方向匀速慢滑,使触针上下运动。传感器触针的位移量变换成电信号,经测微放大电路放大后送入信号分离及 R_a 运算电路。信号分离电路一般包括前置放大器、噪音滤波器、波度滤除器;R_a 运算电路包括求中线电路、取绝对值电路、积分电路。其中波度滤除器能滤掉表面波度和形状误差所产生的低频电信号而保留表征表面粗糙度的电信

号,根据定义 $R_a = \frac{1}{l}\int_0^l |f(x)| \mathrm{d}x$(式中 $f(x)$ 为工件表面对轮廓中线的轮廓曲线函数),凡是大于 l 的变化量已经不属于粗糙度的范畴,理应去掉。

滤波后的信号必须经过求中线电路才能得到与 $f(x)$ 相应的电信号,再经过取绝对值电路取出信号的绝对值,送入积分电路。积分电路则在规定的长度内按定义将信号积分,再由电表将 R_a 值指示出来。积分电路也不单设,而由积分表直接完成积分。

经测微放大器放大的信号也可送入功率放大器进行放大,然后送入记录仪将被测表面轮廓的放大图形画在记录纸上。

4.2.3.4　电动轮廓仪的类型

按其使用的传感器测量原理可分为电感式、压电式、感应式轮廓仪等。

1. 电感式轮廓仪

电感式轮廓仪所使用的传感器在原理上与电感式测微仪的传感器相同,图 4.2.5 为其结构示意图。传感器在驱动箱的拖动下,其触针随工件表面起伏而上下运动,通过测杆带动磁芯在线圈中上下运动,从而改变线圈的电感量,使电桥输出与触针位移成正比的调幅信号。这种电感轮廓仪的优点是精度高,信噪比大,传感器的滑行速度可根据需要选择。缺点如下:

① 调整麻烦。由于传感器的两个线圈接入测量电桥,所以仪器只能在电桥平衡位置工作,否则信号将超出仪器的工作范围,因此触针对工件的初始位置必须精确调整。另外,传感器水平运动方向应与工件表面平行,测曲面时传感器的运动轨迹应与曲面相符。这些都需要通过调整达到。

② 电路复杂。电桥要求专门的振荡电源供电,还要对调幅信号进行解调,因此整个电路环节较多。

③ 传感器的电阻、磁滞、涡流损耗等会造成较大的零点残压,影响进一步提高传感器的精度。

2. 压电式轮廓仪

使用压电式传感器的轮廓仪称为压电式轮廓仪,压电传感器的原理是将微小的不断变化的尺寸参数转换成压电晶体表面的电荷变化。压电晶体是一种具有压电效应的晶体。当它沿一定方向受外力而变形时,其表面就会产生电荷;当外力去掉后,晶体重新回到不带电状态。在几何量测量中,常用压电陶瓷做压电晶体的材料,其中以锆钛酸铅和铌镁酸铅的机械加工性能较好,受温度变化影响小,性能稳定,不易潮解;但压电陶瓷是一种绝缘体,所以需要在它两面烧渗银电极,并经极化处理后才有压电效应。所谓极化处理就是在 $100 \sim 170\,℃$ 温度下,对两个银电极表面加以 $1 \sim 4\,\mathrm{kV/mm}$ 高压电场,经几小时后使陶瓷内部晶格排列趋向极化。垂直极化面(即烧渗银电极的面)或平行极化面对陶瓷施加压力时,两极化面上就会出现正负电荷,并通过银电极引出。如图 4.2.6 所示。压电晶体受力后输出的电压是很小的,必须经过放大器放大,放大器相当于一个电阻 R,当力 F 为定值时,极化面上的电荷就会通过 R 放电,并按指数曲线下降而逐渐消失。输出电压将按同样规律变化。所以用压电晶体制成的传感器不适合测量恒定参数,而适合测量不断变化的参数,且要求被测参数变化的角频率 ω 满足 $1/\omega \ll RC$,这样才可忽略放电的影响。同时要求放大器的阻抗(R)足够大,以减小放电对测量的影响。

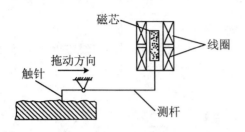

图 4.2.5　电感式传感器的结构示意图

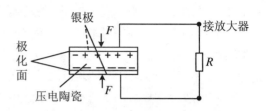

图 4.2.6　极化面对陶瓷施压

　　图 4.2.7 为压电式传感器的结构示意图。传感器由驱动箱拖动,其触针在工件表面以恒速滑行。表面的起伏使触针上下运动,通过针杆使压电晶体发生压力变化。于是,在晶体极化面上产生电荷,由引线引出的便是与触针位移成正比的电信号。

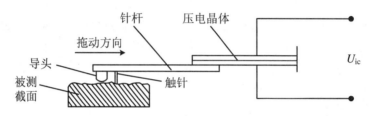

图 4.2.7　压电式传感器的结构示意图

　　图 4.2.8(a)为压电式传感器的实际结构。金刚石触针 1 靠自重及簧片 3 的作用力与工件表面接触,在驱动箱的拖动下随工作表面起伏而上下运动,通过与触针固连的杠杆 2 将运动传递给压电晶体 6,它是由两片经极化处理后的锆钛酸铅压电陶瓷用导电银胶黏在一起的。黏合时应注意把 B-B 面(或 A-A 面)对接,如图 4.2.8(c)所示。压电晶体片 6 的尾部黏一块有机玻璃制成的夹片 8,插在摩擦片 9 的槽内,槽内充满黏滞性很强的硅油(图

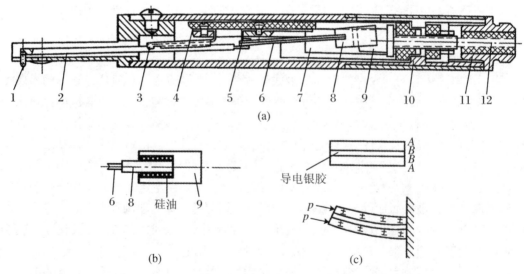

(a)

(b)　　　　　　　　　　　(c)

图 4.2.8　压电式传感器实际结构

1. 触针;　2. 针杆;　3. 簧片;　4. 导流丝;　5. 弓形簧片;　6. 压电晶体;
7. 导电片;　8. 夹片;　9. 摩擦片;　10. 外壳;　11. 插头;　12. 导电电杆

4.2.8(b))。当触针上下快速运动时,便通过针杆 2 把运动传给压电晶体 6 和夹片 8。由于硅油黏滞性很强,所以液体摩擦很大,可认为夹片 8 被夹紧在摩擦片 9 的槽内,这时的压电晶体片 6 相当于一根悬臂梁。触针 1 向上,悬臂梁则向上弯曲,晶体片 6 的上片受压缩而变短,下片则受到拉伸而变长,于是在两片的 A 极化面上产生电荷,其极性正好相反;当触针向下运动时,各极化面产生的电荷的极性也要改变。如果把每一片压电片看成一个电容量为 C 的电容器,则两片的总电容应等于它们串接后的电容量 $C/2$,总电荷仍为 Q。因此正、负引线间的电压等于两片压电陶瓷各自产生的电压之和。

压电晶体 6 的正极是通过薄磷青铜弓形簧片 5、导电片 7 接到导电电杆 12 而引出的。它的负极则通过针杆 2、片簧 3、导流丝 4 接到传感器的外壳 10 上,靠插头 11 引入放大器。

压电式轮廓仪有如下的优缺点。

(1) 优点

① 传感器的结构简单小巧,不需要转换电路,可直接输出电压信号。

② 压电晶体片采用双片悬臂梁形式,使触针受力很小,不易划伤工件表面。

③ 由于悬臂梁采用硅油黏滞连接,只要将传感器轻放在工件表面,针杆 2 和压电晶体片 6 就会绕薄形簧片 5 慢慢回转,使触针 1 处于合适的位置。因此测量前不必精确调整传感器触针的初始位置,使用方便。

④ 仪器的整机电路比较简单,不需要振荡器和解调器。

(2) 缺点

① 压电晶体质脆易坏。

② 测量电路要求高输入阻抗放大器。

③ 由于液体传动不能反映慢信号的变化,因此很难测量工件表面波度。

④ 由于压电晶体的稳定性差,故影响仪器的稳定性。

3. 感应式轮廓仪

采用感应式传感器的轮廓仪称为感应式轮廓仪。

感应式传感器可分为动圈式和动铁式两种,如图 4.2.9 和图 4.2.10 所示。

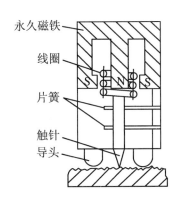

图 4.2.9　动圈式传感器

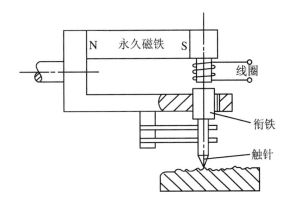

图 4.2.10　动铁式传感器

动圈式传感器的触针由平行片簧支承,当它上下运动时,便带动线圈在永久磁铁所产生的磁场中作切割磁力线运动,线圈中便产生感应电动势。工件表面越粗糙,在恒速拖动下触针上下运动的速度就越快,感应电势就越大。

在动铁式传感器中,线圈不动。触针的上下运动带动衔铁运动,使磁路磁阻改变,线圈内的磁通就相应变化,感应出电信号。

感应式轮廓仪有如下的优缺点。

① 结构简单。传感器的输出信号基本上与触针所处的初始位置(即静态位置)无关,所以使用方便,不需要精确调整。

② 输出信号与触针上下运动的速度成正比,要得到与表面轮廓成正比的信号就必须附加积分装置。当触针运动速度很慢时,输出信号极小,灵敏度很低。但提高运动速度又会造成两种不利的后果:一是因惯性影响,使触针与工件表面接触的可靠性变差,从而造成测量误差。如果采取加大测力的办法进行弥补,触针又容易划伤工件。二是速度一提高,记录仪的记录笔会因惯性影响,动作跟不上。总之,感应式轮廓仪的精度低,灵敏度不高,不便带记录仪。

4.2.3.5　典型电动轮廓仪介绍

目前经常使用的电动轮廓仪有国产 BCJ‐2 型及英国泰勒塞夫(Talysarf)4 型。它们的结构、工作原理和电路都基本相同,同属电感式轮廓仪。所以只介绍 BCJ‐2 型电感轮廓仪。

1. 概述

BCJ‐2 型电感轮廓仪是由哈尔滨量具刃具厂生产的用于实验室的一种高精度仪器。可测量平面、圆柱面、$\phi 6\,\mathrm{mm}$ 以上内孔表面的粗糙度,通过电表可直接读出 $0.04\sim10\,\mu\mathrm{m}$ 的 R_a 值。也可通过记录仪将小于 $100\,\mu\mathrm{m}$ 的表面轮廓曲线描绘出来。仪器的外形如图 4.2.11 所示。它的整体结构是由电感传感器、驱动箱、电箱、底座、记录仪等五部分组成的。底座的

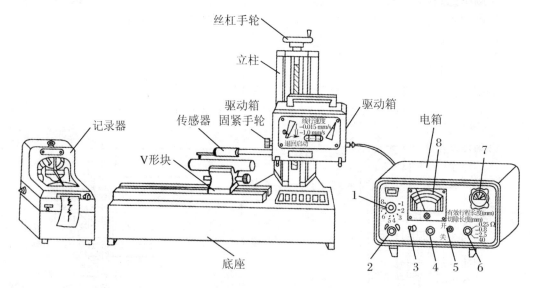

图 4.2.11　仪器外形

1. 测量范围旋钮;　2. 调零旋钮;　3. 测量方式开关;　4. 指示灯;
5. 电源开关;　6. 有效行程旋钮;　7. 指零表;　8. 积分表

上表面为工作台平面,平面上开一 T 形槽,通过 T 形槽可装夹一 V 形定位块,主要用来定位测量圆柱形零件。在 V 形块上加放一平面性很好的盖板,就可以用于平面定位测量的零件。立柱上有燕尾形导轨,借助螺钉可调整燕尾对底座的垂直性。另外借助横臂又可将驱动箱装夹在燕尾导轨上,并用螺钉固紧。转动手轮,便可通过丝杠丝母的传动,带动横臂升

降,从而达到调整驱动箱上下位置的目的。

（1）仪器的主要规格

① 测量范围:

读表 $R_a 0.04 \sim 10 \, \mu m$;

记录 $R_y 0.05 \sim 100 \, \mu m$。

② 示值误差:

电表指示误差$<\pm 10\%$;

记录仪垂直放大比误差$<\pm 5\%$。

③ 记录仪放大倍数:

a. 垂直放大倍数 $500 \times \sim 100\,000 \times$（共 8 挡）;

b. 水平放大倍数 $25 \times \sim 1\,000 \times$（共 6 挡）。

④ 触针测力:$\leqslant 1 \, mN$。

⑤ 触针圆弧半径:$\leqslant 2 \, \mu m$。

⑥ 有效行程:$2 \, mm$,$4 \, mm$,$7 \, mm$（读表时）;$40 \, mm$（记录时）。

⑦ 切除长度:$0.25 \, mm$,$0.8 \, mm$,$2.5 \, mm$。

⑧ 传感器滑行速度:$1.0 \, mm/s$（读表时）;$0.015 \, mm/s$（记录时）。

⑨ 导头圆弧半径:$R = 50 \, mm$（标准传感器）。

（2）工作原理

图 4.2.12 为 BCJ-2 型轮廓仪原理方框图。传感器由驱动箱匀速拖动,传感器触针便在工件表面上沿垂直于加工痕迹的方向划过,表面实际轮廓的起伏使触针上下运动。测量

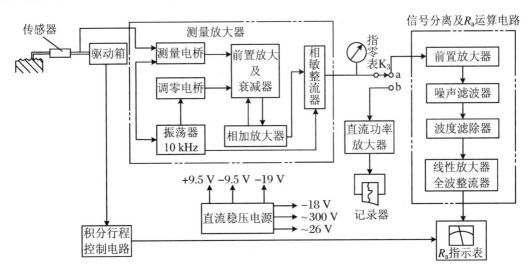

图 4.2.12   工作原理方框图

电桥便输出一个幅值与触针位移成正比的电压信号,经放大和相敏检波后,得到一个去掉载波（10 kHz）的放大的电压信号。此信号再经噪音滤波器滤掉残余的载波及外界高频干扰信号后送入波度滤除器:由于工件表面波度产生的低频信号被波度滤除器滤掉,然后经电容隔直,取信号中线,再经线性放大和全波整流取信号绝对值,得到与轮廓曲线上各点到中线距离的绝对值$|y_i|$成正比的信号,输入积分表（平均表）积分,就可读出 R_a 值。需要记录曲线时,可将开关 K_3 拨到 b 位置。这时相敏检波后的信号送到功率放大器,驱动记录仪工作。

应该指出,在正式测量前,首先应该调整传感器的平衡位置。将传感器的触针接触被测表面,通过手轮调整传感器上下位置,使指零表指在零位附近,再利用调零电桥使指零表准确指零。

2. 典型部件

按照电动轮廓仪的结构组成,典型部件应该包括传感器、电箱、积分表、驱动箱、记录仪等部件。

(1)传感器

BCJ-2型轮廓仪所用传感器是电感传感器,其结构如图 4.2.13 所示。其底面圆弧半径 $R=25$ mm。测量时,导头以 $0.15\sim0.3$ N 的压力与工件表面接触,并沿垂直于加工痕迹的方向滑行,形成一条粗糙度的测量基准线。如图 4.2.13 所示。这时,触针 3 通过杠杆 4 受到弹簧 10 的作用而对表面产生一定的测力,使触针尖端与被测表面密切接触,表面的微观不平度使触针 3 上下运动,并通过杠杆 4 传到磁芯 8,使其作相应的运动,上下两个线圈的电感量便发生相应的变化。

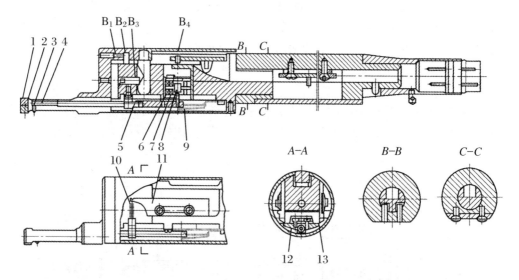

图 4.2.13 电感式传感器结构

1. 托架; 2. 玛瑙头; 3. 触针; 4. 杠杆; 5. 片簧; 6,7. 外磁环;
8. 磁芯; 9. 电感线圈; 10. 弹簧; 11. 小钩; 12. 托块; 13. 刀口

为保证传感器的使用要求,提高测量准确度,有必要对传感器的某些零件的结构、形状、连接方式等问题提出一些相应的要求。

① 导头半径。要求导头曲率中心的运动轨迹和工件表面的宏观轮廓相一致,如图 4.2.14(a) 所示。导头半径过小(对于某级粗糙度的粗距而言),则有可能随着粗糙度的起伏而上下运动,如图 4.2.14(c) 所示,给测量带来误差;导头半径过大,甚或接近平面,又可将宏观几何误差引入测量结果。总而言之,希望在不致引入宏观误差的前提下,导头半径要足够大。分析结果表明,对 $R_a<2.5\,\mu\text{m}$ 的表面(粗距<0.75 mm)选用 $6.5\sim50$ mm 的导头半径;对 $R_a>2.5\,\mu\text{m}$ 的粗糙表面,采用平面导头为好。

② 触针形状。对触针的要求是一要针尖足够小,二要耐磨,并具有一定的强度和刚度。只有针尖足够小,触针上下运动时才能降低到微观轮廓的谷底。为了满足上述要求,触针选

用金刚石材料制成,它的耐磨性能极好。为了能把触针磨尖,在制造时按金刚石晶体形状做成 $90°$ 的棱锥形,如图 4.2.15(c)所示。实际情况表明,表面粗糙度形成的角度不小于 $150°$,如图 4.2.15(a)所示,所以这样的针尖是可以满足测量要求的。也有个别把针尖做成圆形的。实际的针尖都不可能达到无穷小,一般都具有一定的圆角半径 r。这会给测量带来一定的误差 Δ。如图 4.2.15(b)所示。半径愈小,误差 Δ 也愈小。但针愈尖,则耐磨性愈差,容易崩碎,而且加工难度增加。所以针尖的选用要根据不同的场合而定:在实验室可选用 $2\,\mu m$ 左右的针尖半径;在车间可选用 $5\sim12\,\mu m$ 的针尖半径。这是因为车间的使用量比实验室大很多,而被测工件的粗糙度又往往比实验室低很多。

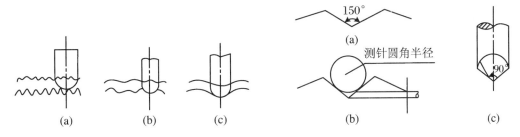

图 4.2.14　导头半径对测量的影响　　　　图 4.2.15　触针形状对测量的影响

③ 杠杆支承。对支承的要求是无间隙或回程误差,所以必须采用片簧或刀口一类的支承,只有这样才能将触针的微小位移精确传递。本传感器采用刀口 13 和托块 12 构成支承付,其接触表面要很光滑($R_a<1.6\,\mu m$),如图 4.2.13 所示。为使测量杠杆只绕刀口转动而无其他方向的运动,可通过一很薄的片簧 5 作支承定位:片簧的一端与测杆连接,另一端固定在传感器基体上。片簧的材料为磷青铜,厚度约为 0.05 mm,对它的要求主要是平直性要高,否则会影响触针运动的稳定性。

④ 触针静压力。为保证不至划伤被测面和减缓针尖磨损,提高使用寿命,对静压力的要求是在保证针尖与微观轮廓可靠接触的条件下尽量减小测力。一般轮廓仪的静压力在 0.005 N 以下。本传感器的静压力只有 0.001 N。为保证这样小的测力,常采用图 4.2.16 所示的调整机构。测力 $P=Ft/l$。F 为弹簧 10 的拉力,变动小钩 11 的位置(图 4.2.13),改变拉力 F 的作用线与支点 O 的距离 t,以达到调整的目的。

另外,传感器与驱动箱是通过铰链连接在一起的。这种连接方式的优点是允许传感器自由下垂,依靠传感器的自重使导头与工件表面接触,还可减小驱动箱运动轨迹的直线度和工件表面平行度对测量的影响。减小的数值为 $l_1/l_2\approx70$(图 4.2.17)。

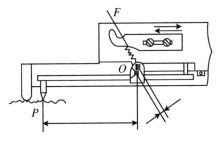

图 4.2.16　调整机构示意图

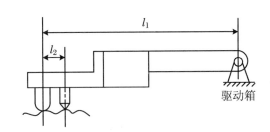

图 4.2.17　传感器与驱动箱接连示意图

为适应不同测量对象,可松开螺钉 B_3 将托架取下进行更换。为保证杠杆与传感器主体基本平行时针尖与导头等高(工作状态),可松开螺钉 B_1,调节螺钉 B_2,使托架 1 相对传感器主体的高低位置改变。然后将电箱拨到最低灵敏挡。调整螺钉 B_4,使电感线圈 9 和外磁环 6,7 一起发生移动(图 4.2.13),直到指零表基本指零为止。这时表明测量杠杆的位置已处于电桥平衡位置附近。经过这样的调整,传感器就可以工作了。这项调整工作在传感器出厂时已经完成。B_4 已用漆封住,所以平时使用时不要去动它。

(2)电箱

前面说过,轮廓仪的整机电路基本集装于电箱之内。面板上还装有指零表和积分表以及各种用途的开关旋钮等(图 4.2.11)。

测量范围可通过旋钮 1 进行选择,共分 8 挡,各挡测量范围见表 4.2.1。

表 4.2.1　各挡测量范围

挡　位	放大率	记录纸满刻度值(μm)	指示表满刻度值 R_a(μm)	挡　位	放大率	记录纸满刻度值(μm)	指示表满刻度值 R_a(μm)
1	500	100	10	5	10 000	5	0.5
2	1 000	50	5	6	20 000	2.5	0.25
3	2 000	25	2.5	7	50 000	1	0.1
4	5 000	10	1	8	100 000	0.5	0.05

有效行程长度和切除长度共用一个旋钮 6,和行程长度 2 mm、4 mm、7 mm 相对应的切除长度为 0.25 mm、0.8 mm、2.5 mm,行程长度为 40 mm 一挡只用于记录。

电箱背面还有电源、驱动箱、记录仪等插座,并有调整仪器放大比用的电位器,如指零表增益电位器、记录仪增益电位器、积分表增益电位器等。

(3)驱动箱

驱动箱的外形如图 4.2.18 所示。由变速手柄可选定传感器的两种滑行速度。其中 0.015 mm/s 专用于记录。旋转调整手轮时可同步调整四个球形小足 6 的张角,借以调整传感器以小足支承定位时的电桥平衡位置(即传感器调整)。因为驱动箱除借助立柱、底座等测量中小型零件外,还可以直接放在大型工件(平面的或圆柱的)上进行测量,这时四个球形小足就作为定位支承而存在。调整它们的张角,就调整了驱动箱的高低位置,从而使传感器的轴向位置与其拖动方向重合。启动手柄 4 可控制电机的开断。传感器插入孔内后再用一手轮锁紧,使传感器与驱动箱内的滚动导轨固连在一起,并由同步电机经齿轮减速驱动,且拖动速度恒定,所以在仪器电路中就可以时间 T 代表传感器水平方向的位置 L 来处理信号。通道为驱动箱的燕尾导轨 9 可将驱动箱以准确的垂直方向(即垂直于驱动箱内滚动导轨)固定在仪器的立柱上。传感器电桥输出的衔接片 8 是连接传感器与驱动箱、电箱的电路外接通口。驱动箱内主要装有驱动电机、减速机构和部分控制开关以及一个比较精密的滚动导轨。

(4)积分表(平均表)

积分表是用来读表面粗糙度 R_a 值的,要求它具有对 R_a 的电量参数进行积分的功能。因此称为积分表或平均表。

平均表的结构和一般磁电式直流表相似,是在磁电式直流表的基础上改制而成的。将普通电流表中的两根游丝去掉,并在装游丝的地方焊上两根镉青铜材料制成的很薄的(截面尺寸为 $0.003\,\text{mm} \times 0.08\,\text{mm}$)导流丝,并弯成 $\phi 10\,\text{mm}$ 左右的螺线。导流丝是通入表内动圈的电流的通道。

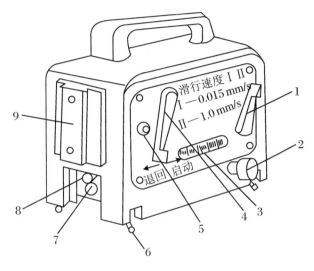

滑行速度Ⅰ Ⅱ
Ⅰ—0.015 mm/s
Ⅱ—1.0 mm/s

退回 启动

图 4.2.18　驱动箱外形

1. 变速手柄；　2. 调整手轮；　3. 传感器的轴的行程标尺；　4. 启动手柄；　5. 手柄限位器；

6. 球形小足；　7. 传感器插入孔；　8. 传感器电桥输出的衔接片；　9. 驱动箱的燕尾导轨

当表内的动圈(线圈)通入电流时,其铝框架即随动圈一起转动并切割磁力线,在框架中感应出与转速成正比的涡流。涡流的方向与通入动圈的电流方向相反。于是,在外加磁场的作用下,涡流产生一个与动圈转向相反的力矩,此力矩称为阻尼力矩。其大小与动圈速度成正比。如果把动圈通入电流 I 时的转矩称为驱动力矩,则驱动力矩与阻尼力矩相平衡时,动圈就会以匀速转动。若电流增加,驱动力矩也增加,动圈就加速转动,结果使阻尼力矩也增加,直到两种力矩相等时,动圈又开始一种新的匀速转动。由此可知,动圈的角速度即表针的角速度 ω 与通入动圈的电流 I 成正比。通过电路的转换,将工件表面偏离中线的高度 y 变成对应的电流 I,通入积分表使与 I 的大小成比例的角速度 ω 转动,同时将基本长度 L 也转成一定的积分时间 T。这样就可以把求 R_a 的公式写为

$$R_a = \frac{1}{l} \int_0^L |y|\,\mathrm{d}x$$

转换成另一种形式

$$a = \frac{1}{T} \int_0^T |\omega|\,\mathrm{d}t$$

表针由零开始走过的角度 a,就代表了 R_a 的大小,可从表上直接读出。

根据积分表的使用要求,它必须具备如下性能。

① 均匀性。当通入最小工作电流时,指针在任意点转动的角速度应一致。

② 静停性。当测量结束并将积分表两输入端短路时,指针应立即停住不动。

因为摩擦力矩一般是变值,所以会影响表的均匀性。为此对表的轴尖和轴承应提出较高的质量要求和装配要求。表面粗糙度和形状误差要小,轴尖和轴承应同心,轴承中不允许有污物等。装配时,轴尖和轴承之间的间隙要调整适当。另外,增强磁场,不仅可以提高表的灵敏性,降低机械摩擦的影响,而且还可以增大阻尼力矩,给表的静停性带来一定的好处。

其次为改善惯性对表的均匀性影响，应尽可能减小转到部件的转动惯量。

为保证静停性，在安装导流丝时需特别注意，尽可能使两根导流丝产生的反力矩小，并且在指针的任意位置上都相互抵消，还可借助精确调整指针尾部的配重，设法达到指针的随遇平衡。

积分表不能倒放或水平位置使用。指针回零时必须加反向电压。

（5）记录仪

记录仪是用图像形式记录被测参数变化的一种装置。一般由记录头和排纸机构两部分组成。图 4.2.19 所示为记录仪结构示意图。记录头 4 实际是一个电磁转矩很强的磁电式电表，记录笔就相当于表的指针。通入电流后，记录笔便与电流成正比例地转动。排纸机构通过压紧辊 2 和传送辊 1 的作用不断地将记录纸 3 排出，记录笔和记录纸的运动合成为测量结果的记录曲线。记录笔尖的位移与它所代表的被测位移之比称为垂直放大倍数。记录纸走纸长度与其所代表的被测表面长度之比称为水平放大倍数。垂直放大倍数一般为几百到十万倍，而水平放大倍数常常是几倍到几百倍。

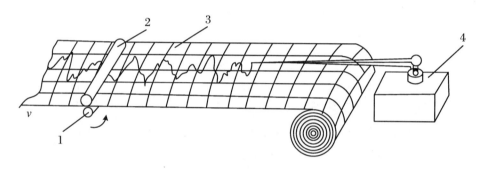

图 4.2.19　记录仪结构示意图
1. 传送辊；　2. 压紧辊；　3. 记录纸；　4. 记录头

按所用记录纸形式，记录仪可分为直线记录仪和圆记录仪两种。图 4.2.19 所示即为直线记录仪，轮廓仪中大都采用这种记录仪。圆记录仪是由于采用圆形记录纸而得名的。它不能边续排纸，只能记录完一张再换一张。在圆度仪中常采用这种记录仪。利用它可以绘出被测工件的圆度误差与转角的关系曲线。这就要求记录纸的转角与工件相对传感器的转角保持严格的同步关系。当然这可通过同步系统来实现。

在直线记录仪中，因为记录笔是转动的，所以使画出的表面轮廓曲线化，不再保持应有的直角坐标或极坐标的关系。圆形记录仪也存在类似情况。例如三角形的表面轮廓，如图 4.2.20 所示，经记录笔画出将畸变成图 4.2.20（b）的样子。这给直观比较带来很多的不方便。解决的方法有二。一是将记录纸的格线制成圆弧形，如图 4.2.19 及图 4.2.21 所示。这样一来，在以记录笔的转轴为中心的同一圆纸上的各点，其横坐标或角度坐标完全相同。这可消除记录轮廓曲线化带来的误差，但图形畸变仍旧存在，只不过畸变不再影响记录准确度。要解决畸变只好采用第二个办法，即将记录笔的回转轴水平放置，将图 4.2.19 中的平拖板改成曲率半径等于记录笔尖回转半径弧形拖板，如图 4.2.22 所示。这样画出的图形不再有畸变，更加符合表面轮廓放大后的真实情况。

除磁电式电表型记录头外，也可采用随动系统来完成记录工作。其原理如图 4.2.23 所示。

输入信号 U_x 经放大器 1 放大后，使伺服电机 2 转动，带动拉带机构 3，3 上装有记录笔

4 和电阻器的滑臂 5。反馈信号 U_f 由滑臂 5 取出加到放大器的输入端，而且 $U_f = -U_x$。得到放大的 U_f 也加到伺服电机上时，使电机停止转动，这时记录笔已移动到一个新的位置，且位移量与 U_x 相对应。

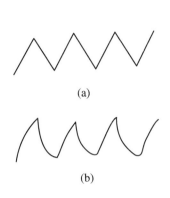

图 4.2.20　记录轮廓曲线化

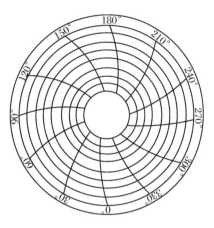

图 4.2.21　圆弧形格线记录纸

图 4.2.22　弧形拖板示意图

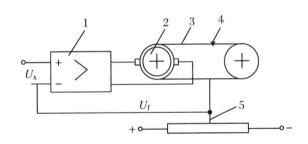

图 4.2.23　随动系统原理图
1. 放大器；　2. 伺服电机；　3. 拉带机构；
4. 记录笔；　5. 电阻器的滑臂

　　在随动系统中，记录笔不再是围绕某一定轴做转动，而是做往复直线运动。所以可用较宽的记录纸，绘出起伏较大的轮廓。

　　记录笔在记录纸上划线的方法有墨笔法、电击穿法、热笔法三种。墨笔法就是用墨水笔划线的方法。其优点是可以采用一般的记录纸，缺点是线条不易划细。记录笔需要抬起机构实现停止划线。笔尖与纸面的摩擦较大，影响记录准确度。电击穿法线的原理是在导电的记录纸表面敷上一薄绝缘膜，给记录笔带上 600 V 左右的直流高压，而记录拖板的电压为零。当笔尖接触记录纸时，在直流高压的作用下笔尖产生火花放电，将记录纸表面的绝缘膜击穿，从而烧出黑线来。只要切断电源就可以停止划线。这种方法的优点是线条清晰。通过改变记录笔尖的电流很容易改变划线的粗细，使用方便。所以很多记录仪都采用这种方法。其缺点是记录笔带高压电，需要注意安全。

　　热笔法的原理是在黑底的记录纸上涂一层白色蜡膜，通过电阻丝将记录笔加热，使蜡膜熔化，划出黑线来。这种方法的优点是较电击穿法安全。切断电阻丝加热电源即中止划线。

BCJ-2型轮廓仪的记录仪与87164-002型电感测微仪的记录仪是一样的。其外形如图4.2.24所示。

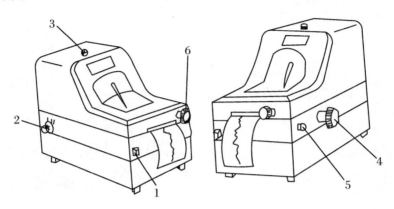

图4.2.24 记录器外形

1. 开关； 2. 旋钮； 3. 制动栓； 4. 变速手轮； 5. 离合器按钮； 6. 锁盖手柄

旋转变速手轮4可获得六种排纸速度，相应的水平放大倍数为25、50、100、125、150、200。按下离合器按钮5，记录纸与排纸机构脱离，很容易将记录纸拉出。把锁盖手柄6拉出，可将上盖连同描迹装置（即记录头）一起打开，如将制动栓3同时按下，则可仅使盖开启，而描迹装置留在原处。旋钮2有三个位置可调，可获得三种线纹宽度（即划线宽度）。开关1按下后，记录仪的排纸机构开始工作。

3. 仪器的使用与校准

（1）仪器使用前的准备工作

将驱动箱可靠地装在立柱的横臂上，然后将传感器可靠地安装到驱动箱的插孔内，并锁紧。连接电路的全部插接件，并检查是否正确，最后再把电源插头接入市电。把电箱电源开关打开，其他各开关、旋钮、手柄均要拨至所需挡位。

（2）测量方式的选择

测量方式指"读表"和"记录"。

"读表"时应将测量方式开关3拨到"读表"的位置，根据被测表面粗糙度等级范围，适当选择放大比和切除长度。然后调整驱动箱的高低位置，使传感器的导头和触针与被测表面接触，使指零表指零。这时说明传感器的平衡位置基本调好。

"记录"时则应将测量方式开关拨至"记录"挡，行程长度为40 mm，适当选取放大比后，即可开启驱动箱和记录仪。

（3）放大比、切除长度和有效行程长度的选择

测量前，首先粗略判断被测表面粗糙度的等级范围，尽可能将放大比选择适当，使积分表工作在全刻度的后2/3范围内。放大比、切除长度和有效行程长度的选择取决于被测表面粗糙度的等级。可参考表4.2.2。

表 4.2.2　放大比、切除长度和有效行程长度选择

被测表面粗糙度 $R_a(\mu m)$	积分表读数时各参数选择			"记录"时放大比选择
	开关位置	切除长度(mm)	有效行程长度(mm)	
0.01	—			100 000×
0.02	—			100 000×
0.04	8	0.25	2	20 000～100 000×
0.08	7	0.25	2	10 000～50 000×
0.16	6～7	0.25	2	10 000～50 000×
0.32	5～6	0.25	2	2 000～20 000×
0.63	4～5	0.8	4	2 000～10 000×
1.25	3～4	0.8	4	2 000～5 000×
2.5	2～3	0.8	4	500～2 000×
5	1～2	2.5	7	500～1 000×
10	1	2.5	7	500～1 000×
20	—			500×

（4）仪器的校准

① 标准样板的使用。标准样板有单刻线玻璃样板和多刻线玻璃样板两种。多刻线样板由数条等高、等距的矩形沟槽组成，而单刻线样板仅有一条矩形沟槽。各样板都刻有出厂时的鉴定值，如图 4.2.25 所示。左图标出的是深度值 H，右图标出的是轮廓算术平均偏差 R_a。多刻线样板是校验积分表示值准确度用的。左边的两短粗的水平刻线之间的区域为工作区。校验仪器时，传感器触针应在工作区内且与标准刻线垂直的方向上运动，才能保证校验的可靠性。

② 指零表的校准。先将测量范围旋钮拨至 10 000×挡，此时指零表的满刻度应为 5 μm。缓慢移动单刻线样板，使传感器触针沿垂直旋线的方向上划过，校对指零表的读数是否与样板的鉴定值相符。不相符时可通过调整指零表增益电位器解决，但在一般情况下，不要轻易调整，而是根据记录仪和积分表的超差情况单独调整记录仪增益或积分表增益就可以了。

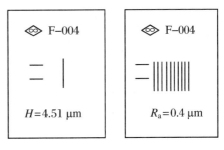

图 4.2.25　标准样板

③ 记录仪放大比的校准。用深度为 5 μm 的单刻线样板对记录仪放大比进行校验。先将测量方式开关拨至"记录"挡，变速手柄拨至"Ⅰ"位，测量范围旋钮放在 10 000×挡。然后用仪器对深度为 5 μm 的单刻线样板进行记录。当图形数值相对于样板数值比较后超出允许的误差时，可对电箱背面标有"记录仪增益"的电位器进行调整。

④ 积分表示值的调整。用积分表读数时，可以选用三种不同的切除长度。因此，在调整其示值时，也按三种不同的切除长度，逐次对平均表进行校准。校准时测量范围旋钮应拨

至 10 000×挡,驱动箱的变速手柄应放在"Ⅱ"的位置上,测量方式开关应拨至"读数"位置,然后分别用 2.5 mm、0.8 mm、0.25 mm 的切除长度对多刻线玻璃样板进行测量。如果积分表的示值与样板数值比较后超差,可对电箱背面的"平均表增益"电位器进行适当调整,直至达到要求为止。

4.2.3.6　影响测量精度的主要因素

影响电动轮廓仪测量精度的因素主要有以下几点。

1. 触针的半径

传感器触针的端部越尖,越能真实地反映被测工件表面的微观几何形状误差,但触针过尖,不仅制造加工很困难,而且更易划伤被测表面。触针端部一般均制成圆弧形,此圆弧半径越大,带来的测量误差越大。低精度轮廓仪触针端部的圆弧半径为 5 μm 或 10 μm。高精度轮廓仪触针端部的圆弧半径为 1 μm。

2. 传感器导头半径

传感器导头的作用是,触针在被测表面上移动的过程中,形成触针感触微观几何形状误差的基准线,因此要求导头曲率中心的运动轨迹与被测表面的宏观几何形状轮廓一致。只有当轮廓曲线起伏间距小或导头的圆弧半径较大时,才能达到此项要求。若导头的圆弧半径过小,则在测量中导头将随被测表面微小峰谷的起伏而上下运动,致使导头曲率中心的运动轨迹与被测表面的宏观轮廓不一致,造成触针与导头的相位误差,影响测量精度。但导头圆弧半径过大,也会使被测表面的宏观几何形状误差反映到测量结果中,降低测量精度,因此一般要求导头半径为 7～50 mm。

3. 测力

为确切反映被测表面粗糙度,要求触针与被测表面可靠地接触。如果测力过小难以达到此目的,会带来一定的测量误差。但如果测力较大,则既易划伤被测表面,也易使触针端部磨损。所以测力大小必须适当。另一方面,测力大小的选择还与触针端部圆弧半径大小相关。触针圆弧半径较大时,选择的测力可适当大些;触针圆弧半径较小时,选择的测力必须相应减小。一般对应关系见表 4.2.3。

表 4.2.3　触针测力与圆弧半径对应关系

触针端部半径(μm)	2	5	10
触针测力(N)	0.001	0.004	0.016

4.2.3.7　电动轮廓仪的保养

① 每天开机前及测量完毕后用高织纱棉布蘸无水酒精清洁工装表面、测针、轨道。

② 平时不使用时将所有电源关闭,且将测针的保护套套上。

③ 严禁用扫帚清扫地面,以免灰尘扬起。

④ 对仪器进行全面的维护和精度调整。

4.2.4　任务评价与总结

4.2.4.1　任务评价

任务评价见表 4.2.4。

表 4.2.4　任务评价表

评价项目	配　分(%)	得　分
一、成果评价:60%		
是否能够熟悉电动轮廓仪的结构	20	
是否能够掌握电动轮廓仪的工作原理	20	
是否能够正确地使用和保养电动轮廓仪	20	
二、自我评价:15%		
学习活动的目的性	3	
是否独立寻求解决问题的方法	5	
团队合作氛围	5	
个人在团队中的作用	2	
三、教师评价:25%		
工作态度是否正确	10	
工作量是否饱满	5	
工作难度是否适当	5	
自主学习	5	
总分		

4.2.4.2　任务总结

1. 熟悉电动轮廓仪的结构、理解电动轮廓仪的工作原理,是使用电动轮廓仪的前提条件,因此,我们必须要熟悉电动轮廓仪的结构、理解电动轮廓仪的工作原理。

2. 在使用和保养电动轮廓仪时,必须按照电动轮廓仪的使用要求和正确的保养方法,进行使用和保养,这对于保证电动轮廓仪的工作精度、延长电动轮廓仪的使用寿命,具有重要的意义。

练习与提高

1. 电动轮廓仪能测量哪些形状的表面粗糙度误差?

2. 简述电动轮廓仪的工作原理。

3. 传感器分为哪些种类?

4.3 任务 2:电动轮廓仪的检定

4.3.1 任务资讯

电动轮廓仪在使用一段时间后,必须要对电动轮廓仪的工作性能指标进行检定,根据检定的结果判断电动轮廓仪是否能够满足工作性能的要求。

4.3.2 任务分析与计划

电动轮廓仪的检定,以现行的《国家计量检定规程》JJF 1105—2003 为准。该规程对检定三条件、检定项目、检定要求和检定方法,以及检定结果的处理都做了明确的规定。

下面将电动轮廓仪的受检项目及主要检定工具列于表 4.3.1 中。

表 4.3.1 检定项目和检定工具

序 号	校准项目	标准器及其他设备
1	传感器触针针尖圆弧半径及角度[①]	扫描电镜、400 倍以上显微镜、刀刃法专用测量设备
2	传感器触针静测力及其变化率	电子天平
3	传感器导头压力	电子天平
4	传感器导头工作面粗糙度	干涉显微镜
5	传感器导头圆弧半径	半径样板或投影仪
6	驱动传感器滑行运动的直线度	一级平晶
7	残余轮廓[②]	一级平晶
8	示值误差[②]	多刻线粗糙度标准样板
9	示值重复性[②]	多刻线粗糙度标准样板
10	示值稳定性[②]	多刻线粗糙度标准样板

注:① 被测参数有几种技术指标时,应按被校仪器所选用的数值进行校准。

② 基本校准项目。

4.3.3 任务实施

1. 校准项目

电动轮廓仪的校准具体见(JJF 1105—2003)触针式电动轮廓仪校准规范。

校准触针式仪器的室内温度应在(20±3)℃范围内,湿度不超过 65%。校准室内应无影响测量的灰尘、振动、噪声、气流、腐蚀性气体和较强磁场。被校仪器及校准用测量设备在室内连续平衡温度的时间不少于 4 h。校准前,被校仪器连续通电预热时间不少于 30 min。

检定项目和检定工具列于表 4.3.1 中。

2．主要项目的检定方法

(1) 残余轮廓

残余轮廓(虚假误差)是由导向基准的偏差、外部与内部的干扰以及轮廓传输中的偏差组成的,又称虚假信号。残余轮廓 R_a 的允许误差限不超过表 4.3.2 的规定。

表 4.3.2   仪器主要计量特性要求

示值误差 δR_a	$\pm 5\%$	$\pm 7\%$	$\pm 10\%$	$\pm 15\%$
残余轮廓 $R_a(\mu m)$	0.005	0.005	0.010	0.010
示值重复性	2%	3%	6%	12%
示值稳定性	仍应符合表中第 1 项和第 3 项的相应要求			

注:作为校准,不判断合格与否,上述计量特性的指标仅供参考。

(2) 示值误差

【要求】   示值误差的允许误差限不超过表 4.3.2 的规定。

【检定方法】   用一组多刻线粗糙度样板,在相应量程和取样长度内,分别对其测量,在样板工作区域内的三个不同位置上各测量 3 次,取其平均值按下式计算仪器的相对示值误差:

$$\delta R_a = \frac{R_a - R_{a0}}{R_{a0}} \times 100\%$$

式中:R_a 为读数平均值;R_{a0} 为多刻线粗糙度标准样板检定值。

(3) 仪器示值重复性

【要求】   示值重复性的允许误差限不超过表 4.3.2 的规定。

【检定方法】   在小量程、高放大倍数条件下,选用一块相应的多刻线标准样板,在样板某一目定位置测量 10 次,其最大值和最小值之差与测量平均值的百分比为示值重复性。

$$\delta_重 = \frac{R_{amax} - R_{amin}}{R_{a0}} \times 100\%$$

(4) 传感器滑行轨迹的直线度检定

【要求】   直线度不大于 $0.4\,\mu m/40\,mm$。

【检定方法】   检定时将垂直放大率选在 $10\,000\times$ 挡,用 1 级平晶进行测试记录,在传感 40 mm 行程内按其记录图形评定直线度误差,不大于 $0.4\,\mu m$。

(5) 记录器垂直放大率误差

【要求】   不超过 $\pm 4\%$。

【检定方法】   检定时用一组单刻线样板(或阶梯量块),在各挡接近满刻度时进行测量记录。在样板工作区域内的三个不同位置上各测三次,取其平均值并按下式计算:

$$\delta_v = \frac{H - H_0}{H_0} \times 100\%$$

式中:δ_v 为垂直放大率误差;H_0 为单刻线样板(或阶梯量块)的检定值。

$$H = H'/K_v$$

式中:H'为按记录图形测得的位移量(三次平均值);K_v为垂直放大率的名义值。

(6)记录器水平放大率误差

【要求】 不超过 ±10%。

【检定方法】 检定时用单刻线样板的辅助刻线间距对水平放大率各挡进行重复测试,记录3次,取其平均值,按下式计算:

$$\delta_h = \frac{L - L_0}{L_0} \times 100\%$$

式中:δ_h为水平放大率误差;L_0为单刻线样板上辅助刻线间距的检定值。

$$L = L'/K_h$$

式中:L'为按记录图形辅助刻线的间距;K_h为水平放大率的名义值。

4.3.4 任务评价与总结

4.3.4.1 任务评价

任务评价见表4.3.3。

表4.3.3 任务评价表

评价项目	配 分(%)	得 分
一、成果评价:60%		
是否能够熟悉电动轮廓仪的检定项目	20	
是否能够掌握电动轮廓仪的检定方法	20	
是否能够掌握电动轮廓仪检定时所用的工具与仪器的使用方法	20	
二、自我评价:15%		
学习活动的目的性	3	
是否独立寻求解决问题的方法	5	
团队合作氛围	5	
个人在团队中的作用	2	
三、教师评价:25%		
工作态度是否正确	10	
工作量是否饱满	5	
工作难度是否适当	5	
自主学习	5	
总分		

4.3.4.2 任务总结

在进行电动轮廓仪的检定时,必须按照电动轮廓仪的检定项目及其相应的检定方法,逐一进行检定,并将检定结果记录下来,根据检定结果判断电动轮廓仪的各项技术指标是否满足电动轮廓仪的使用要求。

练习与提高

1. 简述电动轮廓仪示值重复性的检定方法。
2. 简述电动轮廓仪示值误差的检定方法。

4.4　任务 3:电动轮廓仪的调修

4.4.1　任务资讯

电动轮廓仪经检定后,如果检定的结果显示其工作性能已达不到工作精度的要求,那么电动轮廓仪就必须进行调整与维修,以保证电动轮廓仪的工作性能达到工作精度的要求。

4.4.2　任务分析与计划

电动轮廓仪在调整与维修时,必须先分析其产生问题的原因,根据其具体原因选择合适的调整和维修的方法与工具去解决这些,使调整和维修后的电动轮廓仪的工作性能达到工作精度的要求。

4.4.3　任务实施

1. 仪器的调整与使用

(1) 电源

【故障现象】　开启电源后,指示灯不亮,各部分都不能动作。

【原因分析】　外电源没供上,电源线插销有故障,保险丝断。

【排除方法】　使外电源可靠供给,排除插销故障,更换备用保险丝。

(2) 驱动箱

【故障现象】　通电后,能听见驱动箱内电机响,但传感器不移动。

【原因分析】　泡沫塑料联轴节掉下。

【排除方法】　打开前面板,用镊子将泡沫重新装好。

(3) 计算机锁死

【故障现象】　按任意键,屏幕都没反应。

【原因分析】　微机受强电冲击。

【排除方法】　重新启动。

（4）计算机启动错误

【故障现象】　开机后系统引导失败。

【原因分析】　操作系统错误，系统感染计算机病毒。

【排除方法】　重新安装操作系统，清除硬盘和所有软盘中的病毒。

2．修理前的准备工作

要对表面粗糙度检查仪进行检修，就必须对仪器的基本原理、结构形式及其使用性能等有一个大概的了解，特别是属于轮廓仪的共性知识和问题要弄清楚，比如传感器的类型、仪器所能测量的参数等。轮廓仪的结构样式也比较多，但就其电路分析看，大致都由三部分组成，即传感器及其转换电路、测微放大电路、信号分离及参数运算电路。测微放大栅信号分离基本上是各种模拟量仪所共有的，而运算电路则是轮廓仪所特有的。要弄清楚具体仪器的电路，则必须要有电路原理图，没有时应进行电路测绘。

另外，还应该熟悉各种电气元件失效的形式及其在电路的表现，掌握实验中它们失效的方法。举例说明如下。

（1）电阻

电阻失效的形式有三种：一是断路，二是短路，三是阻值改变。用万用表即可检查。

（2）电容

电容失效的形式也有三种：一是断路，二是短路，三是漏电严重。检查方法：大容量的电容用万用表的欧姆挡测量时，开始由于充电可使表针偏转，随着充电结束，表针也慢慢退回原处。容量较小的电容可通过振荡源给它一个振荡信号，然后送进示波器，看是否有振荡波形出现，从而判断它的好坏。当然，还可以用万用表或其他仪器进行检查。

晶体管失效形式主要是击穿和衰老，可用万用表或晶体管测试仪进行检查。

3．常见故障的调修

轮廓仪的常见故障有以下四类。

（1）仪器不工作

这种故障产生的原因比较明显，损坏形式比较简单。如导线的断路和短路；元件（晶体管、电阻、电容、电位器、变压器等）内部的断路和短路；插接件的接触不良；传动件卡住等。以 BCJ－2 型轮廓仪为例，说明仪器不工作的一些表现如下。

① 开启电源，指示灯不亮，各部分都不动作。这肯定是没接通电源，要从电源插头、导线、保险丝或电源变压器等元件上找原因。

② 通电后只有某一部件不动作。假如驱动箱不动，这时就应该从线路、微动开关、电源、机械结构等方面寻找原因，检查各元件是否正常，对电机绕组也要检查。

③ 各部件运动正常，但指零表不动，记录笔也不动，或都偏向一边。其原因可能是传感器到电箱的连线有断路，或者是加至传感器的振荡电压有问题。若都正常，再用示波器观察输出信号。

④ 传感器正常，指零表不动。毛病主要在电箱电路中。首先用万用表检查正负电源、振荡器、放大器等是否处于正常状态。必要时可用低频信号发生器送入信号，再用示波器观察输出信号，以便检查判断出故障发生的区域。假如是放大器有毛病，可以通过测量各晶体管直流工作点的方法进一步缩小故障范围。假如指零表正常，但记录笔不动，则问题主要是

在功率放大级。

⑤ 振荡器停振。首先应该检查供电、管子的工作点等是否正常。断开外负载,看振荡是否恢复。若不奏效,再在振荡部件范围内细细查找,检查电容、电感、变压器等元件是否正常。

(2) 仪器不准确

不准是指放大倍数过大或过小,以致超出可调范围;另外,还有放大非线性超差。以下分几种情况讨论。

① 低挡放大倍数正常,而高挡变迟钝。主要原因是电桥零点残压过大,使高挡放大级饱和。

② 各挡放大倍数都大很多,指零表也摇摆不定,调总放大比电位器无效。主要原因是放大器的负反馈开路。

③ 各挡放大倍数都很小,原因较多,要逐级查找。当指零表满度时,记录器也满度,表明功放级完好;当积分表示值偏小很多时,多为末级全波整流器中有二极管损坏;当积分表和记录器的示值都偏小很多时,多为交流放大器的问题。

④ 积分表短路时指针仍慢慢移动而停不住。原因可能是短路触点有污物,也可能是由表头本身平衡不良引起的。指针漂移不超过 $1\,mm/(6\sim8)\,s$ 为正常。

⑤ 线性超差,多数是因为晶体管工作点不正确所致。

⑥ 信号变化时输出不变。主要是由传感器和电桥零点残压过大,使得放大器末级饱和而引起的。

(3) 仪器不稳定

不稳定的情况有两种:一是对同一表面进行测量时,测量数据分散超差;二是放大倍数和工作状态时常变化。引起第一种情况的原因多是机械部件造成的误差。如驱动箱驱动速度不稳定;行程控制触点接触不良;积分表轴尖磨损、传感器导头压力或测力不合适等。引起第二种情况的原因较复杂。如元件虚焊,放大器的工作点随着温度变化而发生较大的变化等。以上故障用替代法检查比较方便。

(4) 仪器运行不正常

这种故障多数是因为行程控制触点或继电器有毛病引起的,如触点有污物使继电器吸合不稳等。

检修仪器故障时要在弄清原理的基础上,细致耐心,善于分析思考,养成严谨的工作作风,切忌胡猜乱动。

4.4.4   任务评价与总结

4.4.4.1   任务评价

任务评价见表4.4.1。

表4.4.1　任务评价表

评价项目	配 分(%)	得 分
一、成果评价:60%		
是否能够熟悉电动轮廓仪的调修项目	20	
是否能够掌握电动轮廓仪的调修方法	20	
是否能够掌握电动轮廓仪调修时所用的工具与仪器的使用方法	20	
二、自我评价:15%		
学习活动的目的性	3	
是否独立寻求解决问题的方法	5	
团队合作氛围	5	
个人在团队中的作用	2	
三、教师评价:25%		
工作态度是否正确	10	
工作量是否饱满	5	
工作难度是否适当	5	
自主学习	5	
总分		

4.4.4.2　任务总结

在进行电动轮廓仪的调修时,必须按照电动轮廓仪的调修项目及其相应的调修方法,逐一进行调修,调修完成后,必须重新进行检定,根据检定结果判断调修是否达到了电动轮廓仪的使用要求。

练习与提高

1. 简述电动轮廓仪不稳定的原因。
2. 简述电动轮廓仪不工作可能出现的情况。
3. 电阻失效的形式有哪些?
4. 电容失效的形式有哪些? 如何排除?

项目5　圆柱度测量仪的使用与维护

5.1　项　目　描　述

圆柱度测量仪是一种利用回转轴法测量工件圆度误差的测量工具。圆柱度测量仪分为传感器回转式和工作台回转式两种形式。测量时,被测件与精密轴系同心安装,精密轴系带着电感式长度传感器或工作台作精确的圆周运动。由仪器的传感器、放大器、滤波器、输出装置组成。若仪器配有计算机,则计算机也包括在此系统内。圆柱度测量仪在机械制造、科研中起着非常重要的作用,用途也非常的广泛。本项目主要从圆柱度测量仪的结构及其工作原理、圆柱度测量仪的使用与保养、圆柱度测量仪的检定与调修等方面进行学习,并要求学生掌握相关的技能。

5.1.1　学习目标

学习目标见表5.1.1。

表 5.1.1　学习目标

序　号	类　别	目　　标
一	专业知识	1. 圆柱度测量仪的结构; 2. 圆柱度测量仪的使用与保养; 3. 圆柱度测量仪的检定与调修
二	专业技能	1. 圆柱度测量仪的使用与保养; 2. 圆柱度测量仪的检定与调修
三	职业素养	1. 良好的职业道德; 2. 沟通能力及团队协作精神; 3. 质量、成本、安全和环保意识

5.1.2　工作任务

1. 任务1:认识圆柱度测量仪

见表5.1.2。

表 5.1.2　认识圆柱度测量仪

名　称	认识圆柱度测量仪	难　度	低
内容： 1. 圆柱度测量仪的结构及其工作原理； 2. 圆柱度测量仪的使用与保养		要求： 1. 熟悉圆柱度测量仪的结构； 2. 掌握圆柱度测量仪的工作原理； 3. 掌握圆柱度测量仪的使用与保养方法	

2. 任务2:圆柱度测量仪的检定

见表5.1.3。

表 5.1.3　圆柱度测量仪的检定

名　称	圆柱度测量仪的检定	难　度	中
内容： 1. 圆柱度测量仪的检定项目； 2. 圆柱度测量仪的检定方法		要求： 1. 熟悉圆柱度测量仪的检定项目； 2. 掌握圆柱度测量仪的检定方法	

3. 任务3:圆柱度测量仪的调修

见表5.1.4。

表 5.1.4　圆柱度测量仪的调修

名　称	圆柱度测量仪的调修	难　度	高
内容： 1. 圆柱度测量仪的调修项目； 2. 圆柱度测量仪的调修方法		要求： 1. 熟悉圆柱度测量仪的调修项目； 2. 掌握圆柱度测量仪的调修方法	

5.2　任务1:认识圆柱度测量仪

5.2.1　任务资讯

圆柱度测量仪是用来测量回转体零件的圆度误差的仪器。它的设计原理应该复现圆度误差的定义,符合圆度误差的评定方法。

5.2.2　任务分析与计划

认识圆柱度测量仪时,认识的主要内容有圆柱度测量仪的工作原理、圆度误差的评定方法、圆柱度测量仪的结构以及圆柱度测量仪的使用。

5.2.3 任务实施

5.2.3.1 圆度误差及其评定方法

圆度误差是指回转体零件的实际轮廓圆与理想圆在半径方向上的最大差值,常以同一正截面内的包容实际轮廓圆的两个理想同心圆之间的区域来表示。圆度公差带就是在同一正截面内半径差为公差值的两个理想同心圆之间的区域。如图 5.2.1 所示。

圆度误差属于形状误差。其测量方法也较多,测得的实际轮廓曲线称为测量轮廓。由于对测量轮廓选取不同的圆度评定中心,因而得到不同的圆度误差。目前,评定圆度误差的方法有以下四种。

1. 最小区域圆法(又称最小半径差中心法,简称 MZC 法)

如果有两个半径差为最小的同心圆,它们之间的区域包容同一测量轮廓,把两圆的共同中心记为 MZC。以 MZC 为中心评定圆度误差的方法称为最小区域圆法,简称 MZC 法。如图 5.2.2 所示。

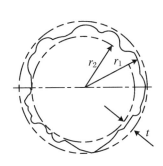

图 5.2.1 圆度误差示意图

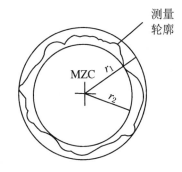

图 5.2.2 MZC 评定法

在用 MZC 进行测量时,一般是用一块刻有同心圆的透明模板去套被测轮廓,使被测轮廓处于模板的两同心圆之间的区域内,要求在完整连续的轮廓图上至少必须有两个外接点和两个内切点交替出现。这样的两同心圆的圆心就是 MZC,它们的半径差值就是按 MZC法测得的圆度误差 f_{MZC}:

$$f_{MZC} = \frac{r_1 - r_2}{M}$$

式中:M 为仪器的放大倍数。

MZC 法适于测量零件的外表面和内表面,符合最小条件准则,可得到最小的圆度误差值,与圆度误差定义相符。

2. 最小二乘圆法(简称 LSC 法)

最小二乘圆是指这样一个通过测量轮廓的参考圆:从该圆到轮廓之间径向差值的平方和为最小,其圆心记作 LSC。以 LSC 为中心评定圆度误差的方法称为 LSC 法。此法的使用一般是用参考计算机在测量轮廓上画出参考圆(即最小二乘圆),从参考圆到外、内测量轮廓的最大径向差 Δr_1 和 Δr_2 之和,就是按 LSC 法测得的圆度误差 f_{LSC}。如图 5.2.3 所示。

$$f_{LSC} = \frac{\Delta r_1 + \Delta r_2}{M}$$

或

$$f_{LSC} = \frac{r_1 - r_2}{M}$$

也可以通过参考计算机进行数据处理后，由电表或数显装置直接读出 f_{LSC}。

LSC 法适于测量零件的内外表面，要求实际轮廓在 360° 范围内是连续的。

此法的优点是很容易用电子线路求出参考圆半径，用记录仪画出参考圆。因为最小二乘圆法符合测量轮廓中线，它的半径就是测量轮廓的平均半径。所以目前很多的圆柱度测量仪都采用 LSC 法。

3. 最小外接圆中心法（简称 MCC 法）

最小外接圆中心就是外接于测量轮廓而半径为最小的圆的中心，记作 MCC。以 MCC 为中心评定圆度误差的方法称 MCC 法。

此法多用透明同心模板去圈套测量轮廓，找到了与测量轮廓的外突点（至少有两点）相切的圆，此圆的半径在所有外接圆中为最小，如图 5.2.4 所示。从该圆到测量轮廓的最大径向距离即为圆度误差 f_{MCC}：

$$f_{MCC} = \frac{r_1 - r_2}{M}$$

此法多用于零件外表面的测量。

4. 最大内切圆中心法（简称 MIC 法）

内切于测量轮廓且半径为最大的圆的中心称为最大内切圆中心，记作 MIC。以 MIC 为中心评定圆度误差的方法简称 MIC 法。实际应用时也用模板圈套的办法。在透明同心模板上找到与轮廓曲线最凹处至少保证两点相切的圆，且圆的半径在所有内切圆中为最大，如图 5.2.5 所示。从该圆到测量轮廓最外点的径向距离就是圆度误差 f_{MIC}：

$$f_{MIC} = \frac{r_1 - r_2}{M}$$

此法适于测量零件的内表面，如孔类零件。

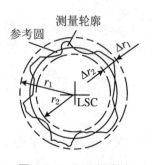

图 5.2.3　LSC 评定法

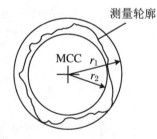

图 5.2.4　MCC 评定法

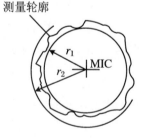

图 5.2.5　MIC 评定法

应该指出，最小外接圆中心法和最大外切圆中心法并不符合圆度误差的定义，是两种近似的评定方法。但由于方法简单，所以也常使用。

5.2.3.2　圆柱度测量仪的类型

1. 工作原理

圆柱度测量仪（以下简称圆柱度仪）是以精密回转中心线为回转测量基准，精密直线运动导轨为直线测量基准,通过位于直线运动导轨上的位移传感器,测量圆柱体表面若干截面在不同转角位置上的实际轮廓到回转中心线半径的变化量,来定量评价圆柱体表面圆柱度的测量仪器。按基准回转轴线形成方式可分为传感器回转式(图 5.2.6)和工作台回转式(图 5.2.7)两类。按信号处理形式分为模拟输出式(记录仪显示、输出)和数字输出式(计算机处理评定、显示、输出)两类。可用于测量圆柱度面的表面轮廓的形状误差(圆度、圆柱度、直线度和平面度)、位置误差、同轴度和垂直度等。

　　圆柱度测量仪主要由底座、转台、精密轴系、立柱、调心台、记录仪、电气箱、微机、传动系统等组成。

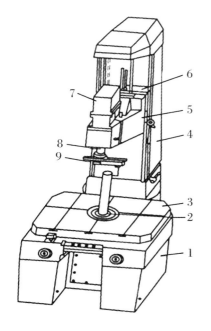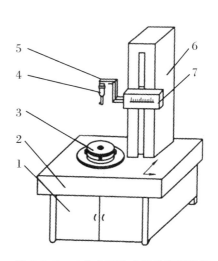

图 5.2.6　传感器回转式圆柱度测量仪图

1. 基座；　2. 仪器工作台；　3. 仪器台面；

4. 立柱；　5. 滑架；　6. 拖板；　7. 主轴上罩；

8. 回转主轴；　9. 传感器

图 5.2.7　工作台回转式圆柱度测量仪

1. 基座；　2. 仪器台面；　3. 回转主轴；　4. 传感器；

5. 传感器支架；　6. 立柱；　7. 传感器头架

　　(1) 底座

　　底座是仪器的基础,仪器的机械部分全都安装在底座上。为了保证仪器精度,仪器底座必须具有很好的刚度,所以底层采用了双层壁的箱式结构。

　　(2) 精密轴系

　　仪器的关键技术问题是轴系的精度,故要求精密轴系其刚性好,运动平稳,抗偏载能力强,转台和工件由其带动回转,完成高精度的测量。

　　(3) 立柱

　　测量圆柱度误差时,除了高精度的回转运动以外,还有直线运动,测头安装在立柱的滑板上,由电机经减速器带动滑板和测头,沿立柱上的精密导轨做上下移动。

　　(4) 调心台

　　为了便于调整工件中心,在旋转工作台上还装有调心台。调心台可以在 X 和 Y 两个方向做水平移动,以调节工件偏心,还可以在 β 和 φ 两个方向做倾斜摆动,以调整工件轴心线方向与转台轴心线一致。

（5）传动系统

转台的回转运动和立柱上滑板的直线运动都是用步进电机经减速器带动移动部件进行的，立柱的传动则由减速器带动滚珠丝杠螺母副运动。

2. 结构原理

图 5.2.8 所示为圆柱度测量仪的结构示意。

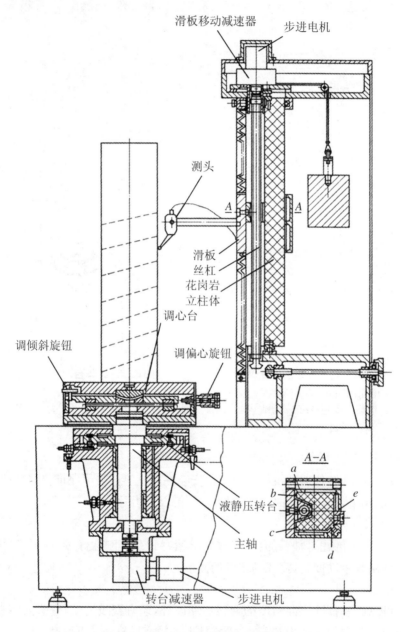

图 5.2.8　圆柱度测量仪的结构示意

测量范围如下。

① 被测工件最大外径：400 mm。

② 被测工件最大高度：500 mm。

③ 内孔测量最小直径：35 mm（深 250 mm）。

④ 自动循环方式有两种。

截面法，最大截面数：99。

螺旋线法，螺距：2.4 mm，4.8 mm，9.6 mm，19.2 mm，38.4 mm。

⑤ 最大被测点总数：6 780。

⑥ 电感测头分辨力及量程：0.01 μm/1 μm；0.1 μm/10 μm；1 μm/100 μm。

5.2.3.3　用圆柱度测量仪测量圆度误差

1. 使用简介

用工作台回转式圆柱度测量仪测量圆度误差时，工件中心和转台中心对准，这是依靠粗调工件和精调电动心轴而得到的。测量部分由电动心轴驱动，绕垂直基准轴旋转。当仪器测头与实际被测圆轮廓接触时，实际被测圆轮廓的半径变化量就可以通过测头反映出来，此变化量由传感器接收，并转换成电信号输送到电气系统，经放大器、滤波器、运算器输送到微机系统，实现数据的自动处理、打印及显示结果。

2. 所用仪器、工具、材料及设备

所用仪器、工具、材料及设备：YZD200 型圆柱度测量仪（图 5.2.9）、玻璃球、校心杆、微机、打印机。

图 5.2.9　YZD200 型圆柱度测量仪

3. 测量步骤

测量时，被测件安置在工作台上，随工作台一起转动。传感器在支架上固定不动。传感器感受的被测件轮廓的变化经放大器放大，并做相应的信号处理。然后送到计算机显示结果。

① 用鼠标单击开始按钮，启动圆柱度测量仪测量软件（图 5.2.10）。

② 将被测量工件对中地放置在仪器转台上，先目测找正中心，移动传感器，使测端与被测表面留有适当间隙。当转台转动时，目测该间隙变化，并用校心杆敲拨工件，使其对中。

再精确对中,使传感器测端接触工件表面,然后单击开始调试按钮,转动转台,表头指针在表头所示的范围内摆动,当指针处在转折点时,在测端所处的径向方位上用校心杆敲拨工件,以致指针的摆幅最小。

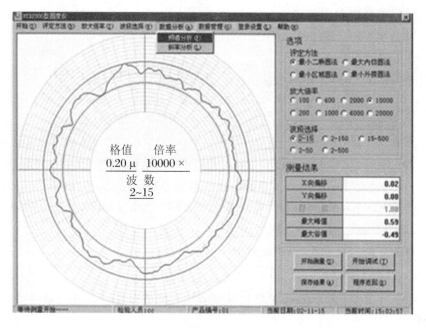

图 5.2.10　YZD200 型圆柱度测量仪测量软件

③ 单击停止调试按钮,退出调试过程。然后单击开始测量按钮,仪器即开始对工件进行测量并实时显示测量图形。当测量完成后,测量程序将自动进行圆度评定,并显示测量结果。

④ 单击程序返回按钮,程序退出。

⑤ 记录测量结果,并判断工件是否合格。

5.2.3.4　圆柱度测量仪的维护与保养

① 每天开机后,用酒精(无水乙醇,99.97%)清洁大理石工作台及立柱大理石部分。

注意　不要用酒精擦拭驱动箱外壳,因为外壳部分表面是喷涂油漆的,容易起化学反应,用酒精擦拭后容易影响外观的美观。

② 注意大理石工作台的 T 形槽、立柱的丝杆及立柱导轨(立柱后面金属部分)的防锈,定期涂防锈油,特别是放长假时一定要注意。具体方法:可以喷 WD40 在以上地方,过五分钟之后,用无尘纸将多余的 WD40 擦干净。

③ 在不使用时,应将探针拆下放置在专用的探针盒里。

④ 需要定期检查供电电源的电压,请用户设备维护专业人员配合。具体方法:检查电压值是否在 110～240 V 之间;电压的波动是否在允许范围之内;L-火线、N-零线、E-接电线的相序及电压是否正确。

⑤ 外部供电有无 UPS 不间断电源保护装置?(必须安装,为了防止当电源送电和突然断电引起的峰值电压对控制箱内电路板、电脑及电子元件的损坏。)

⑥ 仪器的环境温度及湿度是否在允许范围之内? 操作环境温度的范围:15～30 ℃,温

度梯度变化允许范围:小于 2℃(一般环境要求,如加工现场);操作环境温度的范围:18～22℃,温度梯度变化允许范围:小于 2℃(标准计量室);湿度要求:45%～75%之间。

5.2.4　任务评价与总结

5.2.4.1　任务评价

任务评价见表 5.2.1。

表 5.2.1　任务评价表

评价项目	配　分(%)	得　分
一、成果评价:60%		
是否能够熟悉圆柱度测量仪的结构	20	
是否能够掌握圆柱度测量仪的工作原理	20	
是否能够正确地使用和保养圆柱度测量仪	20	
二、自我评价:15%		
学习活动的目的性	3	
是否独立寻求解决问题的方法	5	
团队合作氛围	5	
个人在团队中的作用	2	
三、教师评价:25%		
工作态度是否正确	10	
工作量是否饱满	5	
工作难度是否适当	5	
自主学习	5	
总分		

5.2.4.2　任务总结

1. 熟悉圆柱度测量仪的结构、理解圆柱度测量仪的工作原理,是使用圆柱度测量仪的前提条件。因此,我们必须要熟悉圆柱度测量仪的结构、理解圆柱度测量仪的工作原理。

2. 在使用和保养圆柱度测量仪时,必须按照圆柱度测量仪的使用要求和正确的保养方法,进行使用和保养,这对于保证圆柱度测量仪的工作精度、延长圆柱度测量仪的使用寿命,具有重要的意义。

练习与提高

1. 电动轮廓仪能测量哪些形状的表面粗糙度误差？
2. 简述电动轮廓仪的工作原理。
3. 传感器分为哪些种类？

5.3　任务 2:圆柱度测量仪的检定

5.3.1　任务资讯

圆柱度测量仪在使用一段时间后,必须要对圆柱度测量仪的工作性能指标进行检定,根据检定的结果判断圆柱度测量仪是否能够满足工作性能的要求。

5.3.2　任务分析与计划

圆柱度测量仪的检定,以现行的《国家计量检定规程》JJG 429—2000 为准。该规程对检定三条件、检定项目、检定要求和检定方法,以及检定结果的处理都做了明确的规定。

下面将圆柱度测量仪的受检项目及主要检定工具列于表 5.3.1 中。

表 5.3.1　检定项目及主要检定工具

序　号	检定项目	主要检定工具	检定类型		
1	外观	—	+	+	+
2	各部分相互作用和相对位置	—	+	+	+
3	工作台台面的平面度	水平仪、自准直仪、刀口尺	+	+	+
4	记录范围与对心表指针的一致性	—	+	+	+
5	记录图像首尾衔接	—	+	+	+
6	测量系统的分辨率	超精密微动台	+	+	+
7	工作台对基准回转轴线的垂直度	—	+	+	+
8	头架或工作台沿 Z 向移动时对工作台面的垂直度	圆柱角尺、测微表	+	+	+
9	基准回转轴线与 Z 轴导轨的平行度	圆柱角尺	+	+	+
10	传感器沿 Z 轴导轨移动时的直线度	圆柱角尺、测微表	+	+	+
11	仪器径向误差	标准球或标准半球	+	+	+

序　号	检定项目	主要检定工具	检定类型		
12	仪器轴向误差	一级平晶或标准半球	+	+	+
13	仪器示值误差	椭圆标准器组、圆柱度标准器组	+	+	+
14	仪器的重复性	标准球或标准半球	+	+	+
15	示值稳定性	椭圆标准器组	+	+	+
16	工作台最大负载和偏载时径向误差	标准半球、专用重块或砝码	+	—	+

注:1. 表中"+"表示该项应该检定,"—"表示该项可不检定。
　　2. 由于仪器结构特点,某些仪器不具备某一检定项目所涉及的功能时,该项可不检定。

5.3.3　任务实施

1. 检定项目

圆柱度测量仪的检定具体见中华人民共和国国家计量检定规程(JJG 429—2000)。

① 圆柱度测量仪的检定项目及主要检定工具见表 5.3.1。

② 圆柱度测量仪、圆度仪主要计量性能要求见表 5.3.2。

表 5.3.2　圆柱度测量仪、圆度仪计量性能要求

仪器级别	圆柱度测量仪示值误差	圆度仪示值误差	径向误差	圆柱度测量仪重复性	圆度仪重复性	分辨力
1 级	±2%	±3%	$0.025^{+0.0002H}$	1.00%	1.5% (100 mm 内不同)	0.002
2 级	±5%	±6%	$0.05^{+0.0003H}$	2.50%	3.00%	0.01
3 级	±6%	±7%	$0.10^{+0.0005H}$	3.00%	3.50%	0.02
4 级	±7%	±8%	$0.15^{+0.001H}$	3.50%	4.00%	0.03

注:H 为对工作台回转式仪器,被测截面距离工作台面的高度。对传感器回转式仪器 $H=0$(单位:mm)。

2. 主要项目的检定方法

(1) 外观

【要求】　仪器和附件的涂镀面应平整、均匀、色调一致,不应有斑点、皱纹、脱漆等现象;外部零件结合处应整齐。有刻线和刻字的零件,文字和线纹应清晰、均匀,不得有漏油现象。仪器标牌上应有名称、型号、规格、编号、制造厂名、出厂日期及 MC 标志。使用中的仪器不应有影响计量性能的缺陷。

【检定方法】　目力观察。

(2) 各部分的相互作用和相互位置

【要求】　仪器可动部分在规定范围内均应平稳地运动。各种按钮操作键和限位装置应动作灵活、作用可靠、功能正常。仪器测量方向应通过土轴回转中心。

【检定方法】　目力观察和手动试验。

（3）工作台台面的平面度

【要求】 在主工作台全范围内任意(100×100) mm^2 平面度不大于 0.003 mm。其中部不应呈凸形,边缘 5 mm 范围不计。

【检定方法】 用水平仪、刀口尺进行检定。

（4）圆柱度测量仪示值误差的检定

【要求】 圆柱度仪示值误差不大于表 5.3.2 中的规定。

【检定方法】 将圆柱度标准器组的标准圆柱体(ϕ75 mm$\times$300 mm)分别安装在工作台上,调整传感器支架,使测头与标准圆柱体的下端接触,并调整好标准圆柱体与旋转轴线的同心度,然后上移测头至测量行程范围内,再调整标准圆柱体与旋转轴线的同轴度,在此两个截面上反复调整标准圆柱体与旋转轴线的同轴度。然后用截面法在 100 mm 高度内取不少于 5 个截面进行圆柱度测量,取其平均值作为测得值,按下式计算:

$$\Delta_{示值} = \frac{测量值 - 标准值}{标准值} \times 100\%$$

式中:标准值为标准圆柱体的圆柱度检定值。

其结果作为该次测量的示值误差。依次获取各圆柱度标准器对应的仪器示值误差,取其中绝对值最大的作为检定结果。

对行程长度较大的圆柱度仪还应采用截面法在 300 mm 高度范围内,取不少于 10 个截面进行圆柱度测量,重复测量 5 次,取其平均值与圆柱度标准值之差作为该次测量的示值误差。依次获取各圆柱度标准器对应的仪器示值误差,取全部示值误差中绝对值最大者作为检定结果。

（5）圆柱度测量仪测量重复性

【要求】 圆柱度测量仪测量重复性不大于表 5.3.2 中的规定。

【检定方法】 在距工作台台面 100 mm 高度范围内,将由 ϕ75 mm$\times$300 mm 的标准圆柱体安装在旋转工作台上,调整传感器支架,使测头与标准圆柱体的下端接触,并调整好标准圆柱体与旋转工作台的同心度,然后上移测头距上端 10 mm 处,再调整标准圆柱体与旋转工作台的同轴度,在此两个截面反复调整标准圆柱体与旋转工作台的同轴度。然后用截面法在 100 mm 高度内取不少于 5 个截面进行圆柱度测量,取 5 次测量结果,测量重复性按下式计算:

$$\Delta_{重复性} = \frac{最大值 - 最小值}{平均值} \times 100\%$$

（6）示值稳定性的检定

【要求】 示值稳定性不大于表 5.3.2 中的规定。

【检定方法】 滤波器旋钮置全通挡,测杆长度开关置标准短测杆位置,放大倍数旋钮置 200 倍,测力旋钮置外侧的中等测力位置。将标准椭圆柱(圆度值约为 5 μm)置于可调工作台中间,使传感器的测头和标准椭圆柱的环带工作面接触并相对转动时,传感器指示表在零附近振幅为最小。调整工作台使标准椭圆柱和主轴回转轴线同心,逐挡增加放大倍数,直到相应放大倍数挡。开机半小时,待主轴回转稳定后进行测量,测量数据用最小区域法评定,以 5 次测量值的平均值作为第一次测得值 H。连续开机 4 h,每隔 1 h 重复测量 5 次。以 5 个测量值的平均值作为第二次测得值 H_i,同理依次测得 H_2,H_3,H_4,示值稳定性按下式计算:

$$\Delta_{稳I} = \left| \frac{H_i - H}{H} \right| \times 100\% \tag{5.3.1}$$

式中：$i = 1,2,3,4$。

取其最大值作为检定结果。

（7）仪器径向误差的检定

【要求】　仪器径向误差不大于表 5.3.2 中的规定。

【检定方法】

① 直接测量法：滤波器旋钮置 1～50 波/转，测杆长度开关置标准短测杆位置，测力旋钮置外侧较小测量力位置，放大倍数旋钮置 200 倍；把标准球置于可调工作台中心，调整标准短测杆的斧形测头中部与标准球直径处接触（图 5.3.1），使标准球与主轴回转轴对准中心，且使传感器指示值在零值附近。逐挡增加放大倍数并进行调心，直到仪器正常使用的最高倍数。待主轴回转三圈后进行测量，以最小区域法评定其圆度值，作为检定结果。

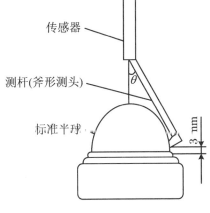

图 5.3.1　径向误差检定

对工作台回转式的仪器，此项检定还应将标准球放置在距工作台面不低于 200 mm 的位置进行。

此项检定也可采用标准半球。此时，标准短测杆的斧形测头中部应在距离托座肩约 3～5 mm 处与标准半球接触，但测得值应换算成主轴径向误差，即

$$\Delta E = \Delta R \cos \theta \approx \Delta R$$

式中：ΔE 为仪器径向误差（μm）；ΔR 为测得值（μm）。

② 误差分离法：对仪器径向误差要求高时，需将标准球的误差从测量结果中分离出去。将误差分离转台放在工作台上，标准球装卡在误差分离转台上，使仪器主轴回转中心线、误差分离转台回转轴线和标准球中心线同轴。此时，滤波器旋钮置 1～50 波/转，测杆长度开关置标准短测杆位置，测力旋钮置较小测力位置，预热 30 min 后，在最高放大倍数下进行。

转动误差分离台，将标准球沿逆时针方向每 30°进行一次转位（图 5.3.2），测量每一转位上的圆轮廓数据。连续进行 12 次转位，则轴系误差 $\overline{M}$ 的估计值按下式计算：

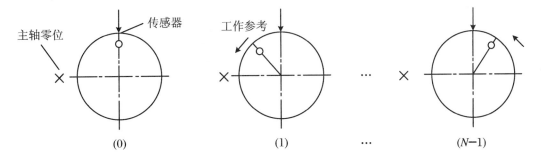

(0)　　　　　　(1)　　…　　(N−1)

图 5.3.2　误差分离转位

$$\hat{M}(\theta_i) = \frac{1}{m} \sum_{k=1}^{M} V_k(\theta_i)$$

式中：$V_k(\theta_i)$ 为第 k 次转位测回的第 i 个采样点的测量值，$i = 0,1,2,\cdots,N-1$；m 为转位次数，$m = 12$；N 为每一测回上的采样点数，可取 $50,512,1402$。

取 $\hat{M}(\theta_i)$ 的最大值与最小值之差作为检定结果。

【检定实例】　将标准半圆球每隔 $45°$ 转位一次，共检定八圈径向误差曲线。

标准半圆球的参考点为 O，主轴由 A 点开始记录一周径向误差曲线，以最小区域法进行检定，八个点上的径向误差为 $a_1, b_1, c_1, d_1, e_1, f_1, g_1, h_1$。

每一个点的圆度误差包含着主轴的径向误差和标准圆球的圆度误差。在一周检定中是无法将标准圆球的圆度误差分离出去的。

完成第一圈检定之后，标准圆球逆时针转位 $45°$，点 O 与点 A 相差 $45°$ 位置。主轴由 A 点开始记录第二周径向误差曲线，并求出该周八个点上的径向误差 $a_2, b_2, c_2, d_2, e_2, f_2, g_2, h_2$。

标准圆球以上述的方法每次转位 $45°$，即参考点 O 与主轴起始点 A 相差 $90°,135°,\cdots,315°$，主轴由 A 点记录各周误差曲线，并分别求出各周八个点上的径向误差。将各次求得的径向误差代入表 5.3.3 中，即可求出不包含标准圆球圆度误差的主轴径向误差。

表 5.3.3　误差分离数据处理

测回		主轴位置							
		0	45	90	135	180	225	270	315
1	测得值	a_1	b_1	c_1	d_1	e_1	f_1	g_1	h_1
2		a_2	b_2	c_2	d_2	e_2	f_2	g_2	h_2
3		a_3	b_3	c_3	d_3	e_3	f_3	g_3	h_3
4		a_4	b_4	c_4	d_4	e_4	f_4	g_4	h_4
5		a_5	b_5	c_5	d_5	e_5	f_5	g_5	h_5
6		a_6	b_6	c_6	d_6	e_6	f_6	g_6	h_6
7		a_7	b_7	c_7	d_7	e_7	f_7	g_7	h_7
8		a_8	b_8	c_8	d_8	e_8	f_8	g_8	h_8
主轴径向误差		$\dfrac{\sum a_i}{8}$	$\dfrac{\sum b_i}{8}$	$\dfrac{\sum c_i}{8}$	$\dfrac{\sum d_i}{8}$	$\dfrac{\sum e_i}{8}$	$\dfrac{\sum f_i}{8}$	$\dfrac{\sum g_i}{8}$	$\dfrac{\sum h_i}{8}$

取主轴径向误差中的最大值与最小值代数差为该仪器的径向误差。

5.3.4　任务评价与总结

5.3.4.1　任务评价

任务评价见表 5.3.4。

表 5.3.4　任务评价表

评价项目	配　分(%)	得　分
一、成果评价:60%		
是否能够熟悉圆柱度测量仪的检定项目	20	
是否能够掌握圆柱度测量仪的检定方法	20	
是否能够掌握圆柱度测量仪检定时所用的工具与仪器的使用方法	20	
二、自我评价:15%		
学习活动的目的性	3	
是否独立寻求解决问题的方法	5	
团队合作氛围	5	
个人在团队中的作用	2	
三、教师评价:25%		
工作态度是否正确	10	
工作量是否饱满	5	
工作难度是否适当	5	
自主学习	5	
总分		

5.3.4.2　任务总结

在进行圆柱度测量仪的检定时,必须按照圆柱度测量仪的检定项目及其相应的检定方法,逐一进行检定,并将检定结果记录下来,根据检定结果判断圆柱度测量仪的各项技术指标是否满足圆柱度测量仪的使用要求。

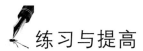

练习与提高

1. 简述圆柱度测量仪示值重复性的检定方法。
2. 简述圆柱度测量仪示值误差的检定方法。

5.4　任务 3:圆柱度测量仪的调修

5.4.1　任务资讯

圆柱度测量仪经检定后,如果检定的结果显示其工作性能已达不到工作精度的要求,那么圆柱度测量仪就必须进行调整与维修,以保证圆柱度测量仪的工作性能达到工作精度的要求。

5.4.2　任务分析与计划

圆柱度测量仪在调整与维修时,必须先分析其产生问题的原因,根据其具体原因选择合适的调整和维修的方法与工具去解决这些问题,使调整和维修后的圆柱度测量仪的工作性能达到工作精度的要求。

5.4.3　任务实施

5.4.3.1　仪器的安装与调整

1. 传动机构间隙误差的调整

传动系统的传动精度,除了受仪器的几何精度、热变形等影响外,还受传动机构间隙的影响。因为它常处于自动变向状态,在反向时如果传动链中的齿轮等传动副存在间隙,会使进给运动反向滞后于指令信号造成反向死区而产生误差。因此,为了提高仪器的传动精度,应消除齿轮传动间隙。

下面介绍几种常用的齿轮传动中消除齿侧隙的方法。

(1) 轴向垫片调整法

两个啮合着的圆柱齿轮 1 和 2(图 5.4.1),如果它们的节圆沿着齿宽方向稍有锥度(其外形有些像插齿刀),这样就可以用轴向垫片 3 使齿轮 2 在轴向错位而消除其齿侧隙。装配时,调整轴向垫片 3 的厚度大小,可以使齿轮 1 与齿轮 2 无侧隙啮合,并且转动灵活。

(2) 双片薄齿轮错齿调整法

两个啮合着的圆柱齿轮,其中一个是宽齿轮,另一个是由两薄片组成的齿轮,再附加某些措施,使一个薄片齿轮的齿左侧和另一个薄片齿轮的齿右侧,分别紧贴在宽齿轮的齿槽左、右两侧。这样错齿后就没有齿侧隙,故反向时就不会出现死区。

① 周向弹簧式(图 5.4.2)。在两个薄片齿轮 1 和 2 上各开了几条周向圆槽,并在齿轮 1 和 2 的端面上各压配有安装弹簧 3 的短柱 4。在弹簧 3 的作用下使薄片齿轮 1 和 2 错位而消除齿侧隙。弹簧 3 的张力必须足以克服传动扭矩才能起作用。在设计弹簧 3 时必须做强度计算。由于周向圆槽及弹簧的尺寸不能太大,这种结构形式仅适用于读数装置而不适用于传动装置。

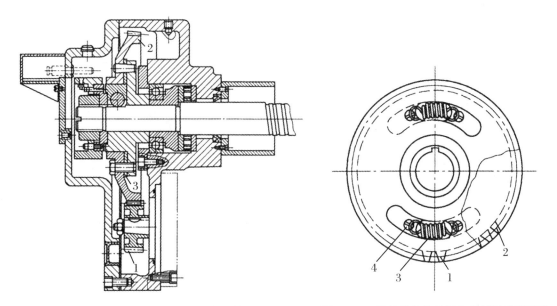

图 5.4.1　圆柱齿轮轴向垫片调整法

1,2. 圆柱齿轮；3. 轴向垫片

图 5.4.2　圆柱薄片齿轮周向弹簧错齿调整法

1,2. 齿轮；3. 弹簧；4. 短柱

② 可调拉簧式(图 5.4.3)。在两个薄片齿轮 1 和 2 上各装有螺纹的凸耳 4 与 8,弹簧 3 一端钩在凸耳 4 上,另一端钩在螺钉 5 上。可用螺母 6 来调节螺钉 5 的伸出长度,以改变弹簧 3 所受的张力的大小。调整好后可用螺母 7 来锁紧。以上两种调整方法的特点是齿侧隙能够自动补偿,但其结构比较复杂。

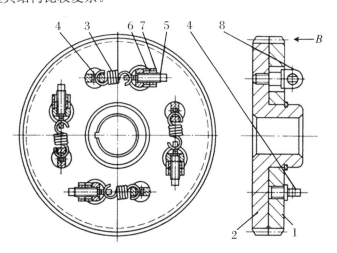

图 5.4.3　圆柱薄片齿轮可调拉簧错齿调整法

1,2. 齿轮；3. 弹簧；4,8. 凸耳；5. 螺钉；6,7. 螺母

(3) 用偏心圈调整间隙

如图 5.4.4 所示,采用转动偏心圈的方法,可以改变大小齿轮的中心距,从而减小间隙。

2. 微动调心台的误差调整

调心台的作用是调整工件的位置,使之与转台主轴同心。调心台的结构分为 3 层(图 5.4.5)。下、中层之间有平面导轨,可以通过微调螺丝及杠杆,在 X,Y 两个水平移动方向进行调节；中、上层之间有球面导轨，可以通过微调螺丝及斜面在 β,ϕ 两个倾斜摆动方向进行调节。摆动的中心在工作台面上 50 mm 处。此外，在 X,Y,β,ϕ 每一个方向都有压电晶体精密调节机构。用电位器调节压电晶体的电压，就可以使调心台台面在相应的方向做微量移动。

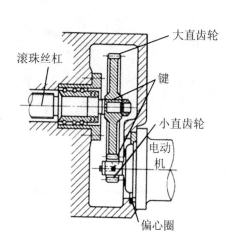

图 5.4.4　用转动偏心圈来调整中心距（驱动用）

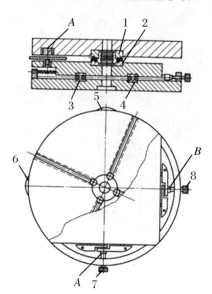

图 5.4.5　精密调心台
1. 半球；　2. 球座；　3,4. 滚动导轨；
5,6. 水平调节螺钉；　7,8. X,Y 螺旋-杠杆
微调装置；　A,B. 压电晶体

安装调整的要求是做到动作灵活自如，无爬行现象，并且调整后无松动，不影响转台回转精度等。

3. 立柱的调整

立柱是仪器的关键部件之一，其安装调整主要有两项。

（1）立柱滑板移动方向与主轴中心线平行

立柱的调整直接影响圆柱度误差的测量结果，所以应严格保证安装精度。精度具体调整要求如下。

① 在主测量方向：0.001 mm/500 mm。

② 在与主测量方向相垂直的方向：0.03 mm/500 mm。

【调整步骤】

① 在工作台安装基准心轴（或平尺），立柱滑板上安装电感仪测头，测针打在心轴母线上，找正心轴母线与立柱平行。记下电感仪在最下端的读数 a 及最上端的读数 b，如图 5.4.6(a) 所示。

② 转台带动心轴，回转 180°，不得重新找正；电感仪测头从外侧仍然打在原来调整螺钉的母线上（图 5.4.6(b)），记下在下端的读数 c 及上端的读数 d。

③ 按下式计算立柱的方向误差：

$$\delta = \frac{(b-a)-(d-c)}{2}$$

式中：a,b,c,d 均以压表为正值；δ 为正值时表示立柱前倾，为负值时表示立柱后仰。

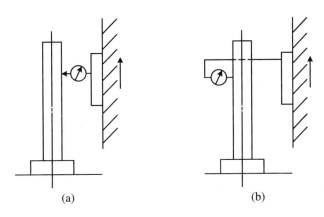

图 5.4.6 立柱测量方法

④ 按计算结果调整立柱,然后再次测量,直至达到要求。调整方法:粗调用立柱上端方框形固定架的紧固螺钉(图 5.4.7);精调用立柱支架后部的杠杆和千分螺丝(图 5.4.8),测量方向有精调机构。

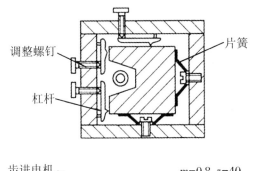

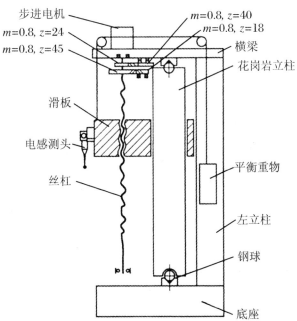

图 5.4.7 立柱结构示意图

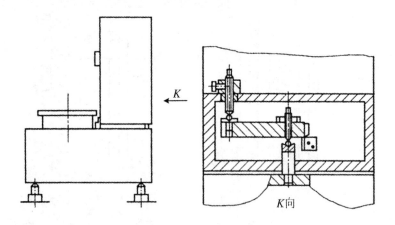

图 5.4.8 立柱调整机构

（2）立柱滑板移动的直线性

当立柱体零件导轨面的直线性合格之后，装配成立柱部件。一般来说，滑板移动的直线性应是没有多大问题的，但是滑板的结合面长度与零件检测时不同以及检测方法不同等原因，直线性数值也会变化，如有超差，则需修整。否则会影响测量精度。

直线性的检测方法有两种。

① 用光电准直仪或激光干涉仪检测。此时反光镜装在立柱滑板上，做垂直移动。准直仪水平架设，因此要有一个五棱镜折光（图 5.4.9(a)）。

② 用平尺检测。电感测头装在立柱滑板上，在转台上安装平尺，调整平尺与立柱平行。移动立柱滑板用长图记录仪记录误差曲线（图 5.4.9(b)）。

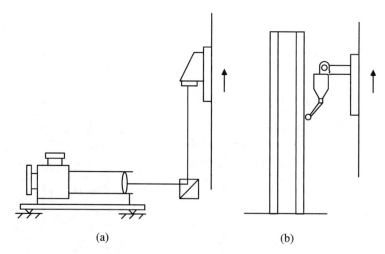

    (a)   (b)

图 5.4.9 立柱直线度检测

平尺法更接近于仪器工作状态，而且能连续测量、自动记录。为了消除平尺误差，可以将平尺旋转 $180°$，再测一次。为了减少阿贝误差的影响，测头的测杆端头应大致处于滑板接合长度的中部。

5.4.3.2　液静压轴系的维护与调修

（1）主轴浮不起来

【产生原因】

① 各油腔压力不均匀。

② 某油腔漏油。

③ 因油路不通,使某油腔无润滑油。

④ 装配质量差、制造精度低。

【故障现象】　油泵启动后转动主轴比不供油时更沉重,甚至转不动。

【排除方法】

① 检查并排除各油路中的脏物和毛刺,调整各节流器的压力比(节流比)。

② 视漏油原因进行修补或淘汰。

③ 检查节流器是否堵塞,各油孔是否通畅。

④ 检查并修整轴承,提高轴承孔中心与止推面的垂直度和两孔的同轴度。

（2）油腔压力不稳定

【产生原因】

① 滤油器滤芯被堵塞或油泵容量不够。

② 润滑油不清洁或变质,堵塞了节流器。

③ 油泵压力脉动。

④ 轴的几何形状精度差。

⑤ 有附加的力。

⑥ 油腔或润滑油中混入了空气。

【故障现象】

① 轴不转时所有油腔压力下降。

② 个别油腔压力下降。

③ 压力有周期性波动。

④ 高转速下油腔压力不规则波动。

【排除方法】

① 更换或清洗滤芯,更换油泵,换新油。

② 清洗节流器和油路,检查滤芯是否破损,换新油。

③ 修理或更换油泵。

④ 修整轴颈,提高圆度。

⑤ 检查卸荷带轮的同轴度及带轮与主轴的连接。

⑥ 减小轴向回油槽尺寸,以形成小的回油压力。

（3）油膜刚度不足

【产生原因】

① 压力比(节流比)不合适。

② 供油压力过低。

③ 轴承间隙过大。

【故障现象】　轴承承载能力不足,加工精度不高。

【排除方法】

① 检查设计计算，重新调整节流比。

② 调整溢流阀，检查油泵。

③ 检查轴承间隙，用涂覆或刷镀法减小轴承间隙，或改变节流尺寸。

（4）轴颈拉毛或抱轴（咬黏）

【产生原因】

① 供油系统不干净、轴承孔内的毛刺未清除干净。

② 节流器堵塞。

③ 轴承刚度不足。

④ 油箱安全保险装置失灵、承载能力不足。

【故障现象】 轴颈表面或轴承表面拉毛或出现抱轴。

【排除方法】

① 清洗节流器及油路，检查过滤器滤芯是否破损，检查并清除内孔表面的毛刺。

② 清洗节流器与油路，消除堵住节流器的脏物，换新油。

③ 检查设计计算、节流器尺寸及间隙。

④ 修理油箱保险装置、清洗滤芯及有关零件，换油。

（5）油腔压力升不高

【产生原因】

① 轴承间隙过大。

② 油泵容量不足。

③ 油的黏度过低。

④ 管接头或（和）轴承有砂眼漏油。

⑤ 节流器被部分堵住。

【故障现象】 油路系统正常，但油腔压力还是升不高。

【排除方法】

① 测量轴承间隙，修理或更换轴承。

② 换泵。

③ 换泵、换油。

④ 排除漏油现象。

⑤ 清洗节流器。

（6）轴承发热

【产生原因】

① 轴承间隙太小。

② 油泵流量过大。

③ 油的黏度过大。

④ 轴承的摩擦面过大。

⑤ 散热条件差。

【故障现象】 轴承温升过高。

【排除方法】

① 加大轴承间隙。

② 选用合适的油泵。

③ 换油。

④ 修改轴承结构,减小封油面尺寸。

⑤ 采用强制冷却措施。

（7）主轴自激振动

【产生原因】

① 支承系统各参数匹配不当。

② 供油系统油路参数匹配不当。

【故障现象】　主轴在启动与停车时均产生自激振动甚至尖叫。

【排除方法】

① 固定节流器改变压力比(节流比),反馈节流器改变弹性元件的刚度。

② 改变节流后的管路长度。

（8）主轴回转精度低

【产生原因】

① 主轴加工精度低。

② 有外界因素干扰,特别是卸荷带轮不同轴的影响。

③ 轴承间隙内有脏物,轴承端盖局部与主轴接触。

【故障现象】　主轴振摆不合设计要求。

【排除方法】

① 提高主轴的圆度。

② 提高卸荷带轮与轴承孔的同轴度。

③ 清洗轴承,调整轴承端盖,消除接触。

（9）轴承端面漏油

【产生原因】

① 回油不通畅。

② 密封不良。

【故障现象】　主轴箱的两边漏油。

【排除方法】

① 加大回油通路面积。

② 减小轴与轴承端盖孔的间隙,其间隙值最好为轴承间隙的 2～2.5 倍。

5.4.3.3　电气系统部分的误差消除

【产生原因】

① 电源电缆线连接不可靠。

② 保险丝断开。

【故障现象】　电源不通、电气系统不能正常工作。

【排除方法】

① 检查是否所有的开关都合上。

② 电源电缆线连接是否可靠。

③ 保险丝是否熔断。

5.4.4 任务评价与总结

5.4.4.1 任务评价

任务评价见表5.4.1。

表 5.4.1 任务评价表

评价项目	配 分(%)	得 分
一、成果评价:60%		
是否能够熟悉圆柱度测量仪的调修项目	20	
是否能够掌握圆柱度测量仪的调修方法	20	
是否能够掌握圆柱度测量仪调修时所用的工具与仪器的使用方法	20	
二、自我评价:15%		
学习活动的目的性	3	
是否独立寻求解决问题的方法	5	
团队合作氛围	5	
个人在团队中的作用	2	
三、教师评价:25%		
工作态度是否正确	10	
工作量是否饱满	5	
工作难度是否适当	5	
自主学习	5	
总分		

5.4.4.2 任务总结

在进行圆柱度测量仪的调修时,必须按照圆柱度测量仪的调修项目及其相应的调修方法,逐一进行调修,调修完成后,必须重新进行检定,根据检定结果判断调修是否达到了圆柱度测量仪的使用要求。

练习与提高

1. 简述轴承发热产生的原因。
2. 简述圆柱度测量仪的示值误差的检定方法。
3. 简述圆柱度测量仪的电源不通应如何处理。
4. 简述圆柱度测量仪立柱滑板移动直线度的检定方法。
5. 简述圆柱度测量仪主轴浮不起来的原因。

项目 6　万能工具显微镜的使用与维护

6.1　项　目　描　述

万能工具显微镜能精确测量各种工件尺寸、角度、形状和位置,以及螺纹制件的各种参数。适用于机器制造业,精密工业,模具制造业,仪器仪表制造业,军事工业,航空航天及汽车制造业,电子行业,塑料与橡胶行业的计量室、检查站和高等院校、科研院所,对机械零件、量具、刀具、夹具、模具、电子元器件、电路板、冲压板、塑料及橡胶制品进行质量检验和控制。本项目主要从万能工具显微镜的结构及其工作原理、万能工具显微镜的使用与保养、万能工具显微镜的检定与调修等方面进行学习,并要求学生掌握相关的技能。

6.1.1　学习目标

学习目标见表6.1.1。

表 6.1.1　学习目标

序　号	类　别	目　标
一	专业知识	1. 万能工具显微镜的结构; 2. 万能工具显微镜的使用与保养; 3. 万能工具显微镜的检定与调修
二	专业技能	1. 万能工具显微镜的使用与保养; 2. 万能工具显微镜的检定与调修
三	职业素养	1. 良好的职业道德; 2. 沟通能力及团队协作精神; 3. 质量、成本、安全和环保意识

6.1.2　工作任务

1. 任务1:认识万能工具显微镜

见表6.1.2。

表 6.1.2　认识万能工具显微镜

名　称	认识万能工具显微镜	难　度	低
内容： 1. 万能工具显微镜的结构及其工作原理； 2. 万能工具显微镜的使用与保养		要求： 1. 熟悉万能工具显微镜的结构； 2. 掌握万能工具显微镜的工作原理； 3. 掌握万能工具显微镜的使用与保养方法	

2. 任务 2:万能工具显微镜的检定

见表 6.1.3。

表 6.1.3　万能工具显微镜的检定

名　称	万能工具显微镜的检定	难　度	中
内容： 1. 万能工具显微镜的检定项目； 2. 万能工具显微镜的检定方法		要求： 1. 熟悉万能工具显微镜的检定项目； 2. 掌握万能工具显微镜的检定方法	

3. 任务 3:万能工具显微镜的调修

见表 6.1.4。

表 6.1.4　万能工具显微镜的调修

名　称	万能工具显微镜的调修	难　度	高
内容： 1. 万能工具显微镜的调修项目； 2. 万能工具显微镜的调修方法		要求： 1. 熟悉万能工具显微镜的调修项目； 2. 掌握万能工具显微镜的调修方法	

6.2　任务 1:认识万能工具显微镜

6.2.1　任务资讯

在计量测试领域,万能工具显微镜的用途很广。它以影像法、轴切法、接触法和干涉法按平面直角坐标、极坐标精确地测量长度和角度,并可检验复杂的几何形状,是常用的一种光学计量仪器。万能工具显微镜的外形如图 6.2.1 所示。

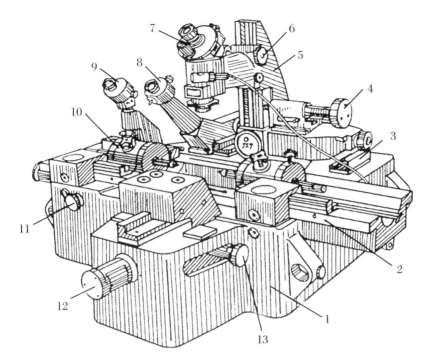

图 6.2.1 万能工具显微镜的外形

1. 底座； 2. 纵向工作台； 3. 横向工作台； 4. 偏摆手轮； 5. 立柱；

6. 升降锁紧手轮； 7. 主显微镜； 8. 读数显微镜； 9. 纵向读数显微镜； 10. 顶针座；

11. 纵向锁紧手轮； 12. 横向微调手轮； 13. 横向锁紧手轮

6.2.2 任务分析与计划

认识万能工具显微镜时，认识的主要内容有万能工具显微镜的工作原理、万能工具显微镜的结构以及万能工具显微镜的使用。

6.2.3 任务实施

6.2.3.1 万能工具显微镜结构原理

如图 6.2.1 所示，万能工具显微镜主要由底座、纵向工作台、横向工作台、主显微镜、立柱、纵向读数显微镜、横向读数显微镜、偏摆手轮及照明装置等组成，其分解如图 6.2.2 所示。

1. 光学系统

（1）主显微镜光学系统

如图 6.2.3 所示，由光源发出的光线经滤色片 1、聚光镜 2 通过可变光阑到反射镜 3、准直镜 4 照明被测件，再由物镜 5、施密特正像棱镜 6 成像在米字线分划板 9 上，通过目镜 10 观察。光线经反射镜 11、滤色片 12 照亮度盘 13，由物镜 14 将度盘 13 上的分度刻线成像在分刻度分划板 15 上，通过目镜 16 观察。

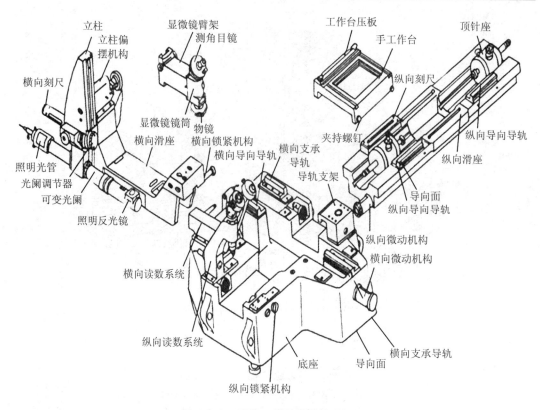

图 6.2.2　万能工具显微镜的分解

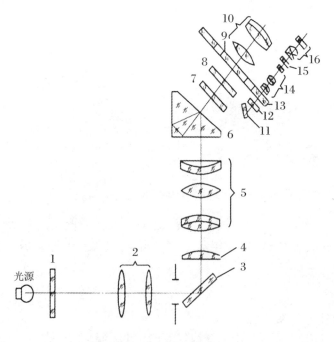

图 6.2.3　主显微镜光学系统

1. 滤色片；　2. 聚光镜；　3. 反射镜；　4. 准直镜；　5. 物镜；　6. 施密特正像棱镜；　7,8. 保护玻璃；　9. 米字线
分划板；　10. 目镜；　11. 反射镜；　12. 滤色片；　13. 度盘；　14. 物镜；　15. 分刻度分划板；　16. 目镜

（2）纵向读数显微镜光学系统

如图 6.2.4 所示，由光源发出的光线经滤色片 1、聚光镜 2、保护玻璃 3 和直角棱镜 4 照亮纵向毫米刻度尺，再由物镜 6 将纵向毫米刻度尺被照亮的刻度放大，经转向棱镜 7 成像在螺旋分划板 9 上，通过目镜 10 进行观测。

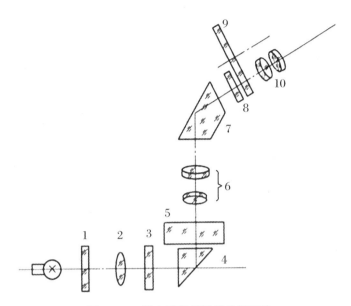

图 6.2.4　纵向读数显微镜光学系统

1. 滤色片；　2. 聚光镜；　3. 保护玻璃；　4. 直角棱镜；　5. 纵向毫米刻度尺；
6. 物镜；　7. 转向棱镜；　8. 0.1 mm 分划板；　9. 螺旋分划板；　10. 目镜

（3）横向读数显微镜的光学系统

横向读数显微镜的光学系统基本上和纵向读数显微镜光学系统相同，只是为了使用方便，在仪器总体布局上，将纵、横向读数显微镜安排在底座左侧的同一部位上。为此，就必须使横向读数显微镜的光路增长，所以在光路中加了 1 倍物镜，如图 6.2.5 所示。

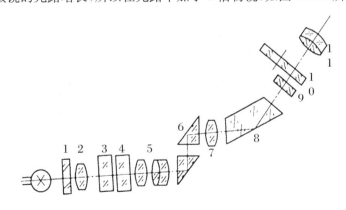

图 6.2.5　横向读数显微镜光学系统

1. 滤光片；　2. 聚光镜；　3. 保护玻璃；　4. 刻度尺；　5,7. 物镜；　6. 棱镜组；
8. 棱镜；　9. 0.1 mm 分划板；　10. 螺旋线分划板；　11. 目镜

由光源经滤色片 1、聚光镜 2，照亮 100 mm 刻度尺 4，经物镜 5 放大后，通过转向棱镜组 6、1 倍物镜 7 和转向棱镜 8，使光线倾斜 45°后成像在螺旋线分划板 10 上，这样就可以通过目镜 11 进行观察了。

2. 底座

底座是仪器的基础部分(图 6.2.2),在底面装有三只可调的支承螺钉,可以使装在底座上的圆水泡居中,以保证仪器处于水平位置。

在底座周边装有供中央显微镜、纵横向读数显微镜等照明使用的插座,各照明插头可以方便地插入使用。

3. 纵向工作台

纵向工作台的半圆形导槽,可装顶针座、V 形架和光学分度头(图 6.2.2)。带有 T 形槽的平面可安放工作台、顶针架、光学分度台和测量刀。

纵向工作台的左上角,装有 200 mm 刻线尺,通过装在底座上的纵向读数显微镜,可以观察(测量)出纵向滑座的位移量。

纵向工作台通过下支承面与底座上的四个支承轴承相接触,在导向导轨的作用下而做直线运动。为了使四个支承轴承都能与纵向滑座的下支承面相接触,支承轴承的连接轴是偏心的,这样装调时,只要转动偏心轴,就可以分别改变支承轴承的径向高度,从而能与纵向滑座的下支承面保持很好的接触。

采用这种偏心结构,除能保证四个支承轴都能很好地承受承载能力外,还有以下优点。

① 四个俯心支承轴承能很容易地把纵向滑座的顶针轴线调整到与力柱转动轴线处于一水平面上。

② 对四个偏心支承轴承只要求它们的几何形状正确(如径向跳动、侧摆等),而对其直径尺寸的要求就不需要很严格了。

③ 对于纵向滑座下支承面来说,也只要求其平行,而对其平面度的要求就可降低。

④ 对四个偏心轴的安装只有平行度要求,而对具体位置的高低不需要严格要求。

纵向滑座在水平面内的位置(也就是纵向滑座运动方向与横向滑座运动方向相互垂直)是通过调节纵向导向轴承组来实现的。纵向导向轴承组的结构如图 6.2.6 所示。

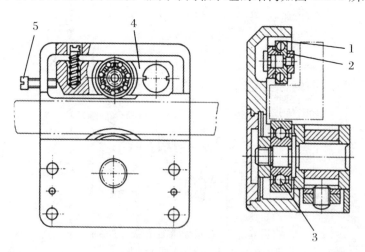

图 6.2.6　纵向导向轴承组的结构

1. 轴承座；　2,3. 轴承；　4. 杠杆板；　5. 限止螺钉

轴承 2 通过弹性杠杆板 4,给纵向导向导轨以一定的压力,使纵向导向轴承 3 始终与其

导向面接触,这样纵向滑座整个运动过程沿着导向导轨而保持直线运动。为了防止在仪器运输过程中,导向导轨和导向轴承相撞而降低精度,因此装有限止螺钉 5。在仪器运输前,必须拧紧该螺钉,这样保持导向轴承与导向导轨之间有一定的间隙,就不致相撞而降低精度。而在仪器安装使用时,必须松开限止螺钉 5,才能使纵向滑座运动自如。

4．横向工作台

如图 6.2.2 所示。

横向滑座是靠三个支承轴支承在底座上的支承导轨上。后面有两个支承轴承,前面有一个支承轴承。

5．立柱

立柱通过转动轴 1 和垫圈 3 与横向滑座 2 连接在一起(图 6.2.7)。由于转动轴是动配合,因此立柱能绕转动轴轴心面倾斜(偏摆)。立柱在转动轴前后的滑动,通过顶盖 7、钢球 8 和在弹簧 5 的压力作用下,而限制其轴向位移。立柱转动是点接触,所以立柱偏摆时转动自如。

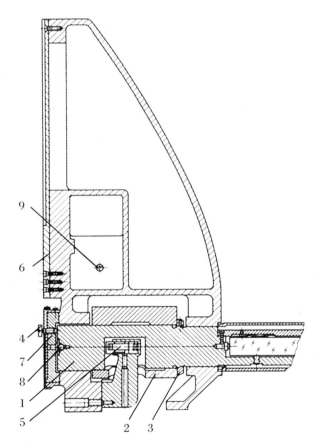

图 6.2.7　立柱结构

1. 转动轴;　2. 横向滑座;　3. 垫圈;　4. 螺钉;　5. 弹簧;　6. 立柱;　7. 顶盖;　8. 钢球;　9. 手轮

为了防止运输过程中的钢球 8、顶盖 7 相碰而影响立柱 6 转动,因此要求在仪器装箱时必须将螺钉 4 拧紧,而在仪器使用时必须将螺钉 4 松开,才能使立柱处于正常状态。

立柱倾斜和倾斜角度的读出,是通过偏摆机构来完成的,偏摆结构如图 6.2.8 所示。

偏摆座 6 固定在横向滑座上,借助拉紧螺钉 1(该螺钉装在立柱上)和拉簧 4,使螺杆 13 上的顶头 16 始终和立柱上的偏心调节螺钉(图 6.2.8)相接触。转动手轮 9 使螺杆 13 转动而推动立柱倾斜,其倾斜角度可以从立柱倾斜刻度套筒 12 中读出。当立柱处于"零"时,定位销 7 必须插入手轮 9 的锥孔内,以保证定位正确可靠。

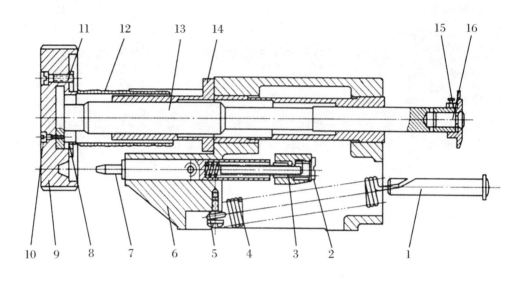

图 6.2.8　偏摆结构

1. 拉紧螺钉;　2. 移动杆;　3. 弹簧;　4. 拉簧;　5,6. 偏摆座;　7. 定位销;　8. 定位孔;
9. 转动手轮;　10,11,15. 螺钉;　12. 刻度套筒;　13. 螺杆;　14. 轴套;　16. 顶头

偏摆机构是一个正弦机构,刻度套筒上的刻度和立柱倾斜角的关系如图 6.2.9 所示。

$$a = \frac{H}{t} \times 360° \times \sin\theta$$

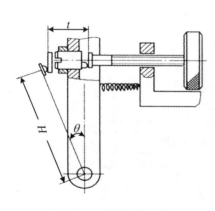

图 6.2.9　偏摆正弦机构

式中:a 为刻度套筒上的转角刻度;H 为立柱上的偏心螺钉和顶头接触点到转动轴中心的距离(万能工具显微镜的名义值 108.5 mm);t 为螺杆的导程(万能工具显微镜为 6 mm);θ 为立柱倾斜角度。

根据上式可以算出理论上的刻度套筒的刻度值。但实际上,t 和 H 在机械加工时都存在着误差。由于有这个误差而可能影响刻度套筒上刻度值的正确性。从上式可以看出,t 对于某一螺旋是一个固定值,而且是无法改变的。对 a 来说也是如此,刻度值已按理论计算刻制好,也是一个不变量。因此要使立柱倾斜实际角度与刻度值相符,就只有改变 H 值。为达到此目的,与螺杆相接触的顶头是偏心的。这样便能改变接触位置,使 H 值发生变化,从而符合要求。

6. 主显微镜

主显微镜(又称为中央显微镜)由悬臂、显微镜微动机构、正像棱镜座三部分构成,如图 6.2.10 所示。

（1）悬臂

显微镜有三只固定螺钉 3 与悬臂 1 前端连接在一起，悬臂另一端是燕尾滑板，通过转动手轮 2 与立柱燕尾滑板上的齿条啮合，这样使中央显微镜能在立柱燕尾滑板上移动。

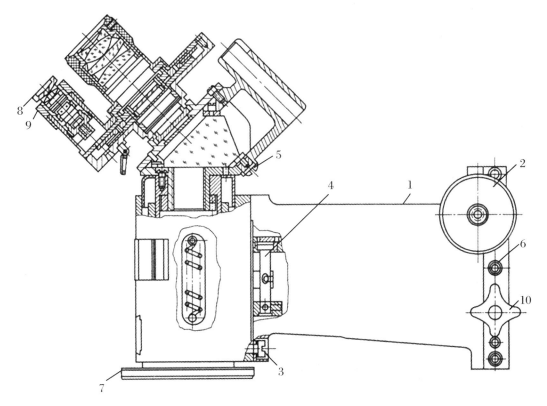

图 6.2.10　主显微镜

1. 悬臂；　2. 调焦手轮；　3. 固定螺钉；　4. 导向轴；　5. 调节螺钉；
6. 螺钉；　7. 物镜；　8. 测角目镜；　9. 调焦鼓轮；　10. 锁紧手轮

（2）显微镜微动机构

显微镜座上镜管内有一圆柱导向轴 4，该导向轴能保证镜管在上下移动时，不产生移动差。镜管上下的移动量可以在读数窗内读出，每一小格为 0.02 mm。

（3）正像棱镜座

为了使观察到的影像和被测件的方向一致，故采用了施密特正像棱镜。棱镜同时又将光轴倾斜 45°，便于观察。为了保证物镜与目镜的同轴性，可以通过三只调节螺钉 5 进行调整。

6.2.3.2　仪器的主要附件

19JA 万能工具显微镜配置有多种附件，以提高仪器测量的万能性。下面介绍几种常用附件的性能和主要用途。

1. 测角目镜

（1）测角目镜的用途及外形

测角目镜是用于瞄准工件和测量角度的，19JA 型万能工具显微镜测角目镜的外形如图

6.2.11 所示。它有瞄准工件的米字线分划板和测量角度用的度盘,米字线分划板瞄准工件轮廓影像示意图如图 6.2.12 所示。

(2) 米字线分划板的用途

① 十字刻线为影像法测量的瞄准基线。

② 对称分布的 4 条平行线为轴切法测量的瞄准基线,分别用于瞄准测量刀上 0.3 mm 和 0.9 mm 的刻线。

③ 相交成 60°的两条斜刻线用于测定 60°锥状轮廓。

(3) 角度测量

为了进行角度测量,旋转测角目镜手轮 7(图 6.2.11)可使米字线分划板和度盘一起做 360°的转动。用米字线瞄准工件轮廓(图 6.2.12),通过读数显微镜 3 对度盘进行读数,读出米字线分划板的转角,即为被测的角度值。其分度值为 1′。

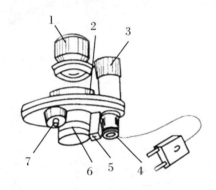

图 6.2.11　测角目镜外形图

1. 目镜;　2. 连接环;　3. 读数显微镜;　4. 照明灯;
5. 定位块;　6. 球形轴;　7. 手轮

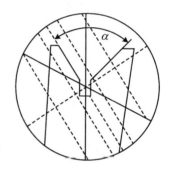

图 6.2.12　米字线分划板瞄准工件轮廓影像示意图

2. 轮廓目镜

(1) 轮廓目镜的用途及外形

轮廓目镜中的轮廓分划板是被测工件轮廓的比较标准,通过被测轮廓与标准轮廓进行比较,可做快速的测定。当然也可选用分划板上的刻线作为瞄准工件影像的基线。图 6.2.13 所示为轮廓目镜外形。

(2) 轮廓目镜中的插片分划板

轮廓目镜配有多种插片分划板,可迅速方便地更换。分划板上分别刻有角度、螺纹(公制螺纹螺距 0.25～6 mm,梯形螺纹螺距 2～20 mm)和圆弧(半径 0.1～100 mm)等标准轮廓图形,可根据不同的被测件来选用。

(3) 轮廓目镜的使用

为了测得被测轮廓相对于标准轮廓的角度差值,通过旋转手轮 7(图 6.2.13)可使轮廓分划板连同一个分度值为 10′的度盘做 ±7°的转动,其角度值由读数显微镜 1 读出。

图 6.2.14 为读数视场,读数值为 4°20′。由于轮廓分划板上的轮廓图形是按特定的物镜放大倍数刻制的,因此在使用轮廓目镜时,必须根据轮廓分划板上所标明的物镜倍数选用相应的物镜。

3. 双像目镜

双像目镜由双像棱镜和目镜组合而成。双像目镜先是利用双像棱镜的成像特性对被测物体成像,再通过目镜放大,以便于观察瞄准。用双像目镜测量孔间距,既准确又快捷,是工具显微镜中测量孔间距的主要附件。

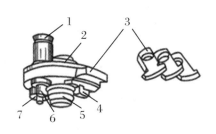

图 6.2.13　轮廓目镜外形

1. 读数显微镜；　2. 连接环；　3. 分划板插片；　4. 定位块；
5. 球形轴；　6. 照明灯插座；　7. 旋转手轮

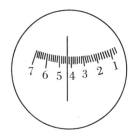

图 6.2.14　读数视场

4. 圆分度台

(1) 分度台的外形及用途

分度台的外形如图 6.2.15 所示,它安置在纵向滑板上,使万能工具显微镜增加了一个绕工作台垂直轴转动的坐标,用于零件的角度和极坐标测量。

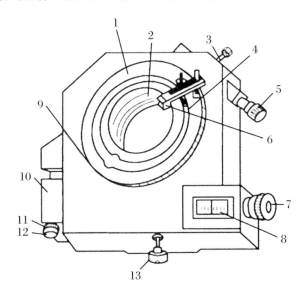

图 6.2.15　分度台外形

1. 转盘；　2. 玻璃台面；　3. 锁紧手轮；　4. 环形槽；　5. 微调手轮；　6. 压板；　7. 读数鼓轮；
8. 投影屏；　9. 滚花环；　10. 灯室；　11. 调节环；　12. 灯座；　13. 紧固螺钉

(2) 分度台的结构与调整

分度台由壳体、回转机构和读数系统三个主要部分组成。壳体底面有经过刮研的支承面与纵向滑板面相接触,用紧固螺钉 13 固定。回转机构由精密轴系组成。转动微调手轮 5,转盘 1 连同玻璃台面 2 一起回转,到位后用锁紧手轮 3 锁紧。分度台上玻璃台面 2 中心位置的反面刻有十字双线,移动纵向、横向滑板使十字线中心与瞄准显微镜米字线分划板中心重合,即分度台中心与光轴中心重合,这时便可开始测量工作。转动调节环 11 可使灯座 12 沿轴向做少量移动,以调节投影读数窗中亮度的均匀性。金属台面环形槽 4 可装压板 6,以压紧被测工件。

（3）分度台的光学系统

分度台的光学系统如图 6.2.16 所示,由光源 1 发出的光,经前后组的聚光镜 2,由棱镜 3 反射向下,照亮度盘 9 上的度刻线,再向下经棱镜 4 反射进入投影物镜 5,通过棱镜 6 和反射镜 7 的反射,成像于影屏 8 上。分度台的读数装置和仪器纵、横向读数装置相类似,其最小读数值为 $10''$,图 6.2.17 中的读数值为 $7°20'10''$。

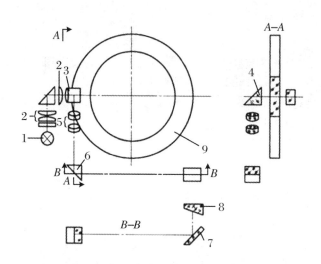

图 6.2.16　分度台光学系统

1. 光源；　2. 前后组聚光镜；　3,4,6. 棱镜；　5. 投影物镜；
7. 反射镜；　8. 影屏；　9. 度盘

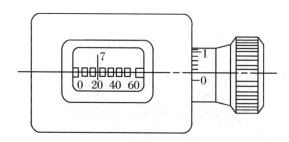

图 6.2.17　分度台读数装置

5. 圆分度头

（1）分度头的外形及用途

图 6.2.18 所示为分度头的外形,装上分度头后使仪器增加一个绕水平轴转动的坐标,用它可对安装在顶针架上的工件进行圆周分度和测量。

（2）分度头的安装

分度头通过连接轴 8 安装在仪器的左顶针架中。被测件由分度头的顶尖和右顶针架上的顶尖支承,由旋转手轮 2 通过拨杆 4 来带动其转动。

（3）分度头的光学系统

图 6.2.19 所示为分度头的光学系统。由光源 1 发出的光,经滤光片 2 照亮度盘 3 上的度刻线,由反射镜 4 反射向上,经物镜 5 成像于带尺分划板 7 上,在目镜 8 中读数。其读数

原理和测角目镜完全相同,分度值为 $1'$。

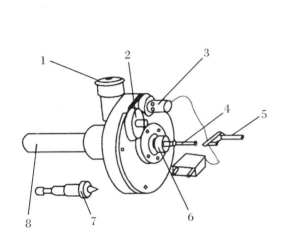

图 6.2.18　分度头外形

1. 读数显微镜;　2. 旋转手轮;　3. 照明灯;　4. 拨杆;

5. 接长拨杆;　6. 短顶尖;　7. 长顶尖;　8. 连接轴

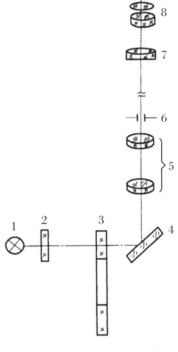

图 6.2.19　分度头光学系统

1. 光源;　2. 滤光片;　3. 度盘;　4. 反射镜;

5. 物镜;　6. 光阑;　7. 分划板;　8. 目镜

6. 光学定位器(光学灵敏杠杆)

(1) 光学定位器的外形及用途

光学定位器的外形如图 6.2.20 所示,它是利用测头与工件接触定位的方法进行测量的,特别适宜于测量小孔、盲孔、槽宽和台阶孔等。由于避免了对工件轮廓影像的瞄准,用光学定位器测量比影像法有更高的准确度。

光学定位器只能与 3 倍物镜及测角目镜配合使用,通过连接圈 4 把定位器夹置在 3 倍物镜上。

(2) 光学定位器的工作原理

光学定位器的工作原理如图 6.2.21 所示。在一绕轴线摆动的测量头 6 上,装有一反射镜 3,光源经滤光片后照亮刻有排成一列的三对双刻线分划板 2,经摆动反射镜 3 反射后进入瞄准显微物镜 4,双刻线成像在测角目镜米字线分划板 5 上。弹簧 7 是使测量头与工件接触时产生一定的测量力,转向手轮 8(图 6.2.20 中 5)是改变测头摆动方向的。

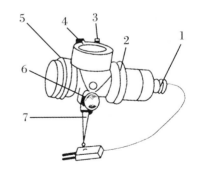

图 6.2.20　光学定位器外形

1. 光源;　2. 调焦环;　3. 固紧手轮;　4. 连接圈;

5. 转向手轮;　6. 测头固紧螺钉;　7. 测头

测头与工件接触后,便有亮光进入目镜视场,工件随工作台移动时,与工件接触的测量头带动反射镜产生摆动,双刻线的像在目镜视场内也随之移动。只有当测头准确地处于垂直位置时(这时,测头与工件内壁相切接触),双刻线像与目镜分划板中心线对准,这时便可读数,被测孔的尺寸 D 应为两次读数之差 $x_2 - x_1$ 再加上测量球头的直径 d_0(d_0 的精确尺寸数值刻在测杆上端),即 $D_内 = x_2 - x_1 + d_0$。显然,对于外尺寸来说,$D_外 = x_2 - x_1 - d_0$。

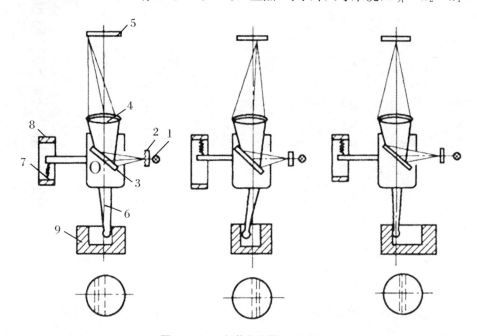

图 6.2.21　光学定位器工作原理

1. 光源;　2. 双刻线分划板;　3. 反射镜;　4. 瞄准显微物镜(3倍);　5. 米字线分划板;　
6. 测量头;　7. 弹簧;　8. 转向手轮;　9. 被测件

7. 测量刀装置

(1) 测量刀的外形及测量对象

测量刀是轴切法测量的主要附件,测量对象为圆柱体、圆锥体和螺纹等。图 6.2.22 所示为测量刀的外形,分直刃和斜刃两种,斜刃测量刀又分左量刀和右量刀。直刃测量刀主要用于测量圆柱体和圆锥体工件,直刃刀口至刻线的距离为 0.3 mm。斜刃测量刀用于螺纹测量,斜刃刀口至刻线的距离分 0.3 mm 和 0.9 mm 两种。0.3 mm 的斜刃量刀适用于测量螺距小于 3 mm 的螺纹,0.9 mm 的斜刃量刀适用于测量螺距为 3~6 mm 的螺纹。

(2) 使用方法

用测量刀进行测量的方法是将量刀放在专用刀架上,并仔细地使测量刀刃与被测工件表面相接触。利用测角目镜米字线分划板上的虚线与测量刀刻线对准,因为分划板上 4 条平行虚线至中央刻线的距离恰好分别等于测量刀上的刃线距乘上物镜的倍数(3 倍),所以虚线与测量刀刻线对准后即达到了瞄准的目的。图 6.2.23 所示为用斜刃测量刀测量螺纹的示意图,左图为其目镜视场。

用测量刀进行轴切法测量,提高了测量精度,但测量刀刃容易损坏,使用中需特别小心,并应定期检定刃线至刀口的距离。

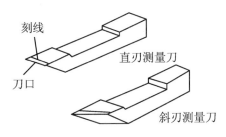

图 6.2.22　测量刀外形图

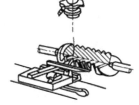

图 6.2.23　用斜刃测量刀测量螺纹

6.2.3.3　仪器的操作与使用

1. 仪器使用前的准备

使用万能工具显微镜测量工件时,在熟悉仪器的结构原理和性能的基础上,对以下各项调整必须充分注意。

(1) 光源的调整

转动光阑调节轮,其上面有刻度指示出可变光阑直径的大小,先将可变光阑调节至 25 mm 处,在玻璃工作台上放置调焦筒(图 6.2.24),然后调整光源灯泡,使灯丝的中心位于聚光镜的焦点处,即大部分灯丝能成像在调焦筒的影屏上,并应无显著的七色亮圈。然后将可变光阑调节至 2~3 mm 处,这时在调焦筒的影屏上仍应看到灯丝的像,这表明光源已调整好。

(2) 光圈的调整

在万能工具显微镜的照明系统中,灯泡灯丝发出的光经前组聚光镜成像于可变光阑处,此可变光阑正好在后组聚光镜的焦面上,这样由照明系统出来的光线就是平行光束。实际上,由于灯丝有一定的体积,它的像也将在光阑附近占据一定空间,只有光阑平面(焦面)上的灯丝像经过后组聚光镜发出平行光,而且只有在光阑中心的灯丝像点才能发出平行于显微镜光轴的平行光束,其他各点发出的是与光轴成一定角度的斜平行光束(图 6.2.25)。

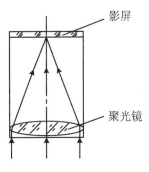

图 6.2.24　调焦筒

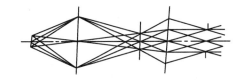

图 6.2.25　照明系统示意图

由于斜光束的影响,在测量较厚工件或圆柱体时,使工件的像变小。当改变光阑的孔径即光圈减小时,上述误差可以减小,但此时光线的衍射作用反而会使工件的轮廓增大。综合以上因素,可找到一个恰当的光阑孔径,使得误差最小,这一光阑孔径通常称为"最佳光圈"。表 6.2.1 列出了最佳光圈直径。

表 6.2.1　最佳光圈直径

光滑圆柱直径或螺纹中径(mm)	最佳光圈直径(mm)			
	光滑圆柱体	螺纹牙型角		
		30°	55°	60°
0.5	—	24.5	29.7	30.5
1	30.5	19.5	23.6	24.2
2	24.2	15.4	18.7	19.2
3	21.2	13.5	16.4	16.8
4	19.2	12.3	14.9	15.3
5	17.8	11.4	13.8	14.2
6	16.8	10.7	13.0	13.3
8	15.3	9.7	11.8	12.1
10	14.2	9.0	10.9	11.2
12	13.3	8.5	10.3	10.6
14	12.7	8.1	9.8	10.0
16	12.1	7.7	9.4	9.6
18	11.6	7.4	9.0	9.2
20	11.2	7.2	8.7	8.9
25	10.7	6.7	8.1	8.3
30	9.8	6.3	7.6	7.8
40	8.9	5.7	6.9	7.1
50	8.3	5.3	6.4	6.6
60	7.8	5.0	6.0	6.2
80	7.1	4.5	5.5	5.6
100	6.6	4.2	5.1	5.2
200	5.2	3.3	4.0	4.1

（3）焦距的调整

① 正确调整焦距的方法。

a. 先调整目镜视度，使在目镜视场里观察到清晰的米字线分划板的刻线像。

b. 再通过调焦手轮调整瞄准显微镜，使目镜视场里出现清晰的物体轮廓像。

c. 用眼睛在目镜前略作晃动，在视场里没发现物体像和米字刻线相对移动，则说明被测工件已正确成像在米字线分划板上。

d. 若工件像与米字刻线有相对移动，则需要进一步仔细调焦。

② 测量圆柱体工件时的调焦方法。

在测量圆柱体或螺纹工件时，工件要安放在顶针架上。由于瞄准显微镜瞄准的物面很难准确地落在通过顶针轴线的水平面上,所以需要用定焦棒来调焦。定焦棒为一两端有顶针孔的圆柱棒,棒的中间有一与棒轴线垂直的圆孔,在孔中安置了圆形玻璃板,圆形玻璃板的中间呈一刀口形,该刀口严格位于定焦棒两顶针孔的连线上(图 6.2.26)。将此定焦棒安置在顶针架的两顶针上,瞄准显微镜对定焦棒中央孔内的刀口边缘进行调焦。因为刀口是正确地位于定焦棒的两顶针孔的连线上,所以对刀口边缘调好焦后,即说明瞄准显微镜瞄准的物面是落在通过顶针连线的水平面上。此时取下定焦棒,安置好被测圆柱体或螺纹工件(注意不要再对工件调焦)就可以进行测量。

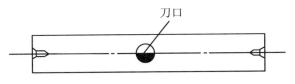

图 6.2.26　定焦棒示意图

（4）测角目镜正确安装位置的调整

测角目镜在显微镜管上安装的正确位置应该是:在角度盘读数为 0°0′时,米字线分划板上水平和垂直方向的刻线,应分别平行于纵、横向滑板的移动方向,如不符合就应调整。调整方法如图 6.2.27 所示,松开锁紧螺钉 2 及 3,转动限位调整螺钉 1,使测角目镜回转到符合上述要求为止。

2. 测量实例

万能工具显微镜的用途十分广泛,这里举几例常用的测量实例来说明。

（1）用影像法测量工件的长度

① 将工件放置于玻璃工作台上,先使其纵、横方向与纵、横向滑板移动方向大体一致,再旋转工作台的调节螺钉做精细调整。

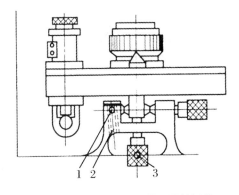

图 6.2.27　测角目镜安装位置的调整
1. 调整螺钉；　2,3. 锁紧螺钉

② 利用米字线分划板瞄准第一被测边(图 6.2.28),并从读数显微镜中进行读数。

③ 随后移动滑板,同样对第二被测边进行瞄准和读数(图 6.2.28),两次读数之差即为被测工件的长度。

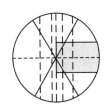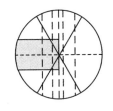

图 6.2.28　影像法测量长度

（2）工件轮廓线的瞄准

① 对线法:在角度测量(图 6.2.29)时,不要采用米字线分划板虚线和工件影像轮廓边缘重叠的方法进行瞄准,而是将虚线与被测角度的边缘保持一条狭窄的光隙(图 6.2.30(a)),以光隙宽度的均匀性来判别虚线和影像边缘对线的准确度,这比压线对准时的方向误差大为减小,这种方法称为对线法。

② 压线法:在长度测量时,不能采用对线法,因为这样将得不到长度的正确测量结果。此时应使虚线宽度的一半在轮廓影像之内,另一半在影像之外(图 6.2.30(b)),以米字线的

中心点上虚刻线作为决定位置的主要根据,以其延长部分作为参考,这样可获得较高的瞄准精度,这种方法称为压线法。

图 6.2.29　影像法测量角度

图 6.2.30　轮廓线瞄准方式

(3) 用影像法测量圆柱体直径

① 先将定焦棒安置于顶针架上,上下移动瞄准显微镜,对定焦棒进行调焦(方法同前所述),调好后换上被测件进行测量。

② 移动横向滑板使工件一边的影像与测角目镜中十字线分划板上的水平线"压线"对准,进行第一次读数。

③ 再移动横向滑板,使工件的另一边与水平线对准,进行第二次读数,两次读数之差即为实测直径。

在万能工具显微镜上测量圆柱体直径(包括用影像法和轴切法),一般较少采用。原因是圆柱体的直径还有多种简便、高精度的测量方法可用,如利用光学计、测长仪甚至用杠杆式千分尺测量圆柱体直径,其准确度都比较高,而且测量方法比较简便。

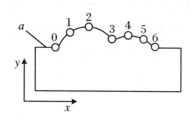

图 6.2.31　直角坐标测量示意图

(4) 直角坐标测量

被测工件如图 6.2.31 所示。

① 先将被测件放于玻璃工作台上,调整基线 a 的方向使之平行于纵向滑板的移动方向。

② 然后移动纵、横向滑板,以米字线交点先后瞄准基点 0 和各坐标点 1,2,…,6,同时从纵、横向投影读数装置中读数(本例中各坐标点的纵滑板方向增量为给定值 5 mm,即从 0 点开始,每隔 5 mm,读出被测曲线横向滑板方向上的各值),如表 6.2.2 所示。

表 6.2.2　读数值

坐标点	读数值(mm)	
	纵　向	横　向
0	45.3	74.700 0
1	50.3	79.641 0
2	55.3	84.984 0
3	60.3	77.276 0
⋮	⋮	⋮

各坐标点(1,2,3,…,6)与基点 0 的读数值之差即为该点对基点 0 的坐标值,见表 6.2.3。

表 6.2.3　坐标值

坐标点	坐标值（mm）	
	x	y
0	0	0
1	5	4.9410
2	10	10.2840
3	15	2.5760
⋮	⋮	⋮

（5）极坐标测量

被测工件如图 6.2.32 所示。

① 先将被测件放在圆分度台上，使基点 0 与分度台的转动中心相重合（利用米字线分划板中心对准分度台上玻璃板的十字线，当被测件放在分度台上后，让被测件上的基点 0 与米字线中心重合）。

② 然后移动纵向滑板和转动分度台，以米字线交点先后瞄准基点 0 和各坐标点（1,2,3,⋯），并读出纵向读数和分度台的角度读数（本例中，各坐标点的角度增量为给定值 5°，即从基线 $\overline{01}$ 开始，分度台每转过 5°，读出各坐标点的纵向读数值），见表 6.2.4。

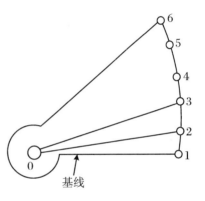

图 6.2.32　极坐标测量示意图

表 6.2.4　角度读数值

坐标点	读数值（mm）	
	角　度 W	纵　向（mm）
0		104.4000
1	121°7′20″	147.8670
2	126°7′20″	149.1480
3	131°7′20″	152.4730
4	136°7′20″	156.7290
⋮	⋮	⋮

各坐标点（1,2,3,⋯）与基点 0 的纵向读数差即为刻点对于基点 0 的径值 r；各坐标点（1,2,3,⋯）的 W 值与 W_1 值之差即为该点与基点 0 连线对于基线 $\overline{01}$ 的角值 ω（W_1 值是基线 $\overline{01}$ 相对应的分度台的读数值），见表 6.2.5。

表 6.2.5   角度坐标值

坐标点	坐标值(mm)	
	ω	r(mm)
1	0°	43.4670
2	5°	44.7480
3	10°	48.0730
4	15°	52.3290
⋮	⋮	⋮

(6) 用双像目镜测孔间距

① 将被测件(图 6.2.33(a))安置于玻璃工作台上。将双像目镜装在仪器上,调焦直至在视场中出现被测件的清晰影像(此操作中还应移动纵向、横向滑板,使被测件一个孔的影像进入目镜视场),此时视场内将出现被测件一个孔的两个点对称影像(图 6.2.33(b)或(d))。

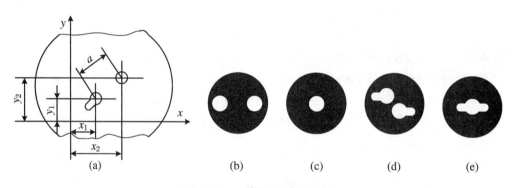

图 6.2.33   测量孔间距示意图

② 移动纵向、横向滑板,使其中一孔的两个对称影像重合,此时该孔中心与物镜光轴重合(图 6.2.33(c)或(e)),记下纵向、横向读数 y_1,x_1。按上述操作对第二孔进行对准,记下纵、横向读数 y_2,x_2。

孔间距现按下式计算,即

$$a = \sqrt{(x_2 - x_1)^2 + (y_2 - y_1)^2}$$

(7) 用光学定位器测孔径

通过连接圈将光学定位器安装在 3 倍物镜上,用固紧手轮固紧,在固紧手轮右下方有调焦环,用来调整光学定位器双刻线的焦距(图 6.2.20)。

让光学定位器的测头伸进被测孔内(图 6.2.34(a)),并在一侧的最大直径处接触(如往复移动横向滑板时,从视场内可看到双线影像相应的移动,当测头位于被测最大直径处时,双线影像的移动有一明显的转折点),再移动纵向滑板,让米字线对准双刻线(图 6.2.34(b))并读数,随后转动转向手轮(图 6.2.20)改变测力方向(图 6.2.34(c)),移动纵向滑板,同样让测头在内孔的对面一侧定位(图 6.2.34(d))并读数。两次读数之差值加上测头直径即为被测孔的直径。

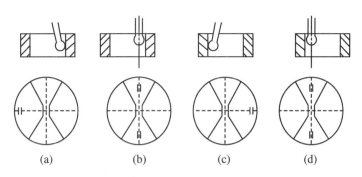

图 6.2.34　用光学定位器测量孔径

6.2.3.4　万能工具显微镜的保养

万能工具显微镜在不用的状态下,用塑料袋包起来,然后在塑料袋里放1～2包干燥剂,将显微镜再放到通风的环境下就可以了,物镜镜头要定期擦拭。万能工具显微镜是很精密的测量仪器,如果保养得不好,将会很大程度地降低其使用寿命和精度。以下是保养和维护建议。

1．环境

工具显微镜最好能够放置在清洁干净的场所,但一般在机械工厂使用的机会很多,故应注意下列各点:

① 一般照明不要超过必要的亮度。

② 不会沾油污的地点。

③ 灰尘少的地点。

④ 振动少的场所。

⑤ 不会发生温度急剧变化的地点。

2．玻璃零组件

玻璃零件应随时保持清洁,不可沾上污垢,否则生像不清晰而且降低测定精度。

（1）镜头

平时应该注意不要用手触碰镜头,假若镜头表面沾有手纹或油污,可用镜头清洁剂或者用纱布浸湿酒精轻轻擦拭。不了解镜头者请不要随意分解,些微的灰尘是不会影响测定效果的。

（2）测量台座玻璃

放置测定物时最容易伤及此部的玻璃面,故要特别注意。若沾上油垢或灰尘请用柔软拭布擦拭。还有,对物透镜及观测透镜之使用要十分注意。当从显微镜拆卸观测透镜时容易使显微镜的活动焦距沾上灰尘,故纵然不使用也要把观测透镜装在显微镜上。

3．电气零件

工具显微镜必须使用较高压的电流,假若接触不良容易产生热,易发生危险,所以必须随时检查,原则上主机必须接地。

4．消耗品及附件

灯泡及电源保险丝属于消耗品,购置时应准备备品以利更换。附件则以测定台玻璃最为重要,也须准备备品。

6.2.4　任务评价与总结

6.2.4.1　任务评价

任务评价见表6.2.6。

表 6.2.6　任务评价表

评价项目	配　分(%)	得　分
一、成果评价:60%		
是否能够熟悉万能工具显微镜的结构	20	
是否能够掌握万能工具显微镜的工作原理	20	
是否能够正确地使用和保养万能工具显微镜	20	
二、自我评价:15%		
学习活动的目的性	3	
是否独立寻求解决问题的方法	5	
团队合作氛围	5	
个人在团队中的作用	2	
三、教师评价:25%		
工作态度是否正确	10	
工作量是否饱满	5	
工作难度是否适当	5	
自主学习	5	
总分		

6.2.4.2　任务总结

1. 熟悉万能工具显微镜的结构、理解万能工具显微镜的工作原理,是使用万能工具显微镜的前提条件,因此,我们必须要熟悉万能工具显微镜的结构、理解万能工具显微镜的工作原理。

2. 在使用和保养万能工具显微镜时,必须按照万能工具显微镜的使用要求和正确的保养方法,进行使用和保养,这对于保证万能工具显微镜的工作精度、延长万能工具显微镜的使用寿命,具有重要的意义。

1. 万能工具显微镜能测量哪些参数?
2. 万能工具显微镜主要由哪些部分组成?

6.3 任务 2:万能工具显微镜的检定

6.3.1 任务资讯

万能工具显微镜在使用一段时间后,必须要对其工作性能指标进行检定,根据检定的结果判断万能工具显微镜是否能够满足工作性能的要求。

6.3.2 任务分析与计划

万能工具显微镜的检定,以现行的《国家计量检定规程》JJG 55—1984 为准。该规程对检定三条件、检定项目、检定要求和检定方法,以及检定结果的处理都做了明确的规定。

下面将万能工具显微镜的受检项目及主要检定工具列于表 6.3.1 中。

表 6.3.1 万能工具显微镜的检定项目和检定工具

序 号	检定项目	首次检定	后续检定	使用中检定
1	外观及各部分相互作用	+	+	+
2	金属工作台面与纵、横向滑板移动方向的平行度	+	—	—
3	玻璃工作台面与纵、横向滑板移动方向的平行度	+	+	+
4	纵、横向滑板移动的直线度	+	+	+
5	纵、横向滑板移动的垂直度	+	+	+
6	立柱位于零位时光轴对工作台面的垂直度	+	+	+
7	立柱位于零位时主显微镜臂架沿立柱导轨移动方向与工作台面的垂直度	+	—	—
8	读数装置放大倍数的正确性	+	+	+
9	主显微镜放大倍数的正确性	+	+	+
10	测角目镜处于零位时,其十字线与滑板移动方向的平行度	+	+	+
11	测角目镜的示值误差	+	—	—

序　号	检定项目	首次检定	后续检定	使用中检定
12	读数装置的示值误差	+	—	—
13	读数装置的回程误差	+	—	—
14	仪器的示值误差	+	+	+
15	顶针连同顶针杆的径向跳动	+	+	+
16	两顶针轴线与纵、横向滑板移动方向的平行度	+	+	+
17	两顶尖的重合度	+	+	+
18	测量刀垫板的上表面与顶针轴线的高度差	+	—	—
19	主显微镜光轴、立柱回转轴线与顶针轴线的相对位置	+	+	—
20	投影装置放大倍数的正确性	+	—	—
21	轮廓目镜零位的正确性	+	+	+
22	光学定位器			
(1)	测量杆与工作台的垂直度	+	+	—
(2)	定位的变动性	+	+	+
23	光学分度头			
(1)	分刻度与度刻度的相对位置的相符性	+	+	+
(2)	顶针连同主轴的径向跳动	+	+	—
(3)	顶针轴线与纵向滑板移动方向的平行度	+	+	—
(4)	示值误差	+	+	+
24	光学分度台			
(1)	分刻度与度刻度的相对位置和相符性	+	+	+
(2)	玻璃工作台面与纵、横向滑板移动方向的平行度	+	+	—
(3)	工作台定位中心器中心与回转中心的重合性	+	—	—
(4)	示值误差	+	+	+

注:表中"+"表示应该检定;"—"表示可不检定。

6.3.3　任务实施

1. 万能工具显微镜的检定项目

万能工具显微镜的检定项目和检定工具列于表 6.3.1 中。

2. 主要项目的检定方法

(1) 外观和各部分的相互作用

【要求】

① 在各工作面上,应无锈蚀、碰伤、明显划痕以及影响使用准确度的缺陷。

② 光学系统的成像应清晰。视场内应无显著的和影响测量的灰尘、水渍、油迹,亮度要均匀。

③ 各活动部分的作用应平稳,无松动和卡住现象;制动螺钉的作用应切实可靠。

④ 当测角目镜的十字线交点与顶针轴线重合时,横向读数装置的示值为(50 ± 0.5) mm。

⑤ 附件的安装应方便可靠。

⑥ 在仪器上应刻有制造厂名或厂标、出厂编号。

⑦ 使用中和修理后的仪器,应无影响使用准确度的缺陷。

【检定方法】　观察和试验。

(2) 金属工作台面与纵、横向滑板移动方向的平行度

【要求】　不超过表 6.3.2 中的规定。

表 6.3.2　金属工作台面与纵、横向滑板移动方向的平行度规定

万能工具显微镜	大型工具显微镜	小型工具显微镜
纵向:0.01 mm	在 100 mm 长度上不大于 0.02 mm	在 75 mm 长度上不大于 0.02 mm
横向:0.005 mm		

【检定方法】　用表架将测微表固定在仪器的主显微镜上。调整测微表,使其测量轴线垂直于工作台面。升降主显微镜臂架,使测微表的测量头与工作台面或放置在工作台面上的专用平尺测量面相接触,并使表的示值于零位或邻近某一值。移动纵向或横向滑板,观看测微表的示值变化。

检定万能工具显微镜时,专用平尺放置的位置:检纵向时,将平尺按纵向行程放置在工作台的前、后两个位置;检横向时,将平尺按横向行程放置在工作台的左、中、右三个位置。所有位置上测得的示值变化均不超过要求。

(3) 玻璃工作台面与纵、横向滑板移动方向的平行度

【要求】　万能工具显微镜不大于 0.02 mm。

【检定方法】　用分度值为 0.001 mm 的测微表检定。

检定时,先将测微表用夹具固定在主显微镜上,并调整其测量轴线垂直于工作台面。升降主显微镜臂架,使表的测量头与工作台面相接触,并使表的示值于零位或邻近的某一值。移动纵向或横向滑板,观看测微表的示值变化。

检定万能工具显微镜时,当测微表测量头分别与工作台面的前、后、中三个纵向方位以及左、中、右三个横向方位接触时方可进行。

(4) 纵、横向滑板移动的直线度

【要求】　万能工具显微镜在垂直方向上不大于 0.005 mm,在水平方向上不大于 0.002 mm。

【检定方法】　用分度值为 1″ 的自准直仪检定,再用分度值为 0.001 mm 的扭簧测微表和专用平尺(平面度不大于 0.3 μm)检定。

① 用自准直仪检定时,将平面反射镜安置在仪器的滑板或工作台面上,自准直仪安装在仪器的基座上。检定大、小型工具显微镜时,应将仪器和自准直仪安装在同一基体(如平

板)上。调整自准直仪和反射镜,使其平行于滑板行程方向。将滑板以正、反向移动全行程,按自准直仪读数。最大与最小读数的差值即为滑板移动的直线度。纵向和横向滑板移动的直线度,在水平和垂直两个方向上均要检定。

②用测微表和平尺检定时,将测微表用夹具固定在仪器的主显微镜上。平尺安装在仪器的工作台上,并调整至与滑板移动方向平行。调整测微表,使其测量轴线垂直于平尺测量面。升降主显微镜臂架或移动滑板,使测微表的测量头与平尺测量面接触,同时使表的示值于零位或其邻近的某一面。以正向和反向移动滑板全行程,观看测微表上的示值变化。用测微表和平尺检定纵、横向滑板移动的直线度,也应在水平和垂直两个方向上进行。

(5)纵、横向滑板移动的垂直度

【要求】 万能工具显微镜不超过 0.003 mm/100 mm。

【检定方法】 用矩形直角尺和分度值为 0.001 mm 的扭簧测微表检定。

检定时,将直角尺安装在仪器的工作台上。测微表借助夹具安装在主显微镜上,并调整表的测量轴线处于水平状态,且与横向滑板移动方向平行。移动横向滑板,使测微表的测量头与直角尺工作面接触。调整直角尺使其长工作面平行于纵向滑板移动方向。然后改变测微表的测量方向,使表的测量轴线垂直于直角尺的短工作面。移动纵向滑板,使测微表的测量头与直角尺的短工作面接触,并使表的示值于零位或邻近的某一值。移动横向滑板,观看测微表上的示值变化。对所用直角尺的直角偏差加以修正后,即为纵、横向滑板移动的垂直度的测得值。

(6)立柱位于零位时,光轴对工作台面的垂直度

【要求】 用量块检定时,量块两工作面的影像应同等清晰。

【检定方法】 将尺寸为 2~3 mm 的量块研合在尺寸为 20~50 mm 的量块上,然后把研合的量块平放在仪器的工作台上。调节可变光阑至最小孔径。升降主显微镜臂架,直至在主显微镜中见到量块的影像为止,这时观察量块两工作面的影像是否同等清晰。再将量块调转 180°方位,观察量块两工作面的影像是否也同等清晰。

这一检定,应在仪器的纵向和横向两个方位上进行。

(7)立柱位于零位时,主显微镜臂架沿立柱移动方向与工作台面的垂直度

【要求】 万能工具显微镜不超过 0.06 mm/100 mm。

【检定方法】 用尺寸为 160 mm×100 mm 的 1 级宽座直角尺和分度值为 0.001 mm 的千分表检定。

检定时,将千分表用夹具固定在主显微镜上。直角尺分别按仪器的纵向和横向行程安装在工作台上。调整千分表,使其测量轴处于水平状态且垂直于直角尺工作面,并使表的测量头与直角尺工作面接触。升降主显微镜臂架 100 mm,记下千分表示值的变化量 Δx 和 Δy。主显微镜臂架沿立柱导轨移动方向与工作台面的垂直度 Δ 按式(6.3.1)求得,即

$$\Delta = \sqrt{(\Delta x)^2 + (\Delta y)^2} \tag{6.3.1}$$

(8)读数装置放大倍数的正确性

【要求】 不超过 0.5 μm。

【检定方法】 读数装置与毫米刻线尺的相符性检定,应先使微米刻度示值于零位,移动滑板,使毫米刻度尺的任一毫米线与 0.1 mm 刻度尺零线位置的螺旋线对准,然后在观看相邻的一条毫米刻线尺是否与螺旋线也对准时,转动螺旋线使其对准,并按微米刻度读出其差值。这一检定应至少分布于毫米刻度尺 5 个不同的位置上进行。放大倍数误差按式(6.3.2)

计算求得,即

$$\delta = \frac{\sum \gamma_i}{5} \tag{6.3.2}$$

(9) 主显微镜放大倍数的正确性

【要求】　放大倍数的误差,使用测角目镜,装上 $1\times$、$1.5\times$ 和 $3\times$ 物镜不大于 0.1%;装上 $5\times$ 物镜不大于 0.15%。使用轮廓目镜,装上 $1\times$、$1.5\times$ 和 $3\times$ 物镜不大于 0.15%。

【检定方法】　用检定极限误差不大于 $\pm 0.5\,\mu m$ 的专用刻度尺检定。

在主显微镜上安装测角目镜检定时,分别装上各倍物镜。专用刻度尺放置在仪器的玻璃工作台上。升降主显微镜臂架,使在主显微镜视场内见到清晰的刻度尺刻线影像。调整工作台,使刻度尺平行于纵向滑板的移动方向,转动测角度盘,使测角目镜的示值于零位。移动纵向滑板,使刻度尺的零线与测角目镜中相距最远的两条刻线中的一条刻线对准,然后观察另一条刻线与刻度尺上相应的刻线是否重合,若不重合,则从纵向读数装置中读出其偏差 Δ。主显微镜放大倍数误差 $\Delta\beta$ 按式(6.3.3)计算求得,即

$$\Delta\beta = \frac{\Delta}{1\,000\,L} \times 100\% \tag{6.3.3}$$

式中:L 为检定时所用刻度尺上两条刻线的间距(mm)。

在主显微镜上安装轮廓目镜检定时,其方法与上述相同。

(10) 测角显微镜处于零位时,测角目镜的十字线与滑板移动方向的平行度

【要求】　不大于 $1'$。

【检定方法】　用尺寸为 $100\,mm \times 63\,mm$ 的刀口直角尺检定。

检定时,将直角尺放置于仪器的工作台上,升降主显微镜臂架,在主显微镜中见到清晰的直角尺的刀口影像。调整工作台,使直角尺的长边刀口影像平行于纵向滑板的移动方向。转动测角目镜的十字线分划板,使其水平线与直角尺的长边刀口影像平行。观察测角显微镜的示值是否为零,若不是零,则读出其偏差。

移动纵向滑板,使直角尺的短边刀口影像位于测角目镜中十字线的交点处,转动十字线分划板,使其垂直线与直角尺短边刀口影像平行,再观察测角显微镜的示值是否为零,若不为零,则读出其偏差。上述所测得的偏差,均应符合要求。

(11) 测角显微镜的示值误差

【要求】　不超过 $1'$。

【检定方法】　用刀口直角尺检定。

检定时,转动测角显微镜的度盘,使其示值于零位。将直角尺平放在仪器的工作台上,升降主显微镜臂架,使在主显微镜中见到清晰的直角尺的长边刀口影像,调整工作台使刀口影像平行于测角目镜十字线的水平线。依次转动测角显微镜的度盘,移动纵、横向滑板,使十字线的水平线与直角尺的短边和长边刀口影像交替地平行,并按测角显微镜读出受检点的误差。误差中的最大值与最小值之差即为测得的测角显微镜的示值误差。

再转动测角显微镜的度盘,使其示值于 $45°$。转动直角尺并调整工作台,使直角尺的长边刀口影像平行于原测角目镜十字线的水平线,然后按上述方法检定测角显微镜的示值误差。

上述两起始部位检得的示值误差均应符合要求。

(12) 读数装置的示值误差

【要求】　应不大于 $0.6\,\mu m$。

【检定方法】 用 3 等量块检定。

检定时,用分度值为 $0.1\,\mu m$ 的电感式测微仪或光学计和三珠定位块(或杆),并安装与调整。转动微米刻度,使其零线与指标线对准。移动滑板,使毫米刻度尺的任一毫米刻线处于 0.1mm 刻度尺的零线,并与螺旋线(或双线)对准。将尺寸为 1mm 的量块放入电感式比较仪或光学计的测量头与三珠定位块之间,并调整电感式比较仪或光学计的示值于零位或邻近的某一值。然后依次地将尺寸为 1.02mm,1.04mm,1.06mm,1.08mm,1.1mm,1.2mm,1.3mm,1.4mm,1.5mm 或 1.6mm,1.7mm,1.8mm,1.9mm 和 2mm 的量块放入电感式比较仪或光学计的测量头与三珠定位块之间,并依次地将读数装置的示值处于受检位置,移动滑板,使毫米刻度尺的刻线与相应的螺旋线(或双线)对准,以及按电感式比较仪或光学计读数。各受检点上的误差按式(6.3.4)计算,即

$$\delta_i = (a_i - a_0) - (\Delta L_i - \Delta L_0) \quad (\text{mm}) \tag{6.3.4}$$

式中:ΔL_i,ΔL_0 分别为受检点和对零位时所用量块的偏差(mm);a_i,a_0 分别为受检点和对零位时电感式测微仪或光学计上的读数(mm)。

读数装置的示值误差,以各点误差中最大值与最小值之差确定。

(13) 读数装置的回程误差

【要求】 万能工具显微镜不大于 $0.3\,\mu m$;大、小型工具显微镜不大于 $2\,\mu m$。

【检定方法】 检定万能工具显微镜读数装置的回程误差时,移动滑板,使毫米刻度尺的任一毫米刻线位于任一 0.1mm 双线(螺旋线)处,以正向和反向转动微米刻度,使 0.1mm 双螺旋线对准毫米刻线,并按微米刻度进行读数。以正向和反向各自四次对准和读数的平均值之差作为该位置上的测得值。读数装置的回程误差检定,至少在均匀分布于微米刻度的五个不同位置上进行。

大、小型工具显微镜微分筒的回程误差,根据示值误差检定所得的数据,分别在各受检点上以正、反两行程时的误差的差值确定。

(14) 仪器的示值误差

【要求】 万能工具显微镜应不超过 $\left(1 + \dfrac{L}{100}\right)$,$L$ 为被检仪器毫米刻度尺的测量长度(mm)。

【检定方法】 用检定极限误差不大于 $0.5\,\mu m$ 的玻璃刻度尺检定。

检定万能工具显微镜时,移动滑板使毫米刻度尺处于零位。将玻璃刻度尺放置在仪器工作台的中间位置,它的刻线面背着物镜。在主显微镜上安装轮廓目镜。调整玻璃刻度尺,使其零线处于轮廓目镜视场中的双线附近。调整工作台,使玻璃刻度尺平行于滑板移动方向,微动滑板,使玻璃刻度尺的零线影像与轮廓目镜视场中的双线对准,并按读数装置进行读数。然后依次地移动滑板 25mm,使玻璃刻度尺的相应刻线影像与轮廓目镜中的双线对准,并依次地按读数装置进行读数。每点均应进行四次对准和读数,取其平均值作为该点上的读数。各点上的误差按式(6.3.5)计算,即

$$\delta_i = (a_i - a_0) - L_i \quad (\text{mm}) \tag{6.3.5}$$

式中:a_i,a_0 分别为各受检点和起始点上仪器的读数(mm);L_i 为玻璃刻度尺所用的一段实际尺寸(mm)。

万能工具显微镜示值误差的检定,在正向和反向行程上进行。任意两点在正向和反向行程上测得的误差的最大差值,均应符合要求。

（15）两顶针轴线与纵向滑板移动方向的平行度

【要求】　万能工具显微镜在垂直和水平方向上均不超过 15 μm。

【检定方法】　万能工具显微镜用分度值为 0.001 mm 的测微表和心轴检定。

当测微表或千分表的测量轴线处于垂直状态下，它的测量头与心轴一端最高点接触，并使测微表的示值于零位或邻近的某一值（千分表的示值于 0.2 mm 位置处）。移动纵向滑板，使表的测量头与心轴另一端接触，并观察表上的示值变化。

对于万能工具显微镜，还应将测微表处于水平状态，其测量轴线垂直于纵向滑板移动方向时，以上述方法再检定。无论在垂直方向还是在水平方向上检定，均应使指针座和顶针杆处于内、外两位置上进行。

（16）投影装置放大倍数的正确性

【要求】　放大倍数误差不超过 0.6%。

【检定方法】　用检定极限误差不大于 ±0.5 μm 的玻璃刻度尺和尺寸偏差不大于 ±0.05 mm 的普通玻璃刻度尺检定。

检定时，取下测角目镜的接目透镜，调整目镜，使其视度处于标记位置（或规定的视度）。将投影装置安装在主显微镜上。移动纵、横向滑板，使滑板处于工作行程的中间位置，将玻璃刻度尺分别沿纵、横向滑板移动方向放置在仪器的玻璃工作台上，升降主显微镜臂架，直至在投影屏上见到清晰的玻璃刻度尺的刻线像为止。用普通刻度尺测量玻璃刻度尺相应两刻线影像的间距，在 180 mm 长度上不超过 1 mm。在投影屏的相互垂直的两方位上的放大倍数误差，均应符合要求。将各倍数的物镜，依次地装在主显微镜上，对投影装置放大倍数进行检定。

（17）轮廓目镜零位的正确性

【要求】　不超过 3'。

【检定方法】　用刀口直角尺或零级刀口尺检定。

检定时，将螺纹轮廓目镜安装在主显微镜上，刀口直角尺或刀口尺放置在工作台上，调整工作台，使刀口影像平行于纵向滑板移动方向，转动螺纹轮廓目镜的分划板，使其十字线的水平线和任一螺纹牙形两定位线，分别与刀口影像相平行，从轮廓目镜中观察其零位是否正确。若零位不对，可读出其偏差。轮廓目镜中各刻线之间应无明显的视差。

（18）顶针连同顶针杆的径向跳动

【要求】　外顶针不大于 0.005 mm，内顶针不大于 0.007 mm。

【检定方法】　检定时，测微表用表架固定在主显微镜上，在两顶尖之间安装专用心轴。当测微表的测量头与心轴一端最高点接触，并使表的示值处于零位或邻近的某一值后，使顶针与顶针杆一起转动一周，观察测微表上的示值变化。将顶针在顶针孔内每转动 90°，重复上述的检定。再移动滑板，使测微表的测量头与心轴另一端接触，用上述方法检定另一顶针杆的综合跳动时，外顶针不大于 0.005 mm，内顶针不大于 0.007 mm。

（19）两顶针的重合性

【要求】　两顶尖相距 20 mm 时，不大于 0.01 mm；相距 200 mm 时，不大于 0.02 mm。

【检定方法】　检定万能工具显微镜时，先使测角显微镜的示值位于 90°。移动两顶针座，使其在相距最近位置上固定。调整两顶针，使其相距 20 mm。升降主显微镜臂架和移动纵、横向滑板，使在主显微镜中见到清晰的顶针轮廓影像，并使其与测角目镜中相交 60°的刻线对准，然后按横向读数装置读数。再移动纵、横向滑板，使另一顶针轮廓影像与测角目镜中相交 60° 的刻线对准,按横向读数装置读数。两次读数的差值即为测得值。再调整两顶针尖,使其相距 200 mm,按上述方法再检定。

将两顶针座向外侧各移动 100 mm,当顶针座固定后调整两顶针使其相距 200 mm,按上述方法检定其重合性。

(20)测量刀垫板的上表面与顶针轴线的高度差

【要求】　不大于 0.015 mm。

【检定方法】　检定时,将测微表用表架固定在主显微镜上,测微表的测量轴线处于垂直状态。将测量刀垫板安装在金属台面的中间位置上,在测量刀垫板的上表面上放置尺寸为 $(5 + d/2)$ mm 的量块。在两顶针间安装直径为 d 的专用心轴。升降主显微镜臂架和移动纵、横向滑板,使测微表的测量头与量块工作面接触,同时找到心轴的最高点后记下测微表的示值。两示值之差即为测得值。

每块测量刀垫板,分别安装在金属台的前后面的中间位置上检定,应不大于 0.015 mm。

(21)主显微镜光轴、立柱回转轴线与顶针轴线的相对位置

【要求】　在左右方向上不大于 0.01 mm,在前后方向上不大于 0.002 mm。

【检定方法】　检定时,将刻线心轴安装在两顶针之间。当立柱处于零位时,升降主显微镜臂架,直至在主显微镜中见到清晰的刻线心轴的十字线影像为止。移动纵、横向滑板,使刻线心轴的十字影像与测角目镜中的十字线相对准之后,按纵、横向读数装置读数。将立柱分别向左、右侧转 12°,移动纵、横向滑板,使刻线心轴的十字影像重新与测角目镜中的十字线对准,并按纵、横向读数装置读数。立柱处于零位和侧转 12° 时的读数差即为测得值。立柱处于零位和侧转 12° 时,在主显微镜中见到的刻线心轴十字线影像应同样清晰,无明显的视差。

(22)光学定位器

① 测量杆与工作台面的垂直度。

【要求】　当测量杆与工作台面相垂直时,定位器的三段双线影像应处于测角目镜视场中间距最大的两虚线之间。

【检定方法】　在主显微镜上安装 3× 物镜,光学定位器安装在主显微镜的物镜上。取下球端测量杆,换上一根长度为 75 mm、直径为 7 mm 的圆柱形轴。在工作台上安装一块四方体。调整主显微镜的高度,移动纵、横向滑板,使圆柱形轴的素线与立放于工作台上的四方体的工作面接触,从测角目镜中观察定位器的双刻线影像应符合:当测量杆与工作台面相垂直时,定位器的三段双线影像应处于测角目镜视场中间距最大的两虚线之间。

② 光学定位器定位的变动性。

【要求】　不大于 0.001 mm。

【检定方法】　将一块尺寸为 20～50 mm 的量块沿仪器的纵向(或横向)固定在工作台上,升降主显微镜和移动纵、横向滑板,使定位器的球形测头与量块工作面接触,并使双线影像与测角目镜中的十字线的垂直线(或水平线)对准,按纵向(或横向)读数装置读数,在同一位置上进行 10 次对准和读数。读数中的最大值与最小值之差即为测得值。

定位的变动性在两个测量方向上检定,应不大于 0.001 mm。

(23)光学分度头

① 度刻度和分刻度的相对位置和相符性。

【要求】　度刻度、分刻度平行且无目力可见的视差,度刻线应对称于分刻线。度刻度与

分刻度的相符性应不大于 12″。

【检定方法】 转动度盘,使任一度刻线与分刻线相靠近,观察度刻线、分刻度平行和同样清晰无视差,度刻线是否对称于分刻线。微动度盘,使任一度刻线与分刻度零线相对准,观察分刻度的尾线是否与相应的度刻线也对准,若不对准,则读出它的差值。度刻度、分刻度的相符性检定,应在均匀分布于度盘的 4 个位置上进行,应不大于 12″。

② 顶针连同主轴的综合跳动。

【要求】 不大于 0.007 mm。

【检定方法】 检定时,使测微表的测量头与靠近分度头的心轴一端接触,并使表的示值处于零位或邻近的某一值,转动主轴一周,观察测微表上的示值变化。将顶针相对于主轴每转 90°方位后,用上述方法检定。每次检定时测微表上的示值变化应不大于 0.007 mm。

③ 示值误差。

【要求】 不大于 30″。

【检定方法】 检定时,将四方体借助专用锥体心轴固定在主轴上。自准直仪安装在仪器的基座上,转动分度头的主轴,使其示值处于零位。调整四方体和自准直仪,使由四方体工作面反射回来的十字线影像处于自准直仪视场的中央位置。转动自准直仪的测微鼓轮,使指标线与十字线影像对准,并读取自准直仪的读数,按 90°依次转动分度头的主轴,使分度头的示值处于 90°,180°和 270°,将依次使指标线与十字线影像对准,读取自准直仪的读数,读数中最大值与最小值之差即为测得值。再转动主轴使分度头的示值处于 45°,调整四方体,使其由工作面反射回来的十字线影像处于自准直仪视场的中央位置,用上述方法检定。

由起始位置 0°和 45°测得的示值误差不大于 30″。

分度头的示值误差,可以用正八面棱体和分度值为 1″的自准直仪检定。

(24) 光学分度台

① 工作台定中心器中心与回转中心的重合性。

【要求】 不大于 0.005 mm。

【检定方法】 将定中心器装入工作台的定位孔中。升降主显微镜,在测角目镜中见到定中心器的十字线影像,移动纵、横向滑板,使十字线影像与测角目镜中的十字线对准,按纵、横向读数装置读取 x_1 和 y_1。转动工作台 180°,移动纵、横向滑板,再使十字线影像与测角目镜中的十字线对准,按纵、横向读数装置读取 x_2 和 y_2。定中心器中心与回转中心的重合性 Δ 按式(6.3.6)计算,且应不大于 0.005 mm。

$$\Delta = \frac{1}{2} \sqrt{(x_2 - x_1)^2 + (y_2 - y_1)^2} \tag{6.3.6}$$

② 示值误差。

【要求】 分度值为 30″的,不大于 30″;分度值为 10″的,不大于 10″。

【检定方法】 用 4 等正十二面棱体和分度值为 1″的自准直仪检定。

检定时,转动工作台和度盘,使其示值处于零位。将棱体固定在工作台的中央位置,自准直仪安装在仪器的基座上,并使其光轴通过工作台中心。调整多面棱体,使其 0″面(第一面)朝向自准直仪物镜。根据棱体工作面反射回来的十字线影像进行对准,并按自准直仪读取 a_0,再依次地使工作台转动 30°,并使反射回来的十字线影像进行对准后读取自准直仪读数 a_i。这一检定应在正反方向进行。任一受检点相对于起始点的误差 δ_i 按式(6.3.7)计算,即

$$\delta_i = (a_i - a_0) + \Delta_i \quad (″) \tag{6.3.7}$$

式中：Δ_i 为棱体的偏差。

分度台的示值误差，以各受检点在正反方向上测得的误差中最大值与最小值之差确定，分度值为 $30''$ 的，不大于 $30''$；分度值为 $10''$ 的，不大于 $10''$。

6.3.4　任务评价与总结

6.3.4.1　任务评价

任务评价表见表6.3.3。

表 6.3.3　任务评价表

评价项目	配　分(%)	得　分
一、成果评价：60%		
是否能够熟悉万能工具显微镜的检定项目	20	
是否能够掌握万能工具显微镜的检定方法	20	
是否能够掌握万能工具显微镜检定时所用的工具与仪器的使用方法	20	
二、自我评价：15%		
学习活动的目的性	3	
是否独立寻求解决问题的方法	5	
团队合作氛围	5	
个人在团队中的作用	2	
三、教师评价：25%		
工作态度是否正确	10	
工作量是否饱满	5	
工作难度是否适当	5	
自主学习	5	
总分		

6.3.4.2　任务总结

在进行万能工具显微镜的检定时，必须按照万能工具显微镜的检定项目及其相应的检定方法，逐一进行检定，并将检定结果记录下来，根据检定结果判断万能工具显微镜的各项技术指标是否满足万能工具显微镜的使用要求。

练习与提高

1. 简述万能工具显微镜读数装置回程误差的检定。
2. 简述万能工具显微镜的测角显微镜处于零位时,测角目镜的十字线与滑板移动方向的平行度的检定。

6.4　任务 3:万能工具显微镜的调修

6.4.1　任务资讯

万能工具显微镜经检定后,如果检定的结果显示其工作性能已达不到工作精度的要求,那么万能工具显微镜就必须进行调整与维修,以保证万能工具显微镜的工作性能达到工作精度的要求。

6.4.2　任务分析与计划

万能工具显微镜在调整与维修时,必须先分析其产生问题的原因,根据其具体原因选择合适的调整和维修的方法与工具去解决这些问题,使调整和维修后的万能工具显微镜的工作性能达到工作精度的要求。

6.4.3　任务实施

1. 纵、横向滑板的调修

（1）纵向滑板上工作面与平行度的调修

滚动轴承径向圆跳动超过 0.002 mm 引起平行度超差。四根支承导轨相互不平行或平面度超差、金属工作台上平面有毛刺或平面度不好也会引起纵、横向行程与工作台不平行。

【调修方法】　调换新轴承或对滑板进行研磨,当滑板上支承导轨的直线度超差时,对滑板进行研磨,研磨步骤如下。

① 先对金属工作台进行检查,要 25 mm² 内应不少于 10～15 点。

② 以金属工作台作为基准面,在 1 000 mm×1 000 mm 一级平板上检查和修理支承导轨与金属工作台的平行度。修理时以小平板研磨器进行研磨,其平行度小于 0.002 mm。

③ 放在基座上进行修后检查。合格后要对立柱回转中心与顶针轴线的重合性检定并调整,同时对相关项也要进行检定,以防止该项修理使其他项目失去精度。

如果用上述方法仍未消除该项误差,说明四个支承轴承运动不在一个平面内。检查方法是来回移动滑板,用手触摸 3、4 轴承,如图 6.4.1 所示。在全部行程上有一个轴承不转动,说明轴承低了,可将轴承抬高(偏心轴调整),直至在全行程上轴承 3、4 同样转动。

④ 要求纵向平行度在 200 mm 上小于 0.002 mm。

(2) 横向滑板移动平面与金属工作台上平面平行度超差

横向滑板移动方向与金属工作台上平面平行度大于 0.005 mm 时,需要调修。

【产生原因】　纵向滑板上的金属工作台与横向支承导轨上平面的平行度超差;横向支承导轨平面度超差以及三个支承导轨的相互不平行;支承轴承的径向圆跳动超过 0.002 mm。

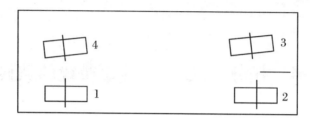

图 6.4.1　轴承位置不平行

【调修方法】　第一种原因造成的缺陷,可以用调整纵向支承轴承 3、4(图 6.4.2)的高、低位来消除。第二种缺陷的调整,首先拆下横向支承导轨,研磨定位面,使导轨的定位面平行度小于 0.001 mm,同时还要保持基面与定位面平行,平行度不超过 0.002 mm,然后安装前要检查导轨的定位面是否相互平行。第三种缺陷的消除主要靠更换新轴承。

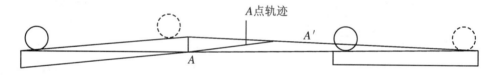

图 6.4.2　导轨移动轨迹

(3) 纵、横向滑板移动的直线度

纵横向滑板移动的直线度大于 5″(水平方向 2″)。

【产生原因】

① 导向轴承的径向圆跳动。

② 导向导轨工作面平面度不好。

③ 两导向导轨相互不平行,如图 6.4.3 所示。

④ 支承轴承的径向圆跳动也会影响直线度,如图 6.4.3 所示,当轴承"A"跳动很大时,由于滑板上下跳动会形成 δ 的间隙,造成直线度超差。

⑤ 支承轴承的旋转方向不一致,如图 6.4.4 所示。

当任意一个支承轴承相对于其他轴承偏斜时,则滑板向 A 方向移动的过程中同时产生一个 a 向的运动趋势;反之向 B 向移动时,会产生一个 b 向的运动趋势,以致直线度超差。

【调修方法】　由第一种和第四种原因引起的直线度超差必须更换轴承。第二种原因引起的超差消除的办法是研磨导向导轨,研磨后的平面度小于 0.001 mm。第三种原因的消除,必须调整两导向导轨的平行度。第五种原因的消除,必须调整支承轴承座的位置,以使轴承的转动方向一致,如图 6.4.5 所示。

纵向移动直线度 200 mm 范围内小于 5″,横向移动 100 mm 范围内小于 5″。

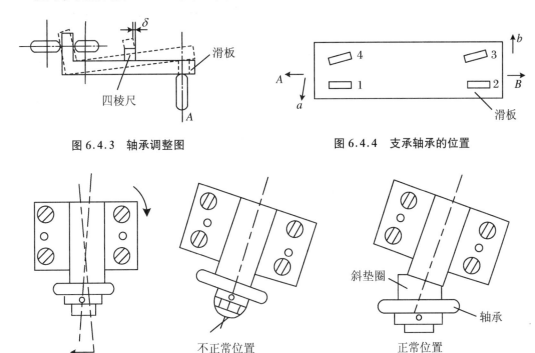

图 6.4.3　轴承调整图　　　　　　　　　图 6.4.4　支承轴承的位置

图 6.4.5　轴承座位置

（4）纵、横向滑板的垂直度超差

纵向滑板移动方向与横向滑板导向导轨的导向面不垂直,如图 6.4.6 所示。

【调修方法】　最简便的方法是调整图 6.4.6 中纵向滑板的右导向轴承。此轴承位于轴承座内,调整时只要打开轴承座上面的盖子,松开紧固螺母,然后调修偏心轴轴心就可消除。垂直度偏差应不大于 6″。

（5）纵向行程滑板上半圆槽导轨的修理

由于顶针导轨磨损或导轨的变形,引起两顶针轴线在垂直面内或水平面内不重合（顶尖和顶针本身跳动超差也影响上述误差）。

【调修方法】　此项误差的消除是利用专用研磨器对导轨进行研磨。研磨器的尺寸应小于顶针座直径 0.01～0.02 mm。

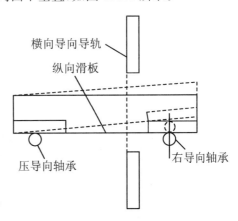

图 6.4.6　垂直度调整

研磨所用的磨料要看导轨磨损的情况而定。如磨损严重则先用 303♯ 金刚砂,而后用 304♯ 金刚砂加氧化铬的研磨膏进行精研,直至合格为止。研好后用硬脂上光一次,以免导轨面上留下砂子。

这项修好后还要对纵向滑板移动方向与顶针半圆槽导轨的平行度以及其他项目进行检定。

在修理这个项目时,必须对顶尖及顶尖杆进行检定,然后才能修理半圆槽导轨。

（6）由于顶尖杆和顶尖座的缺陷所引起的顶尖重合性超差的修理

当两顶尖轴线不重合时，如果顶尖座导轨是正确的，有下列因素影响两顶尖轴线重合性。

① 顶针座内孔轴线与外圆轴线不重合。

② 顶针锥孔与顶针杆外圆不同心。

③ 由于顶针杆外圆或顶针座内孔的磨损，使顶针与孔的配合间隙过大。

④ 顶针杆变形或弯曲。

【调修方法】 顶针轴线重合性误差的消除主要通过修理顶针杆和顶针座的方法来实现。

对于①项通常的修理方法是，以内孔为基准，将座外径车削 $5\sim6\,mm$，然后再装上一个环。外径大约为 $\phi113\,mm$，环内径与顶针座车后的尺寸相配。最后仍以内孔为基准车削和磨削外圆，精磨后外圆尺寸与半圆槽导轨一致。经过精磨的顶针座外圆锥度、椭圆度小于 $0.002\,mm$，径向跳动小于 $0.002\,mm$。

如果外圆磨损不大，也可以少量车削外圆，镀铬，最后再精磨到要求尺寸。

对于②项的修理方法是对顶针杆的锥孔进行修复或更换新的。修后的顶针杆径向跳动小于 $0.002\,mm$ 并能无间隙地在顶针座孔内移动。两顶针杆在座内移动 $100\,mm$ 时，其重合性不大于 $0.01\,mm$。

2. 立柱位于零位时，光轴对工作台面不垂直的调修

【调修方法】 调修时，可通过改变图 6.4.7 的反射镜 5 的位置来排除此故障。由于这个项目的检定是用一个 $2\sim3\,mm$ 的量块研合在尺寸为 $20\sim50\,mm$ 的量块上，在目镜视场中观察量块两边缘的亮度。如果上边缘明亮、下边缘发暗，则说明光线在反射镜 5 上的入射角小于 $45°$，应修磨内压圈 2 的底部，同时修磨外压圈 4 的上部；当视场中出现的现象相反时，则修磨部位也相反。如果在目镜视场中看到量块左右边缘亮度不一致，则说明反射镜 5 左右偏转了一个角度，这时可松开螺钉 1，左右转动反射镜座，直至量块左、右两侧轮廓像的亮度一致为止，然后固紧螺钉 1。

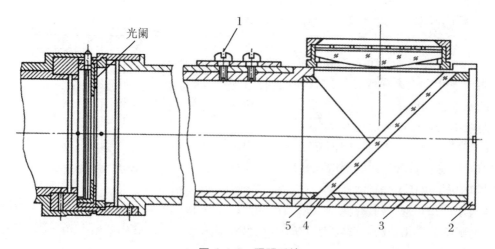

图 6.4.7　照明系统
1. 螺钉；　2. 内压圈；　3. 挡块；　4. 外压圈；　5. 反射镜

3．读数显微镜的调修

（1）纵向读数显微镜视差的调修

纵向读数显微镜的视差是指毫米刻度尺与螺旋分划板之间的视差,因此只要改变它们之间的距离,就能使视差消除,如图 6.4.8 所示。

【调修方法】　调修时,先移动滑板,观察全行程内的视差情况。若毫米刻度尺 0 mm 和 200 mm 处都模糊,这时可以松开固紧螺母 3,调节定位螺母 4,改变与毫米刻度尺之间的距离。若毫米刻度尺 0 mm 处清晰、200 mm 处模糊,或反之,这是由于毫米刻度尺基面和滑板移动平面不平行所造成的。遇到这种情况,就要修正毫米刻度尺的安装基面。

（2）横向读数显微镜视差的调修

【调修方法】　调修时,先移动滑板,观察全行程的视差情况,若视差较大,甚至没有刻度尺像,这是物镜 2 位置走动所造成的(由于疏忽,未松开横向滑板压力轴承的止动螺钉,也会出现此现象,应先排除)。调修时,参阅图 6.4.9,松开螺母 1,转动物镜 2 使刻线尺像清晰后,重新固紧固定螺母 1。

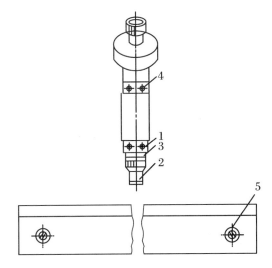

图 6.4.8　纵向读数显微镜

1,4,5. 定位螺母；　2. 物镜；　3. 固紧螺母

若刻度尺 0 mm 处清晰、100 mm 处模糊,或反之,表明毫米刻度尺与滑板移动方向不平行。调整时,松开刻度尺保护罩固定螺钉 3,取下保护罩 4,调整调节螺钉 5(刻度尺两端处、上下各两只)(图 6.4.10),就能消除视差。

（3）刻度尺像在视场中的位置不正确的调修

这主要是调整与纵、横向滑板移动方向平行。

【调修方法】　纵向毫米刻度尺刻线与读数显微镜螺旋线不平行,可以松开固紧螺母 3 (图 6.4.8)转动读数显微镜,使之与毫米刻度尺刻线平行。毫米刻度尺刻线不对称于螺旋线的中心线,则通过调节螺钉 5,使毫米刻度尺移动,使之符合要求。

横向毫米刻度尺刻线与螺旋线不平行,可以松开固定螺钉 3(图 6.4.9)转动测微目镜,使之与毫米刻度尺刻线平行。毫米刻线若与螺旋线的中心线不对称,则可调整调节螺钉 7 (图 6.4.10),移动毫米刻度尺,使之符合要求。注意不要误调图 6.4.10 的弹簧套钉 6,若将它拧得太紧可能会使毫米刻度尺变化,引起刻度尺精度变化。

当主显微镜的光轴与顶针轴中心相交时,横向读数不在50 mm处,可以通过松开固定螺钉9,调整调节螺钉8(图6.4.10),来达到要求。

(4) 纵向读数显微镜的放大率超差的调修

【调修方法】 修正机械筒长。调修时参阅图6.4.8,取下固紧螺母,旋下物镜,取出修正圈进行修正。如放大率大,则修正圈应减薄;如放大率小,则修正圈应需增厚。

(5) 横向读数显微镜的放大率超差的调修

【调修方法】 横向读数显微镜的放大率调修时,只要移动1×物镜的轴向位置即可。调修时,参阅图6.4.9,松开锁紧螺母1,旋转定位螺母2,改变1×物镜的轴向位置,使放大率符合要求。

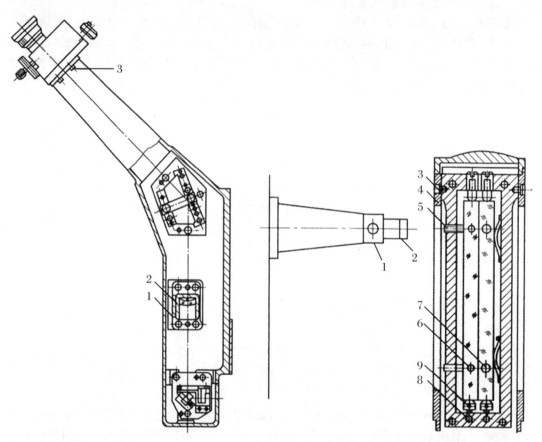

图 6.4.9　横向读数显微镜
1. 锁紧螺母;　2. 定位螺母;　3. 紧固螺钉

图 6.4.10　横向玻璃刻度尺
1. 螺母;　2. 物镜;　3,9. 固定螺钉;　4. 保护罩;
5. 调节螺钉;　6. 弹簧套钉;　7,8. 调节螺钉

(6) 测角显微镜处于零位时测角目镜的十字线与滑板方向的平行度超差的调节

【调修方法】 调整时,在工作台上放置刀口直角尺,使之与纵向滑板移动方向平行。将测角目镜度盘处于"0"位,然后松开固定螺钉2,调节螺钉1,如图6.4.11所示,使测角目镜的水平线与刀口直角尺平行,达到规程要求。

若轮廓目镜与纵向滑板移动方向不平行,则调整各自的定位调节螺钉。

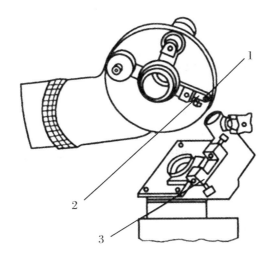

图 6.4.11　测角目镜调节机构

1. 调节螺钉；　2. 固定螺钉；　3. 定位销

6.4.4　任务评价与总结

6.4.4.1　任务评价

任务评价见表6.4.1。

表 6.4.1　任务评价表

评价项目	配　分(%)	得　分
一、成果评价:60%		
是否能够熟悉万能工具显微镜的调修项目	20	
是否能够掌握万能工具显微镜的调修方法	20	
是否能够掌握万能工具显微镜调修时所用的工具与仪器的使用方法	20	
二、自我评价:15%		
学习活动的目的性	3	
是否独立寻求解决问题的方法	5	
团队合作氛围	5	
个人在团队中的作用	2	
三、教师评价:25%		
工作态度是否正确	10	
工作量是否饱满	5	
工作难度是否适当	5	
自主学习	5	
总分		

6.4.4.2　任务总结

在进行万能工具显微镜的调修时,必须按照万能工具显微镜的调修项目及其相应的调修方法,逐一进行调修,调修完成后,必须重新进行检定,根据检定结果判断调修是否达到了万能工具显微镜的使用要求。

练习与提高

1. 简述万能工具显微镜读数装置回程误差的检定。
2. 简述万能工具显微镜刻度尺像在视场中的位置不正确的调修。
3. 简述万能工具显微镜纵、横向滑板的垂直度超差的调修。
4. 简述万能工具显微镜测量孔径的操作步骤。

项目7 万能测长仪的使用与维护

7.1 项目描述

万能测长仪是一种带有长度基准,且测量范围较小(通常为 100 mm)的长度计量仪器,是用于绝对测量和相对测量的长度计量仪器,广泛应用于机械制造业、工具、量具制造业及仪器仪表制造业等企业的计量室和各级专业计量鉴定部门。主要测量对象包括:光滑圆柱形零件,如轴、孔、塞规、环规等;内螺纹、外螺纹的中径,如螺纹塞规、螺纹环规等;带平行平面的零件,如卡规、量棒、较低等级的量块等。本项目主要从万能测长仪的结构及其工作原理、万能测长仪的使用与保养、万能测长仪的检定与调修等方面进行学习,并要求学生掌握相关的技能。

7.1.1 学习目标

学习目标见表 7.1.1。

表 7.1.1 学习目标

序　号	类　别	目　　　标
一	专业知识	1. 万能测长仪的结构; 2. 万能测长仪的使用与保养; 3. 万能测长仪的检定与调修
二	专业技能	1. 万能测长仪的使用与保养; 2. 万能测长仪的检定与调修
三	职业素养	1. 良好的职业道德; 2. 沟通能力及团队协作精神; 3. 质量、成本、安全和环保意识

7.1.2 工作任务

1. 任务 1:认识万能测长仪

见表 7.1.2。

表 7.1.2　认识万能测长仪

名　　称	认识万能测长仪	难　度	低
内容： 1. 万能测长仪的结构及其工作原理； 2. 万能测长仪的使用与保养		要求： 1. 熟悉万能测长仪的结构； 2. 掌握万能测长仪的工作原理； 3. 掌握万能测长仪的使用与保养方法	

2. 任务 2:万能测长仪的检定

见表 7.1.3。

表 7.1.3　万能测长仪的检定

名　　称	万能测长仪的检定	难　度	中
内容： 1. 万能测长仪的检定项目； 2. 万能测长仪的检定方法		要求： 1. 熟悉万能测长仪的检定项目； 2. 掌握万能测长仪的检定方法	

3. 任务 3:万能测长仪的调修

见表 7.1.4。

表 7.1.4　万能测长仪的调修

名　　称	万能测长仪的调修	难　度	高
内容： 1. 万能测长仪的调修项目； 2. 万能测长仪的调修方法		要求： 1. 熟悉万能测长仪的调修项目； 2. 掌握万能测长仪的调修方法	

7.2　任务 1:认识万能测长仪

7.2.1　任务资讯

万能测长仪是一种既可以用直接比较测量法,又可用微差比较测量法对工件进行精密测量的光学计量仪器。由于结构符合阿贝原则,故又称为阿贝测长仪。按测量轴安置位置方位的不同,可分为立式测长仪和卧式测长仪,其中以卧式测长仪的使用较为广泛。

7.2.2　任务分析与计划

认识万能测长仪时,认识的主要内容有万能测长仪的工作原理、阿贝原理、万能测长仪的结构以及万能测长仪的使用。

7.2.3　任务实施

7.2.3.1　万能测长仪的工作原理

图 7.2.1 是在万能测长仪上进行测量的原理示意图。被测工件 1 安放在万能工作台 5 上,使其处于测量轴 6 和尾管 3 之间,通过测量轴上的测帽 10 和尾管上的测帽 2 与之相接触。尾管上的测帽顶点作为固定测量点,测量轴上的测帽顶点作为活动测量点(测量时可左右移动),通过万能工作台 5 的调整,可使被测工件的被测尺寸处于测量轴线上。然后,应用读数显微镜 9 把活动测量点的移动距离(即在没安放工件时使活动测量点预先与固定测量点相接触,再在安放被测工件后与被测工件相接触)测量出来,这就是工件的被测尺寸。毫米刻度尺 7 是装置在测量轴线上的,因此在万能测长仪上测量符合阿贝原则,即被测工件的被测尺寸是在仪器毫米标准刻度尺的延长线上,所以能保证仪器做较高精度的测量(无阿贝误差)。

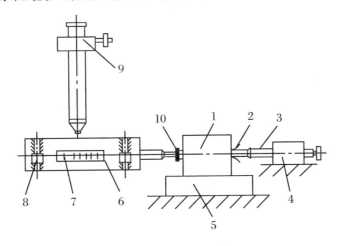

图 7.2.1　测量原理示意图

1. 被测工件；2. 测帽；3. 尾管；4. 尾座；5. 工作台；6. 测量轴；
7. 毫米刻度尺；8. 滚动轴承；9. 读数显微镜；10. 测帽

7.2.3.2　阿贝原则

1. 阿贝原则和阿贝误差

测量仪器设计时,为了简化结构有时采用近似设计,因而存在着测量仪器的原理误差。例如:机械式比较仪中百分表的标尺刻度,常常用内标尺的等分刻度代替,实际上应为不等分的刻度。再有,一般量仪设计时应符合"阿贝原则"。设计时如果不符合阿贝原则,也会造成量仪的原理误差。

阿贝原则:被测件与基准件,在测量方向上应处在同一直线上。即测量的基准件应安置在被测长度的延长线上。这是量仪设计的一条基本原则。因为在测量过程中,测量装置由于量仪制造及装配不良(如导轨不直、导轨不平、滚珠不圆及滚道精度低等)而产生倾斜。

如果量仪设计时是符合阿贝原则的,那么由倾斜而引起的测量误差,是以二次方程误差的形式出现的,因而可以忽略不计。图 7.2.2 为阿贝比长仪结构原理图。

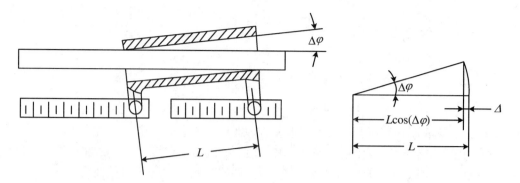

图 7.2.2 阿贝比长仪原理图

$$\Delta = L - L\cos\Delta\varphi = L[1 - \cos(\Delta\varphi)]$$

把 $\cos(\Delta\varphi)$ 展开成多项式,即

$$\cos(\Delta\varphi) = 1 - \frac{(\Delta\varphi)^2}{2!} + \frac{(\Delta\varphi)^4}{4!} - \cdots$$

由于 $\Delta\varphi$ 角很小,略去高阶微量得

$$\cos\Delta\varphi = 1 - \frac{\Delta\varphi^2}{2!}$$

代入前式

$$\Delta = L(1 - \cos\Delta\varphi) = L\left[1 - \left(1 - \frac{(\Delta\varphi)^2}{2!}\right)\right] = \frac{1}{2}L(\Delta\varphi)^2 \qquad (7.2.1)$$

式中:Δ 为导轨倾斜引起的误差;L 为两读数显微镜间的中心距;$\Delta\varphi$ 为显微镜座与导轨间相对倾斜角。

由于 $\Delta\varphi$ 很小,$(\Delta\varphi)^2$ 更小,所以可以忽略不计。因此由于导轨倾斜而引起的误差 Δ,可以忽略不计。但是如果量仪设计时不符合阿贝原则,那么由于倾斜而引起的测量误差,是以一次方的形式出现,误差比较大就不能忽略。

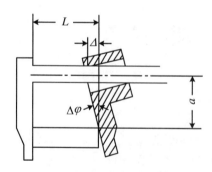

图 7.2.3 游标卡尺测量工件时倾斜

如游标卡尺测量工件,由于尺框和主尺间的间隙而引起尺框倾斜,如图 7.2.3 所示,游标卡尺不符合阿贝原则,则产生阿贝误差。测量误差为

$$\Delta = a\tan(\Delta\varphi) \approx a\Delta\varphi \qquad (7.2.2)$$

式中:Δ 为尺框引起的测量误差;a 为标尺到工件的间距;$\Delta\varphi$ 为尺框对工件的倾斜。

由此可看出,当被测线与标准线不在同一直线上时,由于导向误差引起的测量误差 Δ 与倾斜角 $\Delta\varphi$ 的一次方成正比,称为一次误差。为了得到准确的测量结果,测量时必须使被测轴线与标准线重合或在其延长线上。这个原则最先由德国科学家艾利斯·阿贝提出,故称阿贝原则,而由于不符合原则而产生的误差称为阿贝误差。

2. 减小阿贝误差的方法

在使用不符合阿贝原则的仪器进行测量时,应尽量使被测轴线与标准线接近。如在万能工具显微镜上进行纵向测量时,使用平工作台测量应尽量往里靠,并避免垫高;使用顶尖测量时,应在靠近立臂一侧压线读数等。

7.2.3.3　万能测长仪的结构

图 7.2.4～图 7.2.6 为万能测长仪的外形图。由图可知,万能测长仪主要是由底座、测量座、尾管、万能工作台等部件所组成。下面分别来叙述万能测长仪的主要结构。

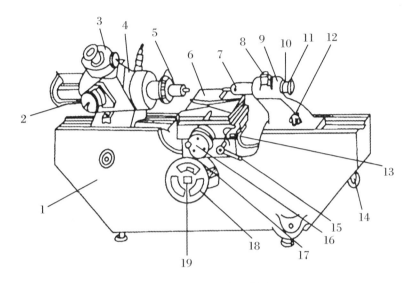

图 7.2.4　万能测长仪的外形

1. 底座；　2. 微动手轮；　3. 读数显微镜；　4. 测量座；　5. 测量轴；　6. 万能工作台；　7. 微调螺钉；　8. 尾管紧固手柄；　9. 尾座；　10. 尾管；　11. 微动手轮；　12. 尾座紧固手柄；　13. 工作台转动手柄；　14. 平衡手轮；　15. 工作台摆动手柄；　16. 微分筒；　17. 限位螺钉；　18. 工作台升降手轮；　19. 锁紧螺钉

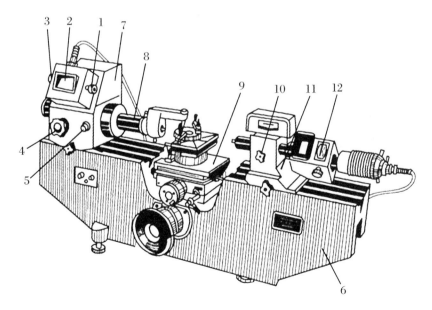

图 7.2.5　投影式万能测长仪的外形

1,3. 调节螺钉；　2. 投影屏；　4. 纵向锁紧装置；　5,6. 底座；　7. 阿贝测量头；　8. 主轴；　9. 工作台；　10. 锁紧螺钉；　11. 尾座；　12. 投影光学计管

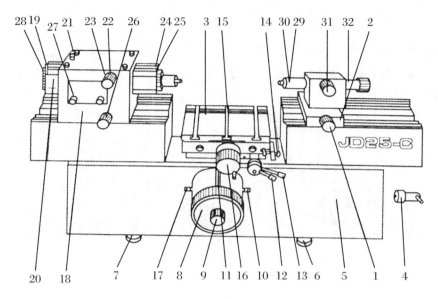

图 7.2.6 数显式万能测长仪的外形

1. 尾座紧固螺钉；2. 尾座；3. 万能工作台；4. 工作台平衡调节手轮；5. 底座；6,7. 底脚螺丝；
8. 工作台升降锁紧手柄；9. 工作台升降手轮；10. 工作台升降下限设定螺钉；11. 工作台升降高度刻
度盘；12. 工作台摆动锁紧手柄；13. 工作台摆动调节手柄；14. 工作台转动调节手轮；15. T形槽；
16. 工作台测微鼓；17. 工作台升降上限设定螺钉；18. 阿贝测量头；19. 外测张力索夹头；20. 测量
主轴；21. 测量主轴锁紧螺钉；22. 测量主轴微动机构啮合手轮；23. 测量主轴微动手轮；24. 内测张
力索夹头；25. 测量主轴前端锁紧螺母；26. 阿贝测量头紧固螺钉；27. 重锤门开关；28. 测量主轴后
端锁紧螺母；29,30. 尾管测帽固定轴调节螺钉；31. 尾管紧固螺钉；32. 尾管

1. 测量座

如图 7.2.7 所示，测量座是由测量轴 4、读数显微镜 2、照明光源 7 及摩擦微动装置 8 等
组成的。测量座安装在底座左侧的导轨面上，通过滑座可在仪器底座的导轨面上移动，并用
手柄将其固定在导轨的任意位置上。在测轴的左右两端各有一牵绳环 1 和 5。在测内尺寸
时，用右端的牵绳环牵住测力重锤 9 的线，产生向左的测量力；在测外尺寸时，用左端的牵绳
环牵住测力重锤引线而产生向右的测量
力。10 为限位杆，用以防止测量轴与尾管
的测端互相碰撞。

（1）测量轴

图 7.2.8 为测量轴中段的剖面图，在
测量轴 1 中段的中间剖面上，沿轴线方向
安置有一根刻划长度为 100 mm、分度值为
1 mm 的玻璃刻度尺 2，这就是测长仪的测
量标准尺（图 7.2.7 中 3）。测量轴能沿自
己的轴线做直线运动，它是由图 7.2.8(a)
所示的三个成一组的滚动轴承 4 支承和导
向的（左右共有两组）。每个轴承都分别装
在自己的偏心轴上，以便单独进行调整。

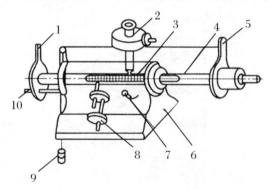

图 7.2.7 测量座结构

1. 左牵绳环；2. 读数显微镜；3. 毫米刻度尺；
4. 测量轴；5. 右牵绳环；6. 滑座；7. 照明光源；
8. 摩擦微动装置；9. 测力重锤；10. 限位杆

测量轴的防转是靠图 7.2.8(b)所示的装在测量轴凸形侧面的两个滚动轴承 3 来实现的。当转动轴承架 6 时,即可调整两个滚动轴承对两侧面间的间隙即夹紧程度(使用中不需调整)。滚花螺钉 5 为测量轴紧固螺钉,此螺钉松开时,可用手推动测量轴做轴向移动,旋紧时可将测量轴固定于其运动范围内的任意位置上。

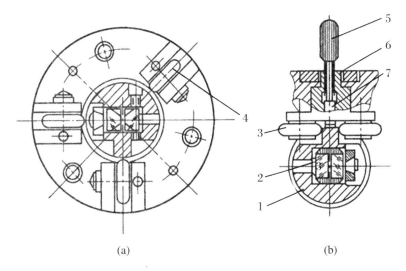

(a)　　　　　　　　　　　　　　　　　　(b)

图 7.2.8　测量轴中段剖面图

1. 测量轴;　2. 刻度尺;　3,4. 滚动轴承;　5. 测量轴紧固螺钉;　6. 轴承架;　7. 销子

(2) 读数显微镜

读数显微镜装在测量座的壳体上,如图 7.2.7 所示。这种读数显微镜的读数原理是采用光学游标式,其测微原理和读数方法分述如下。

① 目镜视场中的刻线与视窗。

从读数显微镜的目镜视场中,可看到三种不同的刻线分置在两个不同的视窗中。在上面大的视窗中有两种刻线,一种是固定的双刻线,从左端开始标有 0~10 的数字,这是刻度值为 0.1 mm 固定分划板上的刻线。另一种是一条长刻线并在其上方标有数字,这是毫米刻线尺上的毫米刻线。在下面较小的视窗中,可看到一组可移动的刻线,在其上方标有 0~100 的数字,这是刻度值为 0.001 mm 的活动分划板上的刻线,如图 7.2.9(a)所示。

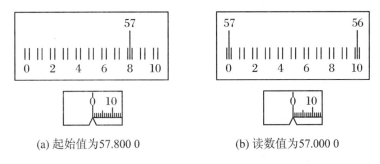

(a) 起始值为57.800 0　　　　　　　　(b) 读数值为57.000 0

图 7.2.9　读数显微镜目镜视场

② 测量前的调整。

在开始测量之前,首先转动图 7.2.7 中读数显微镜的右侧手轮,使目镜视场中移动的微米分划线对准零位,即微米分划板上的"0"线对准小视窗中的△标记。然后转动读数显微镜

左侧的手轮或尾管上的微动手轮(图 7.2.4 中 11),使大视窗中的毫米长刻线对称地位于某一双刻线中间。上述调整完毕后,才可开始进行测量。此时读得的数值,即为测量的起始值。如图 7.2.9(a)和(b)所示。在对工件进行测量后,显微镜中的毫米刻线已移动至某一位置,假设为图 7.2.10(a)所示位置,这时从三种刻线中即可读出工件测量后的读数值。

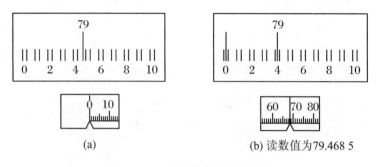

(a)　　　　　　　　　　　　(b) 读数值为 79.468 5

图 7.2.10　读数显微镜目镜视场

③ 读数方法。

首先从毫米刻线和 0.1 mm 分划板上,读出毫米值和 0.1 mm 的数值,然后顺时针转动读数显微镜的右侧手轮,在视场中可看到毫米刻线和微米分划线均向左移动,当处于任意位置的毫米刻线向左就近移至某一双刻线中间时微米分划线也相应移动至某一位置。此时从微米分划板上可读出 0.001 mm 的数值,并可估读到 0.1 μm,如图 7.2.10(b)所示,其数值为 79.468 5 mm。若上述情况的起始值为某一毫米值,则应将最后测得的读数值减去起始值,才是被测工件的实际尺寸。

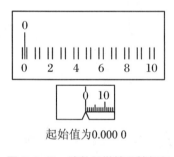

起始值为 0.000 0

图 7.2.11　读数显微镜目镜视场

起始值也可取 0.000 0,即将毫米刻尺的"0"刻线对称地位于"0"双刻线之中,如图 7.2.11 所示。若起始值取 0.000 0,则最后测得的读数即为被测工件的实际尺寸。当起始值对准后,必须用紧固螺钉将目镜头固定,以防止其转动。

(3) 测量轴微动装置

① 微动装置的作用。

在测长仪上检定测微表或用电眼装置测小孔时,需要使测量轴做微量位移,这要靠微动装置来实现,微量移动可小至 0.5 μm。

② 微动装置结构与调整。

微动装置是一种摩擦传动机构,结构如图 7.2.12 所示。微动手轮 8 与传动轴 5 用螺钉连接在一起,传动轴 5 的球形端头,靠弹簧 4 压在摩擦盘 3 上,盘 3 的底面装有滚珠止推轴承,使摩擦盘的转动很灵活。利用弹簧 7,并通过轴套 6,使摩擦盘的转轴 2 的球形端头压在测量轴 1 的侧表面上。当转动微动手轮 8 时,通过轴 5 带动摩擦盘 3 转动,转动方向如图 7.2.12(b)所示。此时转轴 2 与测量轴 1 之间产生摩擦,使测量轴 1 按图 7.2.12(c)所示方向移动。如改变微动手轮的旋转方向,则测量轴的位移方向亦相反。

当微动手轮旋转一周时,微动手轮外圆上任一点都移动 $2\pi r_1$,测量轴的直线位移为 $1 \times \dfrac{r_2}{r_3} \times 2\pi r_4$,故传动比 K 为

$$K = \frac{2\pi r_1}{1 \times \dfrac{r_2}{r_3} \times 2\pi r_4} = \frac{r_1 r_3}{r_2 r_4}$$

当 $r_1 = 25$ mm, $r_2 = 0.53$ mm, $r_3 = 12$ mm, $r_4 = 0.57$ mm 时,得 $K \approx 1\,000$。如转动微动手轮 8 的小直径部分,则传动比为 200 左右。

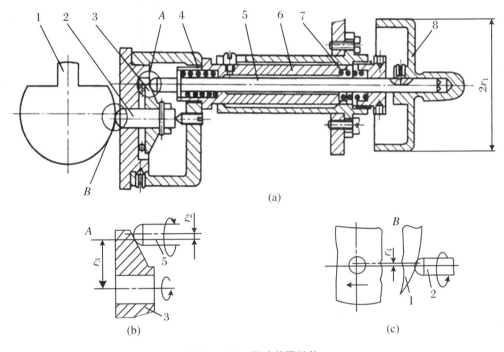

图 7.2.12　微动装置结构

1. 测量轴；2. 转轴；3. 摩擦盘；4. 弹簧；5. 传动轴；6. 轴套；7. 弹簧；8. 微动手轮

当使用测量轴微动装置时,必须先转动测量轴微动离合手轮(图中未示出,在微动手轮正后方,有红、黑色标点记号),使其红色标点对准指标线。当不使用微动装置时,则须使其黑色标点对准指标线。

2. 尾座与尾管

尾座安装在底座右侧的导轨面上,它像测量座一样,可沿导轨面移动,并可用紧固手柄12(图 7.2.4)将其固定于所需位置。尾管插在尾座的孔中,尾管的测杆上可装不同的测帽,构成测量中的固定测点。

(1) 尾管的结构

图 7.2.13 所示为尾管的结构。

(2) 尾管的调整

转动微动手轮 16,可使测杆 12 沿测量轴线方向微动。测杆 12 的一端可装测帽,另一端以螺纹与连接杆 7 连接。通过 7 与压头 10 之间的弹簧 8,测头杆被压靠在钢球 6 和滑杆 5 上,滑杆 5 又通过弹簧 3 压靠在微动螺杆 1 的顶端上。导向螺钉 14 可防止滑杆 5 转动,从而也防止了测杆 12 的转动。测杆在压头 10 的孔中是有间隙的,调整螺钉 13(共有两个,在相互垂直成 $90°$ 的位置上,与调整螺钉 13 相对一方为弹性套 11)可使测杆做上下、左右的微量摆动。这样调整的目的是为了保证尾座上的测杆与测量轴上的测杆轴线一致,这对保证测量结果的准确性是很重要的。如使用平面测帽,则先松开测量轴紧固螺钉(图7.2.8中5),用手扶住测量轴,并使其向尾管缓慢靠近,直到两个平面测帽互相接触为止(为便于调整,可在两测帽间垫夹一块1~3μm的量块)。此时应用螺丝刀缓慢地调整螺钉13(有两个,先调其中的一个),同时从目镜中观察毫米刻线的移动情况,注意在毫米刻线移动的转折点位置上停止对螺钉的调节。以同样方法调节另一个螺钉,也停止在毫米刻线移动方向的转折点位置上,这样两个测帽就算调整好了。如使用球面测帽,调整方法与平面测帽大致相同,但其"转折点"不明显,有时甚至找不到"转折点",这时可手持放大镜,直接观察两球面测帽接触情况,将球面测帽上下、左右进行调整,使两个测帽在正中处接触。可在工作台上垫放一张白纸,这样观察起来将清晰得多。

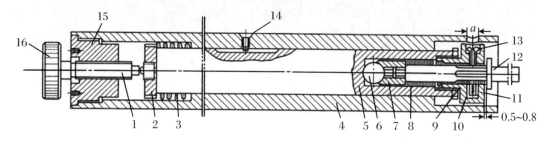

图7.2.13　尾管结构

1. 微动螺杆;　2. 弹簧帽;　3. 弹簧;　4. 尾管外套;　5. 滑杆;　6. 钢球;　7. 连接杆;　8. 弹簧;　9. 锁母;　10. 压头;　11. 弹性套;　12. 测杆;　13. 调整螺钉;　14. 导向螺钉;　15. 端帽;　16. 微动手轮

3. 万能工作台

万能工作台处于底座的中央位置,可安放支架、浮动工作台、绝缘工作台等附件。为了保证工件的被测尺寸正确地位于测量轴线的延长线上,万能工作台应能做5个方位的运动,以便使被测尺寸调整到正确的测位上,如图7.2.14(a)中的 A-A 方位。

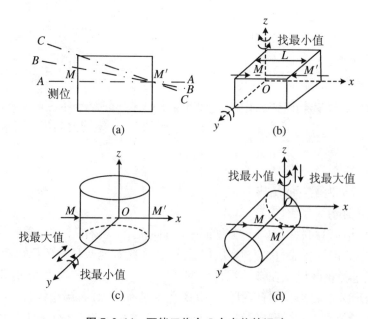

图7.2.14　万能工作台5个方位的运动

（1）工作台的调整

① 测量长方形工件宽度时的调整。

如要测量长方形工件的宽度 L（图 7.2.14(b)），两测帽 M 和 M' 与表示宽度 L 的两个平行平面相接触，工件要绕 y 轴转动找读数的最小值，同时还要绕 Z 轴旋转找读数的最小值。只有在此两最小值位置上的读数，才是尺寸 L 的正确值。

② 测量直立放置圆柱形工件直径时的调整。

图 7.2.14(c) 为直立放置的圆柱形被测件，若要测其直径，就要使被测件沿 y 轴前后移动找最大值，同时还要绕 y 轴转动找最小值。

③ 测量横放圆柱形工件直径时的调整。

图 7.2.14(d) 为横放的圆柱形被测件，测直径时，要使工件沿 z 轴上下移动找最大值，同时还要绕 z 轴转动找最小值。

④ 测量过程中的自由滑动。

在测量过程中，特别是在找正确测位时，为使两测帽与被测件保持可靠的接触，同时装卸被测件时不致磨损测头，需要工作台上部的面板沿测杆轴线（x 轴）方向能自由滑动。

综上所述，万能工作台必须具备五种运动。

（2）工作台的五种运动形式及范围

① 工作台的横向移动，即沿 y 轴前后移动。转动图 7.2.4 中的微分筒 16，可使工作台横向移动 25 mm，微分筒的分度值为 0.01 mm。

② 工作台的升降运动，即沿 z 轴上下移动。转动图 7.2.4 中的工作台升降手轮 18，可使工作台上升或下降，升降范围为 105 mm，升降数值可从刻度盘上读出，刻度盘上的分度值为 0.5 mm。右侧限位螺钉 17 用以限制工作台的下降，而另一左侧限位螺钉用以限制工作台的上升。要使工作台固定在任意位置上，则可用其中央位置的锁紧螺钉 19。

③ 工作台的摆动，即绕 y 轴的转动。扳动图 7.2.4 中的手柄 15 可使工作台做 $\pm 3°$ 的摆动，其前方同轴的较短手柄为锁紧手柄。

④ 工作台的转动，即绕 z 轴的转动。扳动图 7.2.4 中的手柄 13 可使工作台绕垂直轴旋转 $\pm 4°$。

⑤ 在测量轴线的方向上，工作台可自由滑动，滑动范围为 ± 5 mm。中心位置有红点标记。

4. 底座

底座是用来承受和安放仪器主要部件和各种附件的。前面介绍的测量座、尾座、万能工作台等都安放在底座上。

底座的下面有三个安平螺钉，底座的水平位置是能通过安平螺钉和圆水准器来调整的。

在底座的右下方有一较大的平衡手轮（图 7.2.4 中的 14），它和一根拉簧相连，该拉簧通过一套杠杆机构，对工作台产生向上的顶力，以承托工作台及被测件的重量，可使工作台升降灵便且可避免工作台下降太快而碰撞底座。承托力的大小可通过转动平衡手轮来进行调整（不需经常调整）。

5. 其他装置

为了完成对各种不同形状零件的测量，仪器备有多种附件，其主要附件介绍如下。

① 电眼装置（包括指示器、绝缘工作台、支持臂和球形测头），主要用来测量 1～20 mm

的内孔,可使测量力接近于零。

② 内测装置(包括大测钩、小测钩、小测钩顶针轴和标准环),用来测量内尺寸。

③ 内螺纹测量附件(包括带 55°槽的测规和带 60°槽的测规、量块夹、浮动工作台、球形测头和弹簧压板等),用来测量内螺纹中径。

④ 其他附件,如顶针架(安装有中心孔的工件用)、压板(压紧被测件用)、球面测帽、平面测帽、刃形测帽、重锤等。

7.2.3.4　典型测量方法举例

1. 用标准环测量内孔直径

测内孔直径需选用内测装置。

(1) 内测装置

内测装置包括大测钩、小测钩、小测钩顶针轴和标准环。小测钩可测孔径范围为 10~100 mm,最大孔深为 15 mm。大测钩可测孔径范围为 50~150 mm,最大孔深为 50 mm。小测钩顶针轴可装于尾管孔中,代替尾管安装小测钩用。标准环主要用于微差比较测量,其上标有刻线标记处的直径尺寸。

(2) 装调与测量

① 测量时,首先安装大测钩或小测钩(由被测尺寸决定)。大测钩可直接装在测量轴和尾管的外圆表面上,小测钩则装在测量轴及顶针轴上,此时需卸下尾管将顶针轴(图 7.2.15)

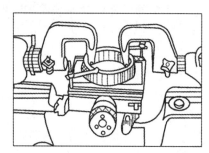

图 7.2.15　内测装置

装于尾管孔中。顶针轴的端部结构和尾管相似,但顶针轴由 4 个可调螺钉来调整顶针轴的测杆,使之与测量轴上的测杆同在一轴线上,且一次调整后,可长期多次使用。而尾管是用两个螺钉和两个弹性套来调整其测杆的,且每次装拆测头或尾管之后,均需进行调整。

② 测钩装调好后,将标准环装于垫铁之上,注意应使标准环上的标记线通过测量轴线,并用压板固紧。上升工作台,调整测量轴及尾管(或顶针轴)的位置,使两测钩伸入标准环内并达到适当深度,还要使工作台

在测量轴线方向应有较大的双向活动范围。挂上测力重锤,手扶测量轴,使之缓慢地左移至测钩与标准环壁相接触。

③ 调整工作台,找正测位,使标准环处于正确位置,随后对准起始值。起始值可为任意值,此时测量结果要通过简单的运算获得;起始值也可以是整数值(mm);起始值还可以为零值(0.0000)。但这需要调整即移动整个测微目镜头,甚至移动测量座和尾座来实现。内尺寸测量中常用两种起始值,一为任意值,另一为标准环尺寸值。

④ 当对准起始值后,把标准环取下,将被测件放在工作台上并加以紧固。随后调节工作台,使被测件处于正确的测量位置上,此时就可以从显微镜中读数。当对准的起始值为标准环尺寸时,此读数值就是被测工作的测量结果。若对准的起始值为任意值,则被测内径尺寸

$$A = A_0 + (A_2 - A_1)$$

式中:A_1 为对准的起始值;A_2 为显微镜的读数值;A_0 为标准环的尺寸值(此值刻在标准环上)。

如无标准环,也可用量块和专用的量块夹组成标准内尺寸,进行微差比较测量。

测长仪的毫米刻度尺,一般都附有一修正值表,对要求较高的精密测试,要用此表中的修正值对每一读数进行校正。

2. 用电眼装置测量内孔直径

(1) 电眼装置及安装

如图 7.2.16 所示,用电眼装置可测量 1～20 mm 的内孔。由于应用了电眼指示器,不挂重锤,测量力近似为零,从而使测量精度有所提高。

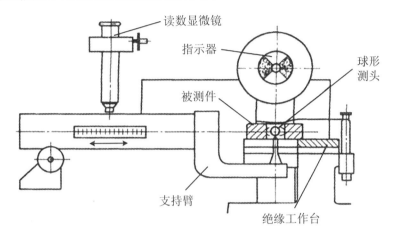

图 7.2.16　电眼装置测量内孔

电眼装置包括指示器、绝缘工作台、支持臂头和球形测头等部分。

① 指示器。由电眼及支柱组成。使用时,将支柱的长柄插装在仪器工作台后方的相应孔中,并用螺钉紧固。

② 绝缘工作台。其台面与台架之间是绝缘的,中间隔着一层绝缘材料。绝缘工作台安放在万能工作台上面,两侧用螺钉紧固。螺钉的顶尖端要嵌在万能工作台侧面的紧固槽中。绝缘工作台上有一水准器,用以调整工作台面的水平(注意,此时仪器底座上的圆水准器必须居中)。台面上的缺口是为了在测内孔时便于将球形测头自下方伸进被测孔中。

③ 支持臂和球形测头。支持臂可套在测量轴上,其上的球形测头共有 4 个,球头直径大小不同,以适应不同大小孔径的测量。在将被测件放到绝缘工作台面上之前,一定要将工件的安装面、测量面及球形测头的球头等表面均用航空汽油洗净,以使接触时能导电。

(2) 调整与测量

① 调整。

测量前要使测量轴线通过孔径的中心。球形测头初步安置在被测件的孔中心附近后,将被测件用压板固紧,然后上升或下降万能工作台,使球头约在孔高的 1/2 处,将万能工作台固定在此高度上。用手移动测量轴,使球头至离孔壁约 0.5 mm 处,将测量轴固定。转动测量轴微动离合手轮(见前),使其红色标点对准指标线,转动测量轴微动手轮(图 7.2.4 中2),使球头与孔壁接触。当电眼全亮并固定不变时,表示接触过分;如电眼只发生闪耀现象,则表明球头与孔壁的接触为理想的临界接触,即测量力近似于零。记下万能工作台微分筒(图 7.2.4 中16)上的读数 a_1,然后向脱离接触方向转动微分筒,直到电眼再次发生闪耀时,记下微分筒上的另一读数 a_2。将微分筒退至两次读数的平均位置,即

$$a = \frac{a_1 + a_2}{2}$$

这样被测孔的直径已与测量轴线重合。

② 测量。

上述调整步骤结束后,就可利用测量轴的粗动和微动装置,使球头先后与孔径两壁相接触,在电眼闪耀时,从读数显微镜中记下两次读数 A_1 和 A_2,则被测孔径 A 为

$$A = d_0 + (A_2 - A_1)$$

式中:d_0 为球形测头的直径。

7.2.3.5　万能测长仪的保养

① 测量前将测头测帽及被测件表面用软布或者吸油纸蘸汽油擦净,测量后需重新涂上防锈油,放入附件箱或者干燥箱内。

② 仪器切勿随意搬动、震动,使用时轻拿轻放,切勿猛烈撞击。

③ 保持室内清洁,温度控制在(20±1)℃,湿度控制在60%以内。

④ 导轨应定时保养涂油。

7.2.4　任务评价与总结

7.2.4.1　任务评价

任务评价见表7.2.1。

表 7.2.1　任务评价表

评价项目	配　分(%)	得　分
一、成果评价:60%		
是否能够熟悉万能测长仪的结构	20	
是否能够掌握万能测长仪的工作原理	20	
是否能够正确地使用和保养万能测长仪	20	
二、自我评价:15%		
学习活动的目的性	3	
是否独立寻求解决问题的方法	5	
团队合作氛围	5	
个人在团队中的作用	2	
三、教师评价:25%		
工作态度是否正确	10	
工作量是否饱满	5	
工作难度是否适当	5	
自主学习	5	
总分		

7.2.4.2　任务总结

1. 熟悉万能测长仪的结构、理解万能测长仪的工作原理,是使用万能测长仪的前提条件。因此,我们必须要熟悉万能测长仪的结构、理解万能测长仪的工作原理。

2. 在使用和保养万能测长仪时,必须按照万能测长仪的使用要求和正确的保养方法,进行使用和保养,这对于保证万能测长仪的工作精度、延长万能测长仪的使用寿命,具有重要的意义。

练习与提高

1. 万能测长仪能测量哪些参数?
2. 万能测长仪的主要组成部分有哪些?
3. 万能测长仪的测量范围是什么?
4. 简述万能测长仪工作台有哪些运动。

7.3　任务 2:万能测长仪的检定

7.3.1　任务资讯

万能测长仪在使用一段时间后,必须要对其工作性能指标进行检定,根据检定的结果判断万能测长仪是否能够满足工作性能的要求。

7.3.2　任务分析与计划

万能测长仪的检定,以现行的《国家计量检定规程》JJG 55—1984 为准。该规程对检定三条件、检定项目、检定要求和检定方法,以及检定结果的处理都做了明确的规定。

下面将测长仪的受检项目及主要检定工具列于表 7.3.1 中。

表 7.3.1　测长仪的受检项目及主要检定工具

序号	受检项目	主要检定工具	新制的	使用中	修理后	立式测长仪	卧式测长仪
1	外观和各部分的相互作用	—	+	+	+	△	△
2	工作台的平面度	ϕ100 mm 二级平晶	+	+	+	△	
3	测量轴移动的平稳度	秒表	+	+	+	△	
4	工作台与测量轴线的垂直度	零级直角尺,0.001 mm 微测表	+	+	+	△	

续表

序号	受检项目	主要检定工具	新制的	使用中	修理后	立式测长仪	卧式测长仪
5	水准器的正确性	0.05 mm/m 水平仪	+	—	+		△
6	基座导轨的直线度	1″自准直仪	+	+	+		△
7	测量轴移动的直线度	1″自准直仪	+	+	+		△
8	测量轴在移动中的转动	0.1 mm/m 水准器	+	+	+		△
9	测量轴与基座导轨的平行度	杠杆式千分表或测微表	+	+	+		△
10	读数装置各刻线间的视差和相对位置	—	+	+	+	△	△
11	毫米刻度尺与其移动方向的平行度	—	+	+	+	△	△
12	螺旋线分划板中心与回转中心的重合性	—	+	+	+	△	△
13	0.1 mm 刻度尺与微米分划板的相对位置	—	+	+	+	△	△
14	读数装置放大倍数的正确性	1 mm、2 mm、3 mm 量块	+	+	+	△	△
15	读数装置的回程误差	—	+	+	+	△	△
16	读数装置的示值误差	3 等量块	+	+	+	△	△
17	工作台紧固的平稳性	0.05 mm/m 水平仪	+	+	+		△
18	工作台面与基座导轨面在横面上的平行度	光学倾斜仪或合像水平仪	+	+	+		△
19	工作台横向移动与测量轴的垂直度	测微表	+	+	+		△
20	工作台的可靠性	50 mm 3 等量块	+	+	+		△
21	工作台微分筒的示值误差和回程误差	玻璃刻度尺、读数显微镜	+	+	+		△
22	测量轴和尾管的同轴度	千分尺	+	+	+		△
23	尾管测量杆径向调整机构的作用	ϕ8 mm 平面测帽	+	+	+		△
24	测量杆受径向力时对示值的影响	径向力专用工具	+	+	+	△	△
25	测力的正确性	测力计	+	+	+	△	
26	示值变动性	50 mm 3 等量块	+	+	+		△
27	仪器的示值误差	3 等量块	+	+	+	△	△
28	用内测量附件时的示值误差	环规	+	+	+		△
29	绝缘工作台水准器的正确性	0.02 mm/m 水平仪	+	+	+		△
30	电眼测量头的球径	—	+	+	+		△
31	电眼装置的示值变动性	10 mm 量块	+	+	+		△
32	环规的孔径	孔径测量仪	+	+	+		△
33	平面测帽的正确性	二级平晶及专用测量杆或自准直仪	+	+	+	△	△
34	光学计	见光学计检定规程	+	+	+		△

注:表中"+"、"△"表示应该检定;"—"表示可不检定。

7.3.3　任务实施

主要项目的检定方法如下所示。

(1) 外观和各部分相互作用

【要求】

① 在各工作面上应无锈迹、碰伤、明显的划痕及影响准确度的其他缺陷。涂漆和镀层应无脱落现象。

② 光学系统成像应清晰,视场内应无油迹、灰尘、水渍和霉点等影响读数的疵病。

③ 刻度尺的刻线应平直,应无大于该刻线宽度一半的断线、线结和变粗现象。

④ 各活动部分的作用应灵活、平稳、无卡住等现象;制动螺丝的作用应切实有效;附件安装应顺利可靠。

⑤ 在仪器上应标明制造厂名或厂标、出厂编号。

⑥ 使用中和修理后的测长仪,应无影响使用准确度的缺陷。

【检定方法】　观察和试验。

(2) 工作台的平面度

【要求】　平面度不大于 1 μm,不允许凹陷。

【检定方法】　用直径为 100 mm 的二级平晶以技术光波干涉法检定。

(3) 测量轴移动的平稳性

【要求】　测量轴在移动过程中,应平稳无跳动和阻滞现象。当限制杆固定在最上面位置时,测量轴下降 100 mm 所需的时间,不加重量片时不超过 20 s,加三片重量片时不少于 5 s。

【检定方法】　使测量轴上升和下降,同时观察毫米刻度尺的移动情况。将限制杆固定在最上位置,上升测量轴,并在测量轴上端不加重量片和加重量片时,用秒表观测测量轴下降 100 mm 所需的时间。

(4) 工作台面与测量轴线的垂直度

【要求】　不超过 1′。

【检定方法】　用尺寸为 100 mm×63 mm 的零级直角尺检定。

检定时,将分度值为 0.001 mm 的测微表固定在测量轴上。将直角尺安置于工作台面上,调整测微表,使测量头与直角尺长边工作面接触,并使测微表的示值为零位或其邻近的某一值。移动测量轴 100 mm 后,读取测微表的示值变化量 a_1。然后将直角尺沿工作台面转变 90° 方位。按上述方法检定,并读取测微表的示值变化量 a_2。工作台面与测量轴线的垂直度 Δ 按式(7.3.1)计算求得,即

$$\Delta = 0.034 \sqrt{a_1^2 + a_2^2} \tag{7.3.1}$$

(5) 基座导轨的直线度

【要求】　不超过 15′。

【检定方法】　用分度值不大于 1″ 的自准直仪检定。

检定时,将被检仪器放置在稳固的基体(如金属板)上,自准直仪安装在仪器的一侧,并与仪器在同一基体上,移动尾座至导轨右端,并在尾座上安装一平面反射镜,取下测量座,调整自准直仪,使其与反射镜处在同一轴线上,这时可根据由平面反射镜反射回来的像进行对

准和读数。移动尾座至仪器右侧导轨的中间和左端,并按自准直仪读数,再将尾座移放到仪器左侧导轨的右端、中间和左端位置上,依次按自准直仪读数。导轨的直线度以任意两读数的最大差值确定。这一检定,需要在导轨的垂直方向和水平方向上进行。

使用中的仪器,也可以用尺寸为 100 mm 的 3 等量块和直径为 $\phi 8\,mm$ 的平面测帽检定。检定时,先将平面测帽安装在测量轴和尾管的测量杆上,移动测量座和尾座至适当位置。当两测帽相接触时,仪器的示值大致处于零位。借助尾管测量杆径向调整螺钉,将两测帽的测量面调整至平行。然后将测量座和尾座对称地向两边移动至所需位置。将尺寸为 100 mm 的量块安装在工作台上。升降和移动工作台,使量块测量面的同一部位分别与平面测帽测量面的上下和前后一半接触。转动工作台的水平轴和垂直轴,找到量块的最小值。四个最小值中的最大值与最小值之差,应不大于 $0.3\,\mu m$。

(6) 测量轴移动的直线度

【要求】　不大于 15″。

【检定方法】　用分度值不大于 1″ 的自准直仪检定。

检定时,先在测量轴上安装一平面反射镜。自准直仪借助垫块放置在仪器右侧的导轨上。经上述安装后,使测量轴处于零位。调整自准直仪,使其视场中见到由反射镜反射回来的像,并进行对准和读数,然后移动测量轴 20 mm 进行对准和读数。任意两读数的差值不大于 15″。直线度的检定应在相互垂直的两个方向上进行。

(7) 测量轴在移动中的转动

【要求】　不大于 90″。

【检定方法】　用分度值不大于 0.1 mm/m 的水准器检定。

检定时,借助夹具将水准器固定在测量轴上。调整水准器,使其纵向垂直于测量轴,再以正反行程移动测量轴,并观察水准器的气泡的变化。

(8) 读数装置各刻线间的视差和相对位置

【要求】　指标线与微米刻线,毫米刻度尺的刻线和螺旋线(或双线)等之间应无视差和倾斜。毫米刻度尺的刻线应对称于 0.1 mm 刻度尺。

【检定方法】　借助手轮,转动微米分划板,使微米刻线与指标线相靠并留有适当光隙,这时可观察两刻线间是否有倾斜。在目镜左右(或上下)两边观察示值有无变化。这一检定,应在均匀分布于微米分划板的四个位置上进行。

移动测量轴,使毫米刻度尺的刻线与任一螺旋线(或双线)相对准后,在目镜上下(或左右)两边观察示值是否变化,并观察毫米刻度尺的刻线是否对称于 0.1 mm 刻度尺。这一检定应至少在分布于毫米刻度尺的 3~5 个不同位置上进行。

(9) 0.1 mm 刻度尺与微米分划板的相对位置

【要求】　不超过 $0.1\,\mu m$。

【检定方法】　移动测量轴,使毫米刻度尺的任一条刻线与 0.1 mm 刻度尺的 0.5 mm 那条刻线对准,并从微米刻度上读出相对于零位的偏移量。

(10) 读数装置放大倍数的正确性

【要求】　不超过 $0.5\,\mu m$。

对于使用中的进口测长仪,应检定其读数装置与毫米刻度尺的相符性,要求不超过 $0.5\,\mu m$。

【检定方法】　读数装置放大倍数的正确性,用尺寸为 1 mm,2 mm 和 3 mm 的 3 等量块以"配对法"检定。

检定卧式测长仪时,移动测量轴,使测量杆上的球面测帽相接触,并调整至正确状态。在两测帽之间放入一块1mm量块,转动微米刻度,使其零线与指标线对准。再转动尾管的微动螺丝,使毫米刻度尺的任一条毫米刻线处于0.1mm刻度尺的零线位置,并与螺旋线(双线)对准。然后换上2mm量块,与0.1mm刻度尺的尾线位置的螺旋线(双线)对准。按微米刻度读出误差r_1。重新使微米刻度尺的零线与指标线对准,转动尾管的微动螺丝,使毫米刻线与0.1mm刻度尺的零线位移对准,同时与螺旋线(双线)对准。在测帽之间换放3mm量块,按上述方法进行对准,并取读数r_2。放大倍数误差δ按式(7.3.2)求得,即

$$\delta = \frac{\sum r_i - (\Delta L_n - \Delta L_1)}{n} \quad (\mu m) \tag{7.3.2}$$

式中:ΔL_n,ΔL_1分别为最后和起始量块的偏差值(μm);n为配对数。

(11) 读数装置的回程误差

【要求】　应不超过$0.2\mu m$。

【检定方法】　转动微米刻度,使其零线与指标线对准,移动测量轴,使毫米刻度尺的任一毫米刻线与螺旋线(或双线)大致对准。然后转动微米刻度,使螺旋线(或双线)分别以正向和反向对准毫米刻线,并按微米刻度读数。每一方向均要进行四次对准和读数,取其平均值作为该方向的读数,回程误差以正向和反向读数的差值确定。

回程误差的检定,至少应在均匀分布于微米刻度的五个不同位置上进行。

(12) 读数装置的示值误差

【要求】　应不超过$0.6\mu m$。

【检定方法】　用3等量块检定。

在测量轴和尾管的测量杆上安装球面测帽。移动测量轴,使两球面测帽相接触,借助尾管测量杆径向调整螺钉,将球面测帽调整至正确状态(最大值)。将尺寸为1mm的量块放入两球面测帽之间。转动微米刻度,使其零线与指标线对准。调整读数装置或转动尾管测量杆的微动螺丝,使毫米刻度尺的任一毫米刻线处于0.1mm刻度尺的零线,并与螺旋线(或双线)对准。

经上述安装和调整后,依次地将尺寸为1.02mm,1.04mm,1.06mm,1.08mm,1.1mm,1.2mm,1.3mm,1.4mm,1.5mm,1.6mm,1.7mm,1.9mm和2mm的量块放入球面测帽之间,并依次使螺旋线(或双线)与毫米刻度尺的刻线对准并读数,每一点应进行四次对准和读数,取其平均值作为该点的测得值。读数装置的示值误差,以各点的误差中最大的正误差绝对值和最大的负误差绝对值之和确定。

(13) 工作台面与基座导轨面在横向上的平行度

【要求】　应不超过0.9mm/m。

【检定方法】　用光学倾斜仪(光学象限仪)或合像水平仪检定。

检定时,将倾斜仪或水平仪按被检仪器的纵向放在工作台面上,调整工作台,使台面处于水平位置,然后将倾斜仪或水平仪按被检仪器的横向分别放在工作台面和导轨面上,读取倾斜仪或水平仪的读数,这两个读数之差即为工作台面和基座导轨面在横向上的平行度。

这一检定,应在工作台处于升降行程的上、中、下三个位置上进行。

(14) 工作台横向移动与测量轴的垂直度

【要求】　在25mm长度上不大于0.03mm。

【检定方法】 在仪器上安装绝缘工作台,将测微表固定在绝缘工作台上。卸下测量轴上的测量杆,升降工作台,使测微表处于测量轴线位置。移动测量轴,使其端面与测微表的测量头相接触,同时使测微表的示值调至零位或其邻近的某一值后,将测量轴固定。横向移动工作台 25 mm,并观看测微表的示值变化,其变化量即为垂直度的测量值。

(15) 工作台的可靠性

【要求】 用球面测帽时,不大于 $0.2\ \mu m$。当水平轴紧固时,引起的示值变化不超过 $0.2\ \mu m$。

【检定方法】 将测量座和尾座移至适当位置。移动测量轴,使其测量杆上的球面测帽与尾管测量杆上的球面测帽相接触,借助尾管测量杆径向调整螺钉,将球面测帽调至正确状态。移开测量轴,将尺寸为 50 mm 的 3 等量块安装在工作台上。升降和移动工作台,使量块处于测量轴上。移动测量轴,使其和尾管的测量杆上的球面测帽与量块工作面相接触,然后使工作台按水平轴和垂直轴的正反向转动来找出量块的最小值。当分别以正向和反向转动工作台找到最小值时,进行读数。再改变工作台状态,重新按上述方法进行检定和读数。此项检定至少进行三次,所有读数中任一两读数之差不超过 $0.2\ \mu m$。

换上平面测帽,并将其测量面调至平行后,按上述方法再次检定。

当紧固水平轴时,观察示值的变化。

(16) 工作台微分筒的示值误差和回程误差

【要求】 示值误差不大于 $8\ \mu m$;回程误差不大于 $3\ \mu m$。

【检定方法】 用检定极限误差不超过 $\pm 1\ \mu m$ 的玻璃刻度尺和分度值为 $1\ \mu m$ 的读数显微镜检定。

检定时,将玻璃刻度尺安装在工作台上,并使其轴线平行于微分筒移动方向。在刻度尺的下方安装反光棱镜,如图 7.3.1 所示。将读数显微镜借助支架固定在基座上,当微分筒对准零位后,调整显微镜,使其对准刻度尺的零线,并记下显微镜的示值。然后以正向行程依次地每间隔 5 mm 检定一点,当检定至终点后,再以反向行程检定。工作台微分筒的示值误差以显微镜读数中的最大值与最小值之差确定。确定示值误差时,对玻璃刻度尺的偏差应进行修正。回程误差以同一受检点上在正向和反向行程检定时的读数差确定。

(17) 测量轴和尾管的同轴度

【要求】 不超过 0.2 mm。

【检定方法】 将直径为 $\phi 8\ mm$ 的专用平面测帽安装在测量轴和尾管的测量杆上,移动测量轴,使两测帽相接触,借助尾管测量杆的径向调整螺钉,将两测帽的测量面调至平行。然后用千分尺测量两测帽的偏移程度。

(18) 尾管测量杆径向调整机构的不稳定性

【要求】 调整的不稳定性不超过 $0.3\ \mu m$。

【检定方法】 在测量轴和尾管的测量杆上,安装 $\phi 8\ mm$ 的平面测帽。移动测量轴,使两平面测帽相接触,转动尾管测量杆的一个径向调整螺钉,在读数装置

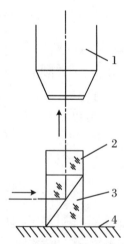

图 7.3.1 工作台微分筒的示值误差
和回程误差的测量

1. 读数显微镜; 2. 玻璃刻线尺;
3. 反光棱镜; 4. 工作台

中找到最小值,再转动另一个径向调整螺钉,同样找到最小值,反复转动这两个螺钉,当稳定后,分别测得两螺钉在正、反向转动时的最小值。再转动两螺钉,当改变其位置后,重新按上述方法进行调整找到最小值。这一调整工作至少进行三次,所有最小值之差应不超过 0.3 μm。从测量杆上取下平面测帽,安装球面测帽后,按上述方法再进行检定。

(19) 测量杆受径向力时对示值的影响

【要求】　当测量杆上受 2 N 径向力时引起的示值变化不超过 0.5 μm。除去径向力后,示值应复原。

【检定方法】　在测量杆上安装球面测帽。移动测量轴,使其测量杆上的球面测帽与尾管测量杆上的球面测帽相接触。借助尾管测量杆径向调整螺钉,将球面测帽调至正确状态(最大值),然后调整读数装置,使其对准某一毫米刻线并读数。用径向力专用工具,分别在测量杆的左右(或上下)和前后加 2 N 径向力,同时观察仪器的示值变化,除去径向力后,示值应复原。

(20) 测力的正确性

【要求】　在测量轴上加三片重量片时,测力应在 (2±0.2) N 范围内。

【检定方法】　将限止杆固定于最上位置,在测量杆上安装球面测帽。在测量轴的上方加三片重量片后,用测力计与球面测帽相接触,同时在测力计上读数。测力的检定应至少在毫米刻度尺的上、下限和中间三个位置上进行。

(21) 示值变动性

【要求】　当测量外尺寸时不超过 0.3 μm;测量内尺寸时不超过 0.5 μm。

【检定方法】　在测量杆上安装球面测帽。

移动测量轴,使其测量杆上的球面测帽与尾管测量杆上的球面测帽相接触,并将球面测帽调至正确状态。移开测量轴,在工作台上安装一块 50 mm 的 3 等量块,升降和移动工作台,使量块处于测量轴线上,然后移动测量轴,使测量轴和尾管的测量杆上的球面测帽与量块工作面接触,再使工作台按其水平轴和垂直轴转动,找到量块的最小值,并记下读数装置的读数。使测量轴往返移动 10 次,其测量杆上的球面测帽每次都与量块工作面接触,并依次读取读数装置的读数,这 10 次读数中的最大值与最小值之差即为外尺寸测量时的示值变动性。

换上内测量钩,并调整至正确位置。将孔径为 14 mm 的环规安装在工作台上,然后按上述方法再进行检定。

(22) 仪器的示值误差

【要求】　卧式测长仪不超过 $\left(1+\dfrac{L}{200}\right)$ μm。

L 为被检仪器毫米刻度尺的任一测量长度,单位为毫米(mm)。

【检定方法】　用 3 等量块,每间隔 10 mm 检定一点。

检定前,在测量杆上安装球面测帽。

各读数与所用量块的实际长度之差,即为各受检点相对于零位的误差,任意两点误差中的最大值与最小值之差应不超过要求。

(23) 用内测量附件时的示值误差

【要求】　应不超过 $\left(1.5+\dfrac{L}{200}\right)$ μm。

L 为被检仪器毫米刻度尺的任一测量长度,单位为毫米(mm)。

【检定方法】　用检定极限误差不超过 $\pm 0.5\ \mu m$ 的环规检定。

检定时,先在测量轴和专用尾管的测量杆上安装小内测量钩,并调整至正确位置。在工作台上安装孔径为 $\phi 14\ mm$ 的环规。升降和移动工作台,使环规处于测量轴线位置。再使内测量钩的测量头与环规的孔壁接触。横向移动工作台,找到环规的最大值,使工作台按其水平轴转动,找到环规的最小值。反复进行上述过程,待示值稳定后,记下仪器的示值,此示值即为起始读数。然后取下 $\phi 14\ mm$ 的环规,并依次地换上孔径为 $\phi 30\ mm$ 和 $\phi 50\ mm$ 的环规。以上述方法检定和读数。任意两读数的差值减去相应两环规实际孔径差,即为用内测量附件时的示值误差。

换上大测量钩后,以孔径为 $\phi 30\ mm$ 的环规对准仪器作为起始点,用孔径为 $\phi 50\ mm$ 和 $\phi 90\ mm$ 的环规检定示值误差,方法同上。

(24)电眼装置的示值变动性

【要求】　不超过 $0.3\ \mu m$。

【检定方法】　用一块尺寸不小于 $10\ mm$ 的量块,固定在绝缘工作台上。将装有电眼测量头的支架安装在测量轴上。移动测量轴,使测量头与量块工作面接触,读取仪器上的读数(取 4 次对准的平均值)。往返移动测量 10 次,使测量头依次与量块工作面接触,并读取仪器的读数。10 次读数中的最大值与最小值之差即为示值变动性。

7.3.4　任务评价与总结

7.3.4.1　任务评价

任务评价见表 7.3.2。

表 7.3.2　任务评价表

评价项目	配　分(%)	得　分
一、成果评价:60%		
是否能够熟悉万能测长仪的检定项目	20	
是否能够掌握万能测长仪的检定方法	20	
是否能够掌握万能测长仪检定时所用的工具与仪器的使用方法	20	
二、自我评价:15%		
学习活动的目的性	3	
是否独立寻求解决问题的方法	5	
团队合作氛围	5	
个人在团队中的作用	2	
三、教师评价:25%		
工作态度是否正确	10	

续表

评价项目	配　分(%)	得　分
工作量是否饱满	5	
工作难度是否适当	5	
自主学习	5	
总分		

7.3.4.2　任务总结

在进行万能测长仪的检定时,必须按照万能测长仪的检定项目及其相应的检定方法,逐一进行检定,并将检定结果记录下来,根据检定结果判断万能测长仪的各项技术指标是否满足万能测长仪的使用要求。

练习与提高

1. 简述万能测长仪读数装置回程误差的检定。
2. 简述万能测长仪读数装置示值误差的检定。
3. 简述万能测长仪示值误差的检定。

7.4　任务 3:万能测长仪的调修

7.4.1　任务资讯

万能测长仪经检定后,如果检定的结果显示其工作性能已达不到工作精度的要求,那么万能测长仪就必须进行调整与维修,以保证万能测长仪的工作性能达到工作精度的要求。

7.4.2　任务分析与计划

万能测长仪在调整与维修时,必须先分析其产生问题的原因,根据其具体原因选择合适的调整和维修的方法与工具去解决这些问题,使调整和维修后的万能测长仪的工作性能达到工作精度的要求。

7.4.3　任务实施

以投影式万能测长仪为例,投影式万能测长仪的调整与维修如下。

1．投影式读数系统的视差及放大率超差的调修

（1）毫米刻线视差的调整

当出现100 mm刻线像与影屏上的10组双刻线不是同样清晰时，该系统就存在视差，这时就需要进行调整。

【调修方法】　参看图7.2.4，先旋掉阿贝测量头左侧的六个螺钉，取下左盖板。再旋松固定物镜的一只螺钉，转动物镜筒，改变物镜到毫米刻线尺之间的距离，使毫米标尺像与双刻线在影屏上同样清晰。然后拧紧物镜筒紧固螺钉，装好阿贝测量头左侧盖板。

（2）放大率的调整

使任意一根毫米刻线像对准在双刻线"0"的中间，同时使微米读数也处于"0"位。调节微动手轮，使相邻的一根毫米刻线处于双刻线"9"的中间。

这时可从影屏视场微米窗中读出放大率误差。如超差，则首先调节光源位置，若达不到要求，再调整物镜后组。

注意　放大率的调整与视差的调整相互受影响，因而应交叉进行校正。

（3）微米窗视差的调整

微米投影读数系统的物镜是固定在壳体上的，不能做前后移动，所以无法通过改变物镜与微米标尺之间的距离来改变其视差，因而只能松开微米标尺的紧固螺钉，通过改变微米标尺的前后位置来满足消除视差的要求。

2．万能工作台的调修

图7.4.1所示为万能工作台的结构。

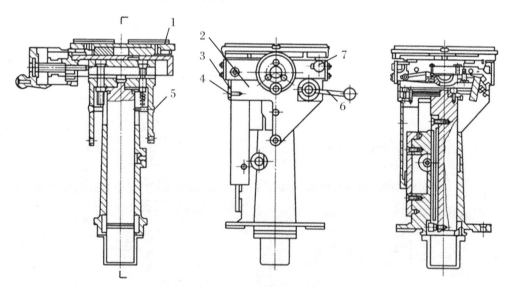

图7.4.1　万能工作台的结构

1．工作台；2．支承架；3．升降机构；4,5．螺钉；6．偏摆手轮；7．旋转手轮

（1）基座导轨直线度超差

基座导轨磨损、不清洁、有毛刺等缺陷易造成基座导轨直线度超差。

【调修方法】　首先把导轨清洗干净，并用天然油石打去毛刺，进行再次检查。如仍不能消除时，则应把测座、尾座工作台从基座上卸下，并用专用的一级平板对导轨进行刮研。刮研后导轨上应均匀地布满点子,25 mm² 内不得少于 10～15 点。认为满意后装配,并进行修后检查。检定规程要求此项不超过15″。

修后的导轨将头座、尾座移开 100 mm 后,两测头轴线的平行度用 100 mm 量块检定时,平行度不超过 0.3 μm。

(2) 万能工作台升降主轴干涸使升降不顺畅

主要原因是升降主轴中润滑油干涸和存在油污,必须把升降主轴从轴套中取出来彻底清洗才能修复。

【调修方法】　转动升降手轮,使工作台升到最高点并紧固升降锁紧手柄。放松工作台平衡加力弹簧(该转动手轮装在底座右侧间),旋掉平衡加力装置与工作台连接用的前后两只大盖帽螺钉,再旋掉升降手轮组与底座紧固的三只螺钉,取下整只升降手轮组,然后就可将工作台连同升降主轴一起从轴套中垂直拔出,用汽油清洗升降主轴上的干涸油污。

将底座下部的油杯压圈取下,再将油杯和压簧一并取出后就可彻底清洗轴套和油杯。

在用汽油清洗干净后的油杯中,加 1/4 杯润滑油(高温仪表油或 3♯ 变压器油),再在升降主轴和轴套中涂上润滑油后,沿垂直线将轴装入轴套中,上下拉动升降油,使其配合舒适。

注意　在安装升降手轮组时,必须把升降手轮转到零位,并把工作台压到最低点的位置进行组装,这样才能保证工作台升降 105 mm 的行程。

(3) 工作台导轨松动

工作台导轨松动造成的最大影响是工作台的工作可靠性超差,使在进行内外尺寸测量时示值不稳定。

【调修方法】　参看图 7.2.4,转动升降手轮,使工作台升到最高位置并锁紧。松开工作台下方两根吊紧弹簧,取下 ±3° 偏摆手轮组与工作台连接的三只螺钉,便可将工作台连同偏摆装置一起从升降主轴上取下来(注意保护工作台面)。将取下的工作台用手感检查该层导轨的松动情况。

如果导轨微量松动,松开一根导轨的紧固螺钉,使间隙减小,再紧固螺钉即可。若导轨松动严重,则应取掉定位销钉,使间隙减小,再调整导轨并紧固螺钉。此时,由于导轨位置已经有较大的位移了,所以原定位销已不起作用,但可通过扩大定位销孔,重新装配定位销。

如果浮动导轨松动,应将横向的一根导轨拆下来,中间双面导轨下便露出了 ±3° 转动轴上三只紧固螺钉,拆掉转动轴后,即可拆掉横向运动导轨基座。由于浮动导轨的结构与横向运动导轨基本相同,检修办法同上。

(4) 在检修过程中应注意下列事项

① 由于横向运动在全程 25 mm 范围内与测量主轴的垂直度要求为 0.03 mm,所以在横向导轨检修过程中不可将两根单面导轨全部拆掉,否则,垂直度要求将被破坏,增加检修难度。

② 在浮动导轨松动时,检修过程中不能将导轨卡得太紧,否则将使浮动灵敏度降低,影响工作台重复性误差的调整。

3. 测量座的调修

由于测量座(阿贝测量头)上集中了万能测长仪所有的光学元件,所以经常出现的故障是光学元件的发霉、生雾或出现脏点及光学元件或机械部件的松动等。

(1) 光学元件发霉

光学元件发霉、生雾或有脏点常发生在微米分划板和 0.1 mm 双刻线分划板上,可通过投影屏直接观察到。而物镜上的发霉、生雾或脏点,一般情况下通过影屏视场是观察不到的,只有在严重时会使毫米标尺刻线像变得模糊。

【调修方法】 在对光学元件的霉斑或脏点进行清擦前,一是要先判断清楚是在哪块分划板和分划板的哪个表面上。首先可通过上述现象判断脏物是在物镜上还是在分划板上,通过测量头的结构原理即可进一步判断脏物是在哪一块光学元件上,这样就可准确地清除掉脏物。

(2)光学元件松动

【调修方法】 对于光学元件的松动,则可根据因光学元件松动所引起的现象,结合万能测长仪的光路原理(图7.2.6),分析判断出已松动的光学元件,进行调整后紧固。

(3)测量主轴松动

测量主轴(图7.4.2)的松动主要是由于测头座上起支承和导向作用的轴承松动而造成的,通常有两种情况。

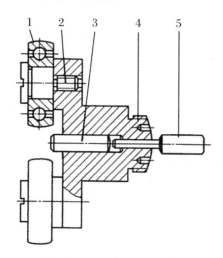

图 7.4.2　测量主轴轴承座

1. 轴承; 2. 紧固螺母; 3. 移动杆;
4. 轴承座; 5. 调节螺钉

① 测量主轴导向轴承松动。

【调修方法】 测量主轴导向轴承的松动,可通过握紧测量主轴并绕轴线扭动检查出来,这时只需松开导向轴承座与测量座两孔紧固螺母,转动整只导向轴承座,并使两导向轴承紧压在测量主轴导向面上即可。

② 测量主轴支承轴承松动。

【调修方法】 对于测量座上的六只支承轴承有松动时,可拆开测量座两端保护罩,边移动测量轴,边观察主支承轴承的转动情况,不转动的则为已松动的轴承,对其进行调整并使之转动舒适。

4. 尾管调整不稳定的调修

(1)尾管调整不稳定

如图7.4.3,尾管调整不稳定主要是由于尾管内紧固件松动和调整部件不平稳造成的。

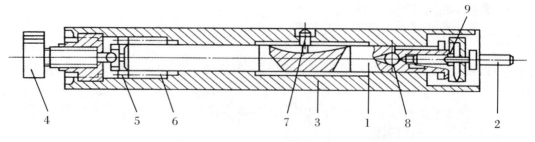

图 7.4.3　尾管结构

1,2. 测头组; 3. 套; 4. 螺旋组; 5. 限制螺母; 6. 弹簧; 7. 定位销; 8. 钢球; 9. 钢珠

【调修方法】 首先要检查各部件紧固是否可靠。旋下微动螺旋组4,检查微动螺杆与微动螺母的配合间隙是否太大而有晃动,再检查微动螺杆前部平顶头是否松动。去掉限制螺母5和测量杆定位销7,小心地从前面把测量杆从尾管主体中抽出来。把连接测头组2与测

杆的紧固螺母松开,旋下整个测头组 2,检查测头组尾部滚花螺母是否与测头杆固紧。

因调整部件运动不平稳造成的不稳定性,主要是由于测头组 2 的零件磨损或锈蚀造成的,可取出测量轴,检查各球形螺钉头的光滑圆整情况及测量轴上四个小平面的表面粗糙度,若有磨损或锈斑,可将各螺钉和弹簧帽用研磨膏手工抛光整形。对测量轴上四个小平面,则可用小块玛瑙油石磨光。

有时,由于测头组 2 中的调节弹簧长期压缩而失效,也会造成尾管调整时的不稳定,对此,应更换调节弹簧,将按原样绕制的新弹簧装入即可。

检修完毕后,组装时应将易锈部位用航空汽油擦拭干净,在各运动部位涂上润滑油。

(2) 尾管测量杆调整失效

将尾座打开,并检查测杆上的四个平面和弹簧。要求测杆上的四个平面很光滑,弹簧应有足够的力量。轴向弹簧的质量是极其重要的,它的好坏直接影响此项目。对它的主要要求是:有足够的力量,并且弹簧的轴线与端面应垂直。

将上述零件修好后,仔细地进行装配(装配时要涂以钟表油),装好后进行检查。

整修后的测杆调整的不稳定性不得超过 $0.3\,\mu m$,径向间隙不得大于 $0.5\,\mu m$。

5. 工作台可靠性的调修

(1) 工作台可靠性的调修

如图 7.4.4 所示,在测杆和尾管上各装一平面测帽,并调整两测帽平行。然后把测轴相对尾座移开 100 mm,并在工作台上放一个 100 mm 的量块,使测帽与量块接触,运动工作台找到最小点。把量块用工作台的横向移动由一边移到另一端,看看示值怎样变化。如果变化超过允许值,则认为工作台不可靠。

工作台不可靠主要是由于工作台横向移动的导轨因磨损、直线度超差或者间隙大造成的,钢珠不清洁也会引起工作台可靠性不佳。

【调修方法】　当发现上述缺陷时应将工作台拆开,检查工作台的导轨与钢珠之间是否有间隙,如有间隙则应消除间隙,并清洗导轨和钢珠,擦干后装起来进行检查。如仍不能消除时把导轨卸下,检查导轨工作面的直线度和表面质量。如有碰伤、锈迹及直线度超差时应研磨导轨。修好后清洗、安装,并做最后检查。

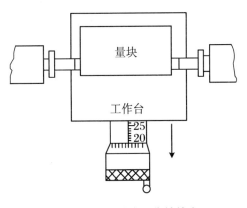

图 7.4.4　工作台可靠性检定

经调修后工作台在用平面测帽检查时,可靠性不大于 $0.3\,\mu m$,球面测帽为 $0.2\,\mu m$。

(2) 工作台绕中心转动时窜动的调修

产生原因是工作台与升降用的燕尾导轨或升降主轴的配合有间隙。

【调修方法】　用位于仪器后面的调修燕尾导轨的四个螺钉调整间隙(或更换升降主轴)。

(3) 工作台回转不平稳的调修

产生的原因是工作台回转面间的润滑油失效或回转面间不清洁。

【消除方法】　拆卸工作台,清洗各部件,擦净后涂羊毛脂。安装后应回转平稳,无卡住现象。

（4）工作台微分筒行程不均匀

工作台横向移动时微分筒的转动不平稳、不均匀，行程时松时紧。

产生的原因是微分螺丝磨损后润滑油太脏。

【调修方法】　拆下微分筒进行清洗。如螺丝有磨损应对研螺丝副，使整个行程均匀一致。研后清洗干净，涂上羊毛脂并消除螺丝板与螺母之间的配合间隙。

7.4.4　任务评价与总结

7.4.4.1　任务评价

任务评价见表7.4.1。

表 7.4.1　任务评价表

评价项目	配　分(%)	得　分
一、成果评价：60%		
是否能够熟悉万能测长仪的调修项目	20	
是否能够掌握万能测长仪的调修方法	20	
是否能够掌握万能测长仪调修时所用的工具与仪器的使用方法	20	
二、自我评价：15%		
学习活动的目的性	3	
是否独立寻求解决问题的方法	5	
团队合作氛围	5	
个人在团队中的作用	2	
三、教师评价：25%		
工作态度是否正确	10	
工作量是否饱满	5	
工作难度是否适当	5	
自主学习	5	
总分		

7.4.4.2　任务总结

在进行万能测长仪的调修时，必须按照万能测长仪的调修项目及其相应的调修方法，逐一进行调修，调修完成后，必须重新进行检定，根据检定结果判断调修是否达到了万能测长仪的使用要求。

练习与提高

1. 简述万能测长仪工作台升降不灵活的修理方法。
2. 简述尾管调整不稳定的调修方法。
3. 简述工作台可靠性的调修方法。

项目 8 三坐标测量机的使用与维护

8.1 项 目 描 述

三坐标测量机即三次元,它是指在一个六面体的空间范围内,能够表现几何形状、长度及圆周分度等测量能力的仪器,又称为三坐标测量仪或三坐标测量床。三坐标测量仪可定义为"一种具有可作三个方向移动的探测器,可在三个相互垂直的导轨上移动,此探测器以接触或非接触等方式传送信号,三个轴的位移测量系统(如光学尺)经数据处理器或计算机等计算出工件的各点坐标(X,Y,Z)及各项功能测量的仪器"。三坐标测量仪的测量功能应包括尺寸精度、定位精度、几何精度及轮廓精度等。

8.1.1 学习目标

学习目标见表8.1.1。

表 8.1.1 学习目标

序 号	类 别	目 标
一	专业知识	1. 三坐标测量机的结构; 2. 三坐标测量机的使用与保养; 3. 三坐标测量机的检定与调修
二	专业技能	1. 三坐标测量机的使用与保养; 2. 三坐标测量机的检定与调修
三	职业素养	1. 良好的职业道德; 2. 沟通能力及团队协作精神; 3. 质量、成本、安全和环保意识

8.1.2 工作任务

1. 任务 1:认识三坐标测量机

见表8.1.2。

表 8.1.2　认识三坐标测量机

名　　称	认识三坐标测量机	难　　度	低
内容： 1. 三坐标测量机的结构及其工作原理； 2. 三坐标测量机的使用与保养		要求： 1. 熟悉三坐标测量机的结构； 2. 掌握三坐标测量机的工作原理； 3. 掌握三坐标测量机的使用与保养方法	

2. 任务 2：三坐标测量机的检定

见表 8.1.3。

表 8.1.3　三坐标测量机的检定

名　　称	三坐标测量机的检定	难　　度	中
内容： 1. 三坐标测量机的检定项目； 2. 三坐标测量机的检定方法		要求： 1. 熟悉三坐标测量机的检定项目； 2. 掌握三坐标测量机的检定方法	

3. 任务 3：三坐标测量机的调修

见表 8.1.4。

表 8.1.4　三坐标测量机的调修

名　　称	三坐标测量机的调修	难　　度	高
内容： 1. 三坐标测量机的调修项目； 2. 三坐标测量机的调修方法		要求： 1. 熟悉三坐标测量机的调修项目； 2. 掌握三坐标测量机的调修方法	

8.2　任务 1：认识三坐标测量机

8.2.1　任务资讯

　　三坐标测量机是 20 世纪 60 年代后期新发展起来的一种高效率的精密测量仪器。它的出现，一方面是由于生产发展的需要，即高效率加工机床的出现。产品质量要求进一步提高，复杂立体形状加工技术的发展等都要求有快速、可靠的测量设备与之配合。另一方面也由于电子技术、计算技术及精密加工技术的发展，为三坐标测量机的出现提供了技术基础。三坐标测量机目前广泛应用于机械制造、仪器制造、电子工业、航空和国防工业各部门，特别适用于测量箱体类零件的孔距和面距、模具、精密铸件、电子线路板、汽车外壳、发动机零件、凸轮以及飞机型体等带有空间曲面的工件。

　　三坐标测量机的作用不仅是由于它比传统的计量仪器增加了一两个坐标，使测量对象广泛，而且它的生命力还表现在它已经成为有些加工机床不可缺少的伴侣。例如它能卓有成效地为数控机床制备数字穿孔带,而这种工作由于加工型面愈来愈复杂,用传统的方法难以完成。因此,它与数控"加工中心"相配合,已具有"测量中心"的称号。

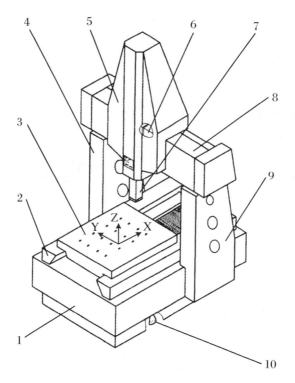

图 8.2.1　三坐标测量机机械主体示意图

1. 底座部件;　2. 导轨;　3. 工作台部件;　4. 左立柱;　5. 滑架外罩部件;
6. 滑架部件;　7. Z 轴部件;　8. 横梁;　9. 右立柱;　10. 主机支承部件

三坐标测量机一般都带有数据处理或自动控制用计算机及其软件系统、输出用打印机和绘图仪等外部设备。三坐标测量机的机械主体主要由以下各部分组成:底座、工作台、左右立柱、X 及 Y 向导轨和横梁、Z 轴部件、滑架部件及滑架外罩部件、主机支承部件。图8.2.1为三坐标测量机机械主体部件示意图。该机通过三个坐标轴在三个空间方向自由移动,测头在测量范围内可以到达任意一个测点,三个轴的测量系统可以测出测点在 X,Y,Z 三个方向上的精确坐标位置。

三坐标测量机按其测量范围来说,大小不一,规格品种很多。各测量机生产厂家一般都按自己的系列生产,例如意大利 DEA 公司生产的测量机规格品种相当齐全,从小到大分为 IOTA、GAMMA、SIG-MA、BETA、DELTA、ALPHAT 和 LAMBDA 等几种系列,每个系列又细分为若干不同的规格,因而共有几十种产品。

三坐标测量机按其精度来说可以分为两大类:一类是计量型测量机,一般放在有恒温条件的计量室内,用于精密测量,分辨率为 $0.5\,\mu m$,$1\,\mu m$ 或 $2\,\mu m$,也有达到 $0.2\,\mu m$ 或 $0.1\,\mu m$ 的;另一类是生产型测量机,一般放在生产车间,用于生产过程的检测,并可进行末道工序的精加工,分辨率为 $5\,\mu m$ 或 $10\,\mu m$,小型生产测量机也有 $1\,\mu m$ 或 $2\,\mu m$ 的。

三坐标测量机按其技术水平大致可以分为三种:① 较低水平的是手动或机动测量,数显或打印输出测量数据,测量结果需要人工处理;② 目前应用较多的是略高一级的,测量仍为手动或机动,但用电子计算机处理测量数据。例如可以进行自动校正计算,差值计算,超差计算,直角坐标与极坐标的转换,内孔、外圆及其中心坐标计算,孔间距尺寸计算,圆弧半径计算等;③ 第三种是由程序控制的自动测量,也就是与加工中心对应的自动程序测量。

8.2.2　任务分析与计划

认识三坐标测量机时,认识的主要内容有三坐标测量机的工作原理、三坐标测量机的结构以及三坐标测量机的使用。

8.2.3　任务实施

8.2.3.1　工作原理及用途

三坐标测量机是根据绝对测量法,采用触发式、扫描式等形式的传感器,随 X,Y,Z 三个相互垂直的导轨相对移动和转动,并以固定于工作台的被测件接触或非接触测量、采样、计算机处理数据、显示、打印测量结果。

1. 仪器的分类

三坐标测量机根据其外形结构不同,分为龙门式、桥框式、悬臂式三种。

(1) 龙门式

龙门式分为龙门移动式和龙门固定式两种。如图 8.2.2(a)所示为龙门移动式,图8.2.2(b)所示为龙门固定式。

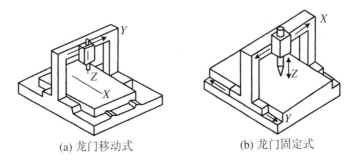

(a) 龙门移动式　　　　　　　(b) 龙门固定式

图 8.2.2　龙门式三坐标测量机

龙门移动式的优点是刚性较好,承载能力大;缺点是单边驱动时扭摆大,光栅偏置时阿贝误差大,负载变化时机械变形较大。龙门固定式的优点是整机刚性较好,中央驱动偏摆小,光栅在工作台中央,阿贝误差小, X,Y 方向的运动相互独立,互不影响精度;缺点是承载能力小,安装工件不方便。

(2) 桥框式

图 8.2.3(a)所示为固定桥框式,其工作台与桥框分离,便于加工,且刚性好,有利于提高精度;缺点是桥框立柱限制了工件的安装,空间不开阔,测量大工件时难以装卡。如果采用悬臂桥框式结构,如图 8.2.3(b)所示,则工作空间较开阔,但刚性差,适合于中等精度要求的测量机。

(3) 悬臂式

悬臂式测量机有悬臂移动式和悬臂固定式两种。图 8.2.4(a)是悬臂移动式,图 8.2.4

(b)是悬臂固定式。前者的悬臂梁沿着 Y 向运动,后者的悬臂梁固定不动,而有一滑架在悬臂上作 Y 向运动。

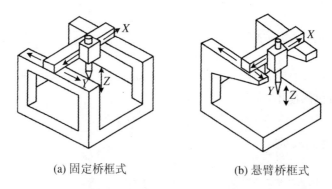

(a) 固定桥框式　　　　　　　　　(b) 悬臂桥框式

图 8.2.3　桥框式三坐标测量机

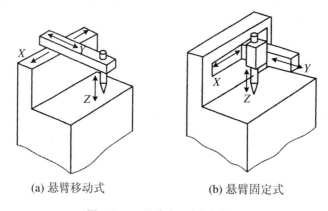

(a) 悬臂移动式　　　　　　　　　(b) 悬臂固定式

图 8.2.4　悬臂式三坐标测量机

采用悬臂式设计带有预变形机构,工作台固定,工件放在工作台上无需移动,对底座变形影响很小,工作台负荷变动对精度影响很小;缺点是悬臂伸出较长时,会因自重产生挠曲变形,其变形量与伸出长度的 4 次方成正比,影响导轨的运行精度,因此 Y 轴行程不应太长,不宜超过 1500 mm。

2. 三坐标测量机的主要用途

① 各种模具,如金属模、木模、黏土模等的划线和几何尺寸、形位误差的测量。

② 各种壳体零件、铸件、冲压件、锻压件的划线和测量。

③ 机床、液压、内燃机、建筑机械、航空等行业的箱体零件的划线和测量。

④ 焊接件的测量。

⑤ 可测量尺寸误差、形位误差以及曲线曲面,借助 Proe 软件可以完成反求工程。

将测得的数据在 CAD/CAM 系统中建模,进行设计、分析和制造。

8.2.3.2　结构原理

三坐标测量机是一个复杂的测量系统。除主机外,还配有计算机等许多附件。图 8.2.5 所示为三坐标测量机及其主要附件视图。

三坐标测量机的主要组成部分有机械部分和电控系统部分。

机械部分由工作台,立柱,横臂,纵向、横向和垂直方向的传动系统和滑板,测头系统,微调和锁紧机构,平衡机构及附件等组成。

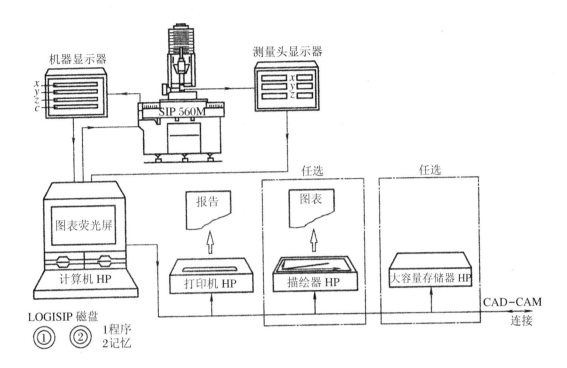

图 8.2.5　三坐标测量机及其主要附件视图

电控系统主要是由 3 个直流伺服电机(带测速发电机)、3 个轴的检测元件、测头、打印机、多轴数控系统控制卡(在微机扩展槽中)、电控箱及相配的电源、两个摇杆、全套自动测量程序等组成。

1．工作台与导轨座

工作台与导轨座起着支承和连接各零部件的作用,并确定零部件的相互位置,测量时以它为基准。

2．导轨

导轨是三坐标测量机的关键部件,仪器的精度在很大程度上取决于导轨的结构与精度。

3．立柱

立柱是三坐标测量机的中心支柱,外部装有 X 向、Y 向滑板,横臂和滑轮架等。图 8.2.6 所示为立柱的装配图。

4．滑板

悬臂式三坐标测量机有三个滑板,如图 8.2.7 所示。X 滑板通过滚动导轨与导轨座相连,整个主机均由 X 滑板拖动;Z 滑板套装在立柱上,沿着立柱上下运动;Y 滑板横向安装在 Z 滑板上。

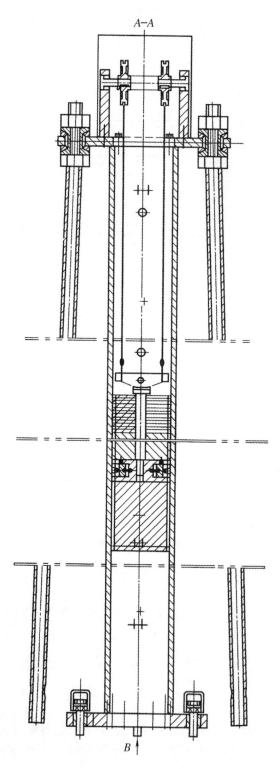

图 8.2.6　立柱的装配图

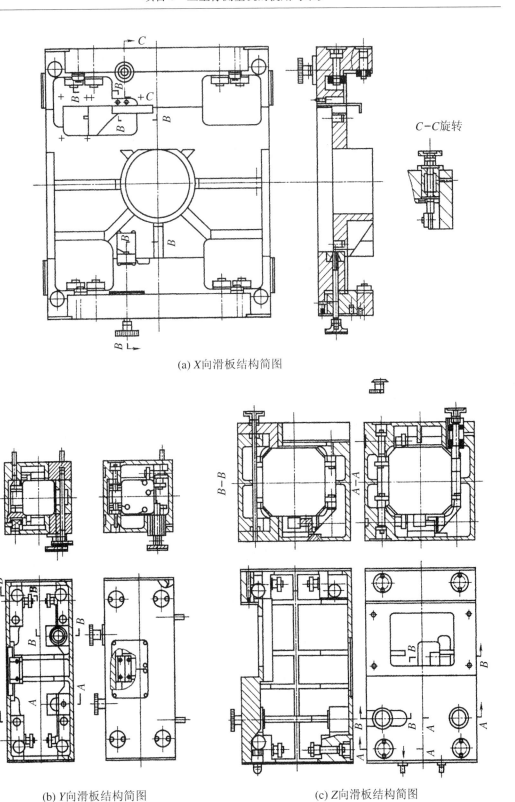

(a) X向滑板结构简图

(b) Y向滑板结构简图　　　　　　　(c) Z向滑板结构简图

图 8.2.7　三坐标测量机的滑板

5．测头

三坐标测量机的工作效率和精度与测头密切相关，没有先进的测头，就无法发挥测量机的功能。三坐标测量机的发展促进了新型测头的研制，新型测头的出现又使测量机的应用范围更加广泛。

测头可视为一种传感器，只是其结构、种类、功能较一般传感器复杂得多。其原理与传感器相同。按其结构原理可分为机械式、光学式和电气式三种。由于测量的自动化要求，新型测头主要采用电磁、电触、电感、光电、压电及激光原理。

按测量方法，测头可分为接触式和非接触式两类。接触式测头可分为硬测头与软测头两类。硬测头多为机械测头，测量力会引起测头和被测件的变形，降低瞄准精度。而软测头的测端与被测件接触后，测端可作偏移，传感器输出模拟位移量的信号。因此它不但可用于瞄准，又可用于测微。

（1）机械式测头（硬测头）

三坐标测量机使用的机械式测头种类很多，包括不同形状的各种触头，可根据被测对象的不同特点进行选用，图 8.2.8 所示为各种机械硬测头的类型。

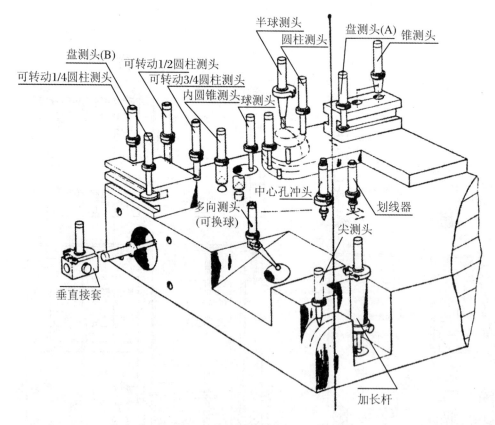

图 8.2.8　各种机械硬测头的类型

机械式硬测头设计或使用时应注意测量力引起的变形对测量精度的影响，在触头与工件接触可靠的情况下，测量力越小越好。一般要求测量力在 $(1\sim4)\times10^{-1}$ N 的范围内，最大测量力不应大于 1 N。

各种不同类型的测头用途各异。

表 8.2.1 列出了主要测头的应用场合。

表 8.2.1　三坐标测量机附件和用途

序　号	测头名称	简　图	用　途
1	回转式 1/4 圆柱测头		适用于表面曲线轮廓和凹形垂直表面的检测
2	盘形测头（B）		适用于测量轴径、槽深、高度等
3	可转动 1/2 圆柱测头		用于端面至端面或端面至点距离的测量
4	可转动 3/4 圆柱测头	见图 8.2.8 的可转动 3/4 圆柱测头	适用于测量外直角表面

序　号	测头名称	简　图	用　途
5	内圆锥测头		内圆锥测头带有 90°角内圆锥,适用于测量球体或曲线部分中心坐标
6	球测头		适用于测量高度、槽宽、孔径和轮廓等,使用广泛,称为通用性测头。将测球半径和测出数据输入计算机中进行数据处理,可自动得出被测值。球径选择 $\phi 8 \sim \phi 12\,mm$
7	半球测头	见图 8.2.8 的半球测头	适用于测量曲面
8	圆柱测头		适用于测量垂直截面,截面是柱面或向测头方向凸起的表面;圆柱直径一般选 $\phi 1.5 \sim \phi 8\,mm$
9	盘形测头(A)	见图 8.2.8 的盘形测头(A)	适用于测轴径、槽宽、凸缘高度等

序　号	测头名称	简　图	用　途
10	锥测头		适用于测量孔中心位置中心距;圆锥测头大端直径 $\phi2\sim\phi102$ mm,每 10 mm 一级,共 11 种,其锥度一般选用 $1:5\sim1:4$ 左右
11	多向测头(可换球测头)	见图 8.2.8 的多向测头	适用于测量形状较复杂、需要换向测量的零件
12	中心孔冲头	见图 8.2.8 的中心孔冲头	用于冲中心孔
13	划线器	见图 8.2.8 的划线器	适用于划线
14	尖测头	见图 8.2.8 的尖测头	用锥尖点直接测量曲线截面
15	加长杆	见图 8.2.8 的加长杆	当测头杆较短时,加上接长杆可以扩大机器的应用范围
16	垂直接套	见图 8.2.8 的垂直接套	当测头需要转 90° 时,用该附件可方便地转向,并可在转向后再加上接长杆
17	V 形测头		适用于测量轴类的轴心位置及中心距

序　号	测头名称	简　图	用　途
18	直角测头		直角测头带有可插入锥测杆的直孔,适用于测量在垂直面上的孔或沟槽

（2）电测头

① 电触式测头。

电触式测头用于瞄准,主要用于"飞越"测量中,即在检测时,测头缓缓前进,当过零点时测头自动发出信号,不需要停止或退回测头。

电触式测头的结构形式很多,图 8.2.9 为其中之一。测头主体由上主体 3 与下底座 10 及 3 根防转杆组成,用 3 个螺钉 1 拧紧成一体。测杆 11 装在测头座 7 上,其底面装有 120°均匀分布的 3 个圆柱体 8。圆柱体 8 与装在下底座上的 6 个钢球 9 两两相配,组成 3 对钢球接触副。测头座为一半球形,顶部有一压力弹簧 6 向下压紧,使 3 对接触副自位接触。弹簧力大小用螺杆调节。为了防止测头座在运动中绕轴向转动,采用了防转杆 2,测头座上的防转槽是为了粗略地防止产生大的扭转角,以免使接触副错乱。电路导线由插座 4 引出。

电触式测头的工作原理相当于零位发讯开关。当 3 对钢球接触副均匀接触时,触头处于零位。当测头与被测件接触时,测头被向任一方向偏转或顶起,电路立即断开,并随即发出信号。当测头脱离被测件后,外力消失,由于弹簧 6 的作用,使测头回到原始位置。

当过零发讯时,电气系统输出 4 种信号。

类型一　脉冲计数信号:输出脉冲宽度<180 ns 的正脉冲,用作计算机计数启动。

类型二　接点输出:相当于手动计数用的开关闭合,用作打印机启动。

类型三　声音信号:扬声器在上述两种信号输出的同时,发出短暂一声警报,表示已计数。

类型四　闪光信号:表示测头已碰上工件偏离原位,或测头已离开工件,但未恢复原位。

电触式测头的结构与电路都比较简单,测头输出的是阶跃信号,它广泛地应用于各种信号的瞄准装置、自动分选和主动检验中。触点的电蚀和腐蚀影响检验精度,它易受振动而误发信号,其静态测量误差一般不超过 $\pm 1\,\mu m$。电触测头的测量力较大,一般不能给出连续读数,因此使用有一定局限。

② 电感式测头。

电感式开关测头采用电磁感应原理,当测杆位于电磁感应最大值(即垂直位置)时,发出"过零信号"。

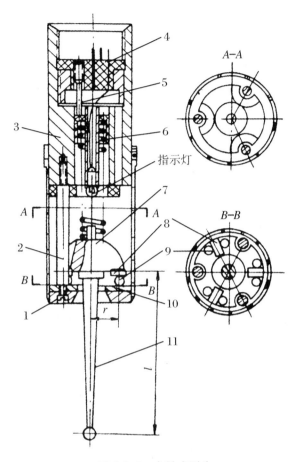

指示灯

图 8.2.9　电触式测头

1. 螺钉;　2. 防转杆;　3. 上主体;　4. 插座;　5. 杠杆;　6. 弹簧;
7. 测头座;　8. 圆柱体;　9. 钢球;　10. 下底座;　11. 测杆

图 8.2.10 为其结构原理图。在测头座 3 上固定着电感线圈 4,衔铁位于可动杠杆 5 的一端,杠杆 5 绕支点回转,其支承轴固定在测头座 3 上。位于杠杆 5 另一端的测杆 6 可绕 O 点转动 $\pm 40°$ 左右。为了测量工件的另一垂直方向,测头座 3 带动杠杆 5 可绕自身轴线旋转 $90°$,用壳体上两侧面 M,N 定位。当测头座上的凸块 7 与侧面接触定位时,测杆恰好转 $90°$,用弹簧 2 拉紧,使定位面和测头座可靠接触(图 8.2.10 中 $A-A,B-B$)。

这种测头瞄准精度不太高,约为 $0.05\,\mathrm{mm}$。设计时,若使杠杆比 L_1/L_2 比值增大,可使瞄准精度提高。

③ 压电式测头。

压电式测头的原理是将测头圆球与被测面接触时的测力传递给压电元件,由于压电效应,该测力被压电元件转换为电信号,作为三坐标测量机的控制信号。

压电式测头的特点是响应速度快,高达 $10\,\mathrm{kHz}$,适用于微小尺寸的测量,但使用时应注意防干扰和防振动。

④ 电容传感器。

　　电容传感器的工作原理是将被测量变成可变电容的变化量,再将电容的变化量引入专用电路中测出其变化值,用以确定被测工件尺寸的变化。

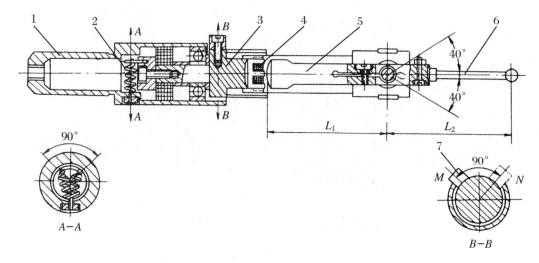

图 8.2.10　电感式开关测头
1. 测头体；　2. 弹簧；　3. 测头座；　4. 电感线圈；　5. 杠杆；　6. 测杆；　7. 凸块

　　电容传感器的特点是零线电压小,调零方便,适合高倍数放大,可达到高灵敏度。可用于测量带磁性工件或电缆心的偏心等特殊参数,在自动测量领域中应用较多。

　　其优点是介质损耗小,耗能小,产生热量小,性能稳定,高信噪比,适合非接触测量。缺点是抗干扰性差。

　　⑤ 英国雷尼绍公司生产的电测头和测头座。

　　英国雷尼绍公司生产的电测头和测头座闻名全球,其特点是品种多、质量优、性能好、价格合理,广泛应用于世界各国的测量机上。介绍如下。

　　a. 手动旋转测头座(图 8.2.11)。

　　MH8 手动旋转测头座的重复定位精度为 1.5 μm,可旋转定位于 168 个位置,定位后不需重新标定测头。MH8 测头座使用方便,锁定机构简单,可大大提高手动测量机的效率。MH8 可与 TP2 和 TP6 测头一起使用。当配用 TP2 时,可用 50 mm 的加长杆测量较深尺寸。

　　MH 测头座的转位重复精度为 1 μm,可旋转定位于 720 个位置。用 LCD 显示转位位置,最多可记忆 19 个转位位置,供测量程序使用。

　　MIP 测头是专为小型手动三坐标测量机设计的手动分度测头,把测头座与测头集成一体,使整体尺寸大大缩小,有效地增加了测量机的工作空间。MIP 测头可重复定位于 168 个不同位置,分度转位后不需重新标定测头。

　　b. 自动旋转测头座(图 8.2.12)。

　　雷尼绍自动旋转测头座系统可为数控三坐标测量机提供五轴测量能力,即增加了两个旋转分度轴,大大提高了测量效率和测量精度。自动旋转测头座的重复定位精度高,转位后不需重新标定测头。

　　PH10M 测头座采用雷尼绍注册专利的"自动铰接"技术与测头相连,可直接连接 TP7M,TP6A 测头,加长杆可达 300 mm。当测量复杂工件需用不同测头时,可采用雷尼绍的 ACR 测头自动更换架自动进行测头交换。

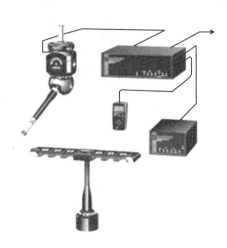

<table>
<tr><td>图 8.2.11　手动旋转测头座</td><td>图 8.2.12　自动旋转测头座</td></tr>
</table>

　　PH10MQ 测头座用于小型三坐标测量机,它把测头座的部分本体放到测量机的轴套内,扩大了机器的工作范围。

　　PH10T 测头座为螺纹连接,可方便地直接与 TP2,TP6,FP20,TP200 连接,加长杆最长为 200 mm。

　　PHSI 是最新的两轴伺服连续旋转测头座,主要用于大型卧式测量机、划线机,加长杆可达 750 mm,非常适合大型部件的测量。

　　c. SP600M 模拟测头(图 8.2.13)。

　　SP600M 是用于三坐标测量机的模拟测头。它可快速采集大量的数据点,用于测量或扫描。

　　SP600M 适用的工业领域广泛,如齿轮测量、金属板材轮廓测量及形状测量,也可用于精细表面如珠宝、硬币、纽扣等的表面扫描。为满足其性能要求,SP600M 被设计得具有很好的回零特性(回零误差小于 5 μm)。回零误差是探针触发时所需的最小变形量。由于测头的变形量小,从而触测力小,因此可使用细小的探针去扫描零件的细节。

　　SP600M 测头可用于任何规格的测量机上,与 PHIOM 测头座直接连接。配用 SCR600 探针交换架,可自动进行探针交换。

　　d. TP20 测头及交换架(图 8.2.14)。

　　TP20 是 Renishaw 新研出的触发测头。利用 TP20 测头,用户可方便地手工或自动进行探针交换,而不需重新标定测头。TP20 测头可用来替代 TP2 测头,任何配有 TP2 测头的手动或数控三坐标测量机都可方便地加装 TP20 测头。

　　TP20 测头由测头本体和传感器模块两部分组成。传感器模块内有机械触发传感器,其下部可连接探针。测头本体和传感器模块间为高重复精度的磁性连接,交换传感器模块后不需重新标定。TP20 采用标准的 M8 螺纹接头,可方便地安装到测头座上。

　　任选的 MCR20 模块/探针自动更换架最多带 6 个传感器模块,用户使用测量程序控制功能,编制模块更换程序,以在测量循环中自动更换不同的探针进行测量。

图 8.2.13 SP600M 模拟测头   图 8.2.14 TP20 测头及交换架

（3）激光测头

激光测头是非接触式测头，它速度快（比一般接触式测头高 10 倍），效率高，对一些软质、脆性、易变形的材料，如橡胶、木塞、石蜡、塑料、胶片，甚至透明覆盖物后面的表面均可测量。没有测量力引起接触变形的影响，适用于雷达、微波天线、电视显像管、光学镜头、汽轮机叶片及其他翼面成形零件等的测量与检验。测头的测量范围较大，水平方向为 10 m，垂直方向为 4 m。

图 8.2.15 所示为激光测头的工作原理简图。激光光源 1 发射出一束精细的光束，形成光能量较强的光斑（直径为 0.076 mm）照射在被测工件 2 的表面 A 点上，若 A 点位于透镜

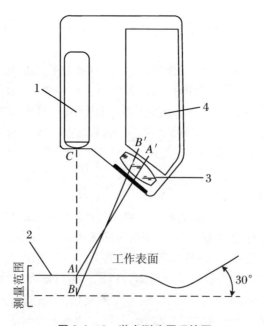

图 8.2.15 激光测头原理简图

1. 激光光源；   2. 被测工件；   3. 透镜；   4. 数字固体传感器

的光轴上,探针距被测表面为一固定值 C,通过透镜 3 成像在相对应的 A 点上。若被测表面位于 B 点(在探针测量范围内),通过透镜 3 成像在 B' 点,通过计算显示出测量结果 BC 比 AC 大,也可用光电元件(CCD)接收,输入计算机进行处理。表 8.2.2 给出了两种激光测头的技术数据。

表 8.2.2 两种激光测头的技术数据

型 号 技术指标	300 型	T21S 型
精度(mm)	±0.0025	±0.00635
分辨力(mm)	0.00127	0.00254
光斑直径(mm)	0.0762	0.127
投射距离(mm)	50.2	63.5
测量范围(mm)	±2.032	±5.08
检验角度(°)	±30	±30
反差率	5000∶1	5000∶1
接口类型	RS-232C	RS-232C
重量(kg)	0.347	0.289
轮廓指标(mm)	88.9×19.05×139.7	91.6×19.05×152.4

(4) 其他

① 电视扫描装置。

电视扫描装置主要用于自动瞄准中,扫描平面图形及空间轮廓。通过扫描图纸各点,得到坐标尺寸,还可扫描直径小于 6 mm 小孔的中心距等。它有电视投影屏监视,投影放大倍数为 11× 左右。其瞄准方式有以下两种。

类型 1:图像扫描。

用电视摄像管对被测量的曲面(或曲线)进行定点扫描,在电视监控屏上可显示被扫描曲线的放大图形,如图 8.2.16 所示。

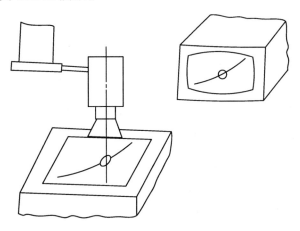

图 8.2.16 图像扫描示意图

对被测曲面扫描后必须进行数学处理,扫描几个具有特征的点,即可给出曲线的数学方程。

类型 2:空间轮廓扫描。

主要对空间轮廓进行定点扫描。将被扫描的空间轮廓分成 X-Y 与 X-Z 平面,然后将被扫描的坐标点分别对应输入计算机进行数学处理。

② 定心显微镜。

三坐标测量机为实现非接触式测量,常采用定心显微镜附件。它主要用于测量小型、薄片及复杂形状的工件。其物镜放大倍数为 5×,目镜放大倍数为 10×,总放大倍数为 50×。测量小圆范围 ϕ0.1~4.0 mm;两圆之间距离为 0.05 mm;十字分划板间距为 0.025 mm。

其工作原理与工具显微镜的瞄准显微镜相同。

6. 测针配件及组合装置

测针配件分为供三维测头用、触发性测头用和测量程序专用等几套。每套包括测针、立方体、延伸部分、角与方位的连接体等。这些配件能够装配成任意的测针组合以供测量各种工件而无需重复夹紧。

组合装置的主要功能是在测量过程中自动更换测针。一个形状复杂的工件在测量过程中,要更换几种不同的测针,可预先选择安装在测针组合架上,并将其中一测针予以校准。再调用测量程序,就可一次完成所有的测量工件,不需要每次用人工更换测针和再次校准,节省了大量时间,操作也简单方便。

组合装置包括计算机控制的测针组合收放设备、测头和测针的接合器、电子控制部分、测针组合存放架及控制软件。测针组合存放架,根据需要可以安装在测量工件平台的前面、中部或后面的位置上。更换测针组合的收放有很高的重复性,一般三维测头 0.5 μm,触发式测头 1 μm,所以更换测针不会影响测量精度,也不需要重新校准。

7. 测头的选择及校准

在三维坐标测量中,任何元素的测量均是在一定的坐标系下,通过测头的测量完成的。因此,在测量之前必须先选择测头和校对测头,建立工件坐标系,在工件坐标系内测量被测件的各个被测量。

（1）探针的选择原则

在确立探针组合时,首先应考虑被测件的几何形状和位置,其次应根据被测量项目的多少选择探针直径的大小和探针的数量。对于复杂的被测件,还应考虑应用多个探针组合。为了保证较高的测量精度,应对探针组合的长度和重量加以考虑,一般情况下,三维探头的探针组合长度不应超过 300 mm,探针组合的质量不应超过 600 g;至于触发式探头则为 200 mm,300 g。由于测量机的型号不同,所以在实际应用中,应参阅随机携带的相关说明资料。

（2）探针校准的目的

一般情况下,被测件需要在不同方向和位置上,用多个探针进行测量。这样,计算机就应事先知道这些探针的直径和它们之间的相互位置关系,以便获得正确的测量结果,因此校准探针的目的是:通过校准,确定探针组合各个不同探针的直径,它们之间的相互位置关系,这样才能为后序测量做好准备。

所谓校准是在规定的条件下,为确定测量器具示值误差的一组操作,测量机的校准是将各个测头分别去测量一个已知直径的标准球,如图 8.2.17 所示,调用测头校验子程序,计算机便可计算出各测头的实际球径和相互位置尺寸,并将这些数据储存在计算机内作为以后测量时补偿测头的直径值。

(3) 探针校准前的准备工作

① 选择和组装探针。

② 将组装好的探针组正确地安装在测头上。

③ 测头会自动进行重量平衡(适用于三维探头)。

④ 选择合适的测量力,一般为 0.2 N(适用于三维探头)。

⑤ 安装校准球,并加以清洁。

(4) 探针校准的步骤

① 把探针数据清零。

② 确定标准球的位置。

③ 定义参考探针。

④ 定义探测模式(适用于高速扫描探头)。

⑤ 校准各探针。

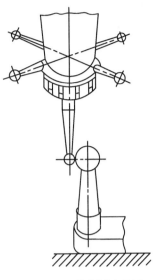

⑥ 检查校准结果,精密测量时,校准结果的标准偏差应小于机器分辨率的 2 倍;一般测量时,校准结果的标准偏差应小于机器分辨率的 10 倍。

图 8.2.17　校准测头示图

(5) 探测方向和位置的确定及注意事项

① 探测方向应沿着被测面的法向探测。

② 被测元素为圆时,采点位置应避开 45°的位置,在圆的最大直径位置探测。

③ 被测元素上的探测点应均匀分布,测点越多,测量结果精度越高。

④ 测量柱形元素时,测量断面距尽可能远。

8. 坐标的建立和基准的选择

(1) 坐标系统

三坐标测量机的坐标系统,根据其作用不同分为机器坐标系、工件坐标系和控制坐标系三种。

① 机器坐标系。

机器坐标系由三坐标测量机本身结构决定。不同厂家生产的测量机,其坐标系也不同。开机后,机器坐标系就已存在,可直接进入工作状态。但在机器坐标系中测量工件,机器坐标系和工件图样原点不同或者坐标方向不平行,因此,测量结果需要经过整理计算才能得到实际测量数据。这种方法的缺点是不方便,不直观。

② 工件坐标系。

工件固定后相对于机器坐标系存在倾斜和旋转误差,并且工件图样的设计基准与机器坐标系的零点存在位移。也就是说,机器坐标系与工件图样的设计基准存在方向和位置差值。因此操作者需要依据被测件图样的设计基准建立工件坐标系,以此确定工件和机器坐标系之间在方向和位置上的转换关系,为以后测量数据转换提供资料。工件坐标系在实际测量中应用很广泛。

③ 控制坐标系。

每次安装工件的位置不能完全相同。为了保证达到正确和安全测量的目的,需要建立一个控制坐标系,这个坐标系是根据工件坐标系确定的,两者可一致,也可不一致。控制坐标系仅在编制 CNC 程序或运行 CNC 程序时使用。

(2) 测量基准

① 如何建立测量基准:在测量时,依据设计基准或工艺基准,择其一作为测量基准,再用三坐标测量机测量工件所建立的工件坐标系。

任何一个工件,在测量机上测量时,应先分析其测量基准,将其分解为多个被测标准几何元素,然后开机测量这些标准几何元素,建立工件坐标系,即测量基准。有时为了更准确地建立工件坐标系,需要采用逐次接近法建立工件坐标系,即在已建立的工件坐标系中,重新测量被测基准,重新建立工件坐标系,采用此方法建立的工件坐标系精度更高。

② 测量基准的选择原则:在测量时,应从零件的设计、加工、现场检测、装配、作用关系五个方面考虑测量基准。根据检测目的的不同,应选择设计基准或工艺基准作为零件的测量基准。测绘零部件时,应根据产品的装配、作用关系来确定测量基准。进行工艺分析时,测量基准应和工艺基准一致。若三坐标测量机和现场检测结果不一致,则应检查现场检测方法和检测器具是否存在问题。

③ 进行工序检测或设备调整时,测量基准应和工艺基准一致。

④ 在成品质量验收时,测量基准必须和设计基准一致,若设计基准不明确,则应根据其产品的装配、作用关系来确定测量基准。

9. 几何要素的三坐标测量

几何要素的三坐标测量是三坐标测量的基础。单一要素的理想要素是通过测取实际被测要素上的一些点的坐标,并按一定的数学模型进行拟合而计算出的。实际被测要素相对于该拟合的理想要素的变动量或偏离值即为形状误差。通过先后测量实际基准要素和实际被测要素上的一些点,根据被测零件图样上的规定和测量要求,由实际基准要素的理想要素建立基准或基准体系,然后通过计算来评定实际被测要素相对于基准或基准体系的定向、定位误差。

不同的要素所需最少测点的数目是不同的。它与要素的种类和所选择的数学模型有关。实际要素上测点的数目在理论上可以是无限的。但是,由于计算机计算速度和存储空间的限制,而且有限的测点也能在较精确的程度上反映实际要素的状况,并能达到测量要求,因此在坐标测量中一般将每个要素的测点上限定为 100 点(扫描除外)。

下面介绍常见的几种要素的三坐标测量(括号内的数字为测点数目选择范围)。

(1) 点的测量

点的测量是一切要素测量的基础。三坐标测量机对工件的每一次测量都是测取一个点的坐标值,该坐标值是与工件接触的测头探针中心相对于测量机的坐标值。被测点的坐标值可以不修正或通过一定的探针半径修正后输出,输出的坐标值是工件坐标系下的坐标值。探针半径修正的方向不同,输出的坐标值就不同。如果沿测点处工件表面的法线进行修正,则输出的坐标值是工件表面点的坐标值。一般情况下,探针半径修正是沿接近测量方向的工件坐标系坐标轴的方向进行的。

(2) 直线的测量(2~100 点)

测量直线时至少需要两个测点,直线可以用它的方向和它与工件坐标系坐标平面交点的坐标来反映。测点的投影方向不同,探针半径修正的结果就不同,输出直线的参数值也不同。因此在直线测量中应注意测点的不同投影方向带来的影响。直线通过用它在工件坐标系坐标平面上的投影与该坐标平面上的坐标轴的夹角(或者它与坐标平面、坐标轴的夹角)表示的方向和它与坐标平面的交点的坐标来反映。直接逐点测量或由多个已知点计算而得到的直线具有形状误差。而圆柱的轴线、两平面的交线也都是直线,同样可用直线的方向和直线与工件坐标系坐标平面交点的坐标来反映,但却没有形状误差。

(3) 平面的测量(3～100 点)

测量平面时至少需要三个测点,并且应沿相同的测量方向对工件表面进行测量。计算机根据平面的方向自动进行探针半径修正,输出工件表面的数据。平面用它的法线的方向和它与坐标轴交点的坐标来反映。

(4) 圆柱的测量(5～100 点)

测量圆柱时至少需要五个测点,对孔或轴的表面进行测量时应尽量使最初的三个测点位于垂直于圆柱轴线的同一平面上(有的三坐标测量机也允许最初的两个测点平行于圆柱轴线),其余各测点在圆柱表面上均布。在测量中,计算机自动识别内、外表面进行探针半径修正。圆柱用其轴线的方向、其轴线与工件坐标系坐标平面交点的坐标及其直径来反映。

(5) 圆的测量(3～100 点)

当孔、销轴的轴线平行于工件坐标系的坐标轴时,经常可用圆的测量来代替圆柱的测量。圆由圆心坐标和圆的半径来反映。测量时至少需要三个测点,并且计算机自动识别内、外表面进行探针半径修正。有的三坐标测量机可以在圆柱轴线不平行于工件坐标系坐标轴的情况下测出圆的参数,但需将测点的投影方向告知计算机。

(6) 球的测量(4～100 点)

测量球时至少需要四个测点。计算机自动识别内、外表面进行探针半径修正。球用其直径和球心的坐标来反映。

表 8.2.3 表明各元素类型的最少测量点数和建议测量点数,建议测量点数是为了更真实地反映元素的特征。

表 8.2.3　各元素类型的最少测量点数和建议测量点数

元素类型	建议测量点数	最少测量点数	元素类型	建议测量点数	最少测量点数
点	1	1	圆柱	6	5
线	3	2	圆锥	6	6
平面	4	3	球	5	4
圆	4	3	曲线	10	8
弧	4	3	曲面	25	12
椭圆	6	5			

10. 三坐标测量机的自动测量方法

自动测量的过程一般由三个阶段组成,即准备阶段、实际测量阶段和计值阶段。通常,后两个阶段是同时进行的。但应注意,在测量时,当测头进入测量点后,要有一个短暂的停顿,使测量机上的机械振动衰减消除,并使机械运动相对于控制系统所指定的位置滞后现象消除,然后再取测量点。这样,测量值的精度将大为提高。在编制程序及确定扫描速度时,需注意这一点。

（1）点位测量法

点位测量法是从点到点的重复测量方法，多用于孔的中心位置、孔心距、加工面的位置以及曲线、曲面轮廓上基准点的坐标检验和测量。图 8.2.18(a)是点位测量法的示意图，测头趋近 A 点后垂直向下，直到接触被测工件的 B 点，此时发讯，使存储器将 B 点的坐标值存储起来。然后，测头上升退回到 C 点，再按程序的规定距离进到 D 点，测头再垂直向下触测 E 点，并储存 E 点的坐标值。重复以上步骤直至测完所需的点。前面已测得的被测点坐标值自动地与输入的标准数据进行比较，得出被测对象的误差值及超差值等。当测量点的数目很多、操作又用手工进行时，需花费很多的时间。

若将手动点位测量改为自动点位测量，则需根据测量对象的图纸已知测量点的两坐标值（如 z 和 y 坐标值、y 和 z 坐标值或 z 和 z 坐标值），按照程序给予数控化，送入计算机中，测量机可自动移动到被测点的各 z、y 坐标值点。对于另一轴可给以伺服驱动。这样就达到自动测量的目的。如果另一轴（如 z 轴）理论值也给定了，还可以直接打印出误差值以及超差值。

（2）连续扫描法

图 8.2.18(b)为仿形连续扫描法示意图。测量头在被测工件的外形轮廓上进行扫描测量。例如，固定一个 y 坐标值，测头沿工件表面在 z 轴方向移动，在 z 轴方向测头以增量 I 记录测得的各点 z 值。之后，再更换一个 y 坐标值，在 z 轴方向测头又以增量 I 记录各点 z 值，这便是连续扫描法。

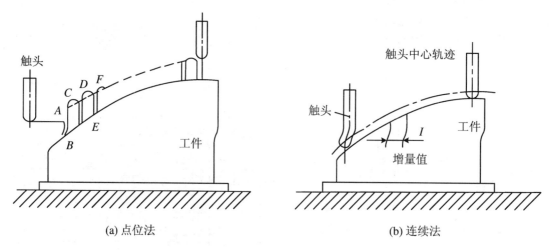

(a) 点位法　　　　　　　　　　　　　　　(b) 连续法

图 8.2.18　曲面测量过程示意图

11. 三坐标测量机测量数据的处理

为了利用计算机根据测得的数据求得所需的测量结果，应将测量中提出的问题用数学关系式表达出来，以便进行演算，这一任务称为建立数学模型，一般需要处理的内容举例如下。

（1）x，y 平面内工件倾斜的修正

工件在三坐标机上可任意放置而不需精确调整，测量机测得工件基准线上的若干点后，计算机便快速进行计算，迅速得出工件相对于测量机轴线的倾斜度，并在对这个工件以后的测量中，对所要求测量的每项值进行工件倾斜的修正，所花时间极少，因而提高了测量效率。

如图 8.2.19 所示,当测量机坐标轴和工件的基准轴之间倾斜 θ 角时,有以下的关系:

$$\begin{cases} x_n = x_a\cos\theta + y_a\sin\theta \\ y_n = -x_a\sin\theta + y_a\cos\theta \end{cases} \tag{8.2.1}$$

$$\begin{cases} \cos\theta = \dfrac{x_a}{\sqrt{x_a^2 + y_a^2}} \\ \sin\theta = \dfrac{y_a}{\sqrt{x_a^2 + y_a^2}} \end{cases} \tag{8.2.2}$$

式中:x_a,y_a 为坐标测量机的实际测得值;x_n,y_n 为计算机算出的修正值。

图 8.2.19 中 x,y 为测量机坐标轴;x',y' 为工件的基准轴。

(2) 原点的偏移

在工件上没有基准点(原点),或者基准点处在测量范围以上的情况下,可在工件上取一个假定点作为原点进行测量,并把假定点到真正原点的 x,y,z 的坐标值加到测定值上。

此外,当原点处于工件不便测量的部位时,也会使原点偏移,如图 8.2.20 所示,可先求出孔 A,B 的坐标值,再量出 b,l 值,然后定出 a,c 值,则以点 O 为原点的新坐标轴 x',y' 也就确定了。以点 O 为原点进行测量,便可以得到新坐标系的数据。

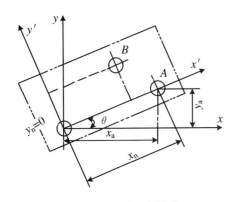

图 8.2.19　工件倾斜的修正

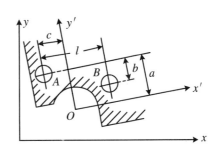

图 8.2.20　原点的平移

(3) 坐标系的平移和回转

对一个复杂的工件,可能要取不同的点或线作为基准进行测量。这时,坐标系的平行移动或回转,可在测量过程中依次进行。如图 8.2.21 所示,以 x-y 坐标为基准,测定孔 A_1 的位置,接着将坐标轴平行移动到 x_1-y_1,测定 B_1,C_1,D_1 及 A_2 中心的位置;接着再把坐标轴回转移动到孔 A_2,B_2 的中心,即 x_2-y_2 坐标。最后用这个新坐标系测定 B_2,C_2 及 D_2 各孔中心的位置。

(4) 直角坐标转换成圆柱坐标

图 8.2.22 为三维空间的 P 点的直角坐标值 x,y,z,在圆柱坐标系中以 γ,θ,z 表示它们的关系式如下:

由于 $x = \gamma\cos\theta$,$y = \gamma\sin\theta$,$z = z$,故

$$\begin{cases} \gamma = \sqrt{x^2 + y^2} \\ \theta = \tan^{-1}\left(\dfrac{y}{x}\right) \\ z \text{ 值不变} \end{cases} \tag{8.2.3}$$

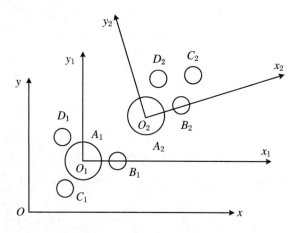

图 8.2.21　坐标系的平移和回转

（5）直角坐标转换成球面坐标

如图 8.2.23 所示，在球面坐标（极坐标）中，空间点 P 的位置用 γ, θ, φ 表示，它和三维直角坐标 x, y, z 之间的关系如下：

$$
\begin{cases}
x = \gamma \sin \varphi \cos \theta \\
y = \gamma \sin \varphi \sin \theta \\
z = \gamma \cos \varphi
\end{cases}
\tag{8.2.4}
$$

$$
\begin{cases}
\gamma = \sqrt{x^2 + y^2 + z^2} \\
\theta = \tan^{-1}\left(\dfrac{y}{x}\right) \\
\varphi = \tan^{-1}\left[\dfrac{\sqrt{x^2 + y^2}}{z}\right]
\end{cases}
\tag{8.2.5}
$$

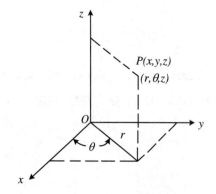

图 8.2.22　直角坐标与圆柱坐标

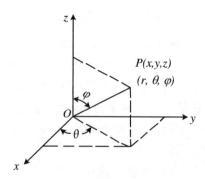

图 8.2.23　直角坐标与球面坐标

（6）两点间距离的测量

测得 A, B 两点的平面坐标值 (x_1, y_1) 及 (x_2, y_2)，则两点间的距离 l 为

$$
l = \sqrt{(x_2 - x_1)^2 + (y_2 - y_1)^2}
\tag{8.2.6}
$$

对于空间两点间的距离 l'，可用下式求得：

$$
l' = \sqrt{(x_2 - x_1)^2 + (y_2 - y_1)^2 + (z_2 - z_1)^2}
\tag{8.2.7}
$$

若将程序稍加变动,也可计算两点连线的中心点。若与计算圆中心坐标的程序结合起来,也可计算孔的中心距。

(7) 圆的内、外径及圆心的测量

设圆心 C 的坐标x_C,y_C,半径为 R,如图 8.2.24 所示。圆的方程可表示如下:

$$R^2 = (x - x_C)^2 + (y - y_C)^2 \tag{8.2.8}$$

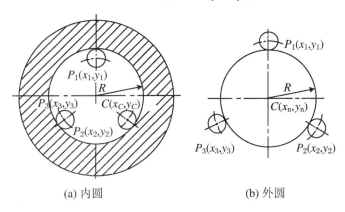

图 8.2.24　圆的内、外径及圆心的测量

其中,R,x_C,y_C 是三个未知数,则需有三个方程式。为此,需在被测圆上任意测三点,将此三点的坐标值送入计算机,根据下列公式计算出圆的半径 R 和圆心的坐标x_C,y_C 值,即

$$R = \pm \sqrt{\frac{[(x_1 - x_2)^2 + (y_1 - y_2)^2][(x_2 - x_3)^2 + (y_2 - y_3)^2][(x_3 - x_1)^2 + (y_3 - y_1)^2]}{2|x_1(y_2 - y_3) + x_2(y_3 - y_1) + x_3(y_1 - y_2)|}} \tag{8.2.9}$$

$$x_C = \frac{x_1^2(y_2 - y_3) + x_2^2(y_3 - y_1)^2 + x_3^2(y_1 - y_2) - (y_1 - y_2)(y_2 - y_3)(y_3 - y_1)}{2[x_1(y_2 - y_3) + x_2(y_3 - y_1) + x_3(y_1 - y_2)]} \tag{8.2.10}$$

$$y_C = \frac{y_1^2(x_2 - x_3) + y_2^2(x_3 - x_1)^2 + y_3^2(x_1 - x_2) - (x_1 - x_2)(x_2 - x_3)(x_3 - x_1)}{2[x_1(y_2 - y_3) + x_2(y_3 - y_1) + x_3(y_1 - y_2)]} \tag{8.2.11}$$

式(8.2.9)中,r 为测头的半径,测内圆时取正值,测外圆时取负值。r 的数值可由程序输入计算机,当计算外圆直径时,自动将测头半径计入。式(8.2.10)和式(8.2.11)用来求圆心的坐标值。在测量孔间距时,先分别求出各孔的圆心坐标,然后按式(8.2.6)便可求得。

在三坐标机上还可测量球面的曲率半径,使用上述测外圆的方法,在球面上选定不在同一圆周上的 4 点,根据这 4 点的坐标值,通过计算机的程序计算,便能求得球面半径和球心的坐标值。

(8) 求直线方向

如图 8.2.25 所示,根据 $P_1(x_1, y_1, z_1)$,$P_2(x_2, y_2, z_2)$ 两点坐标值确定直线方向。它在 xy 平面上的投影与x 轴的夹角为

$$\theta = \tan^{-1}\left(\frac{y_2 - y_1}{x_2 - x_1}\right) \tag{8.2.12}$$

它与同 z 轴相平行的直线的夹角为

$$\varphi = \tan^{-1}\left[\frac{\sqrt{(x_2 - x_1)^2 + (y_2 - y_1)^2}}{z_2 - z_1}\right] \qquad (8.2.13)$$

（9）求两直线交点 P 和夹角 θ

如图 8.2.26 所示，测出两直线上 4 点 P_1，P_2，P_3 和 P_4 的坐标后，可计算出交点的坐标，即

$$x_p = \frac{(x_2 y_1 - x_1 y_2)(x_4 - x_3) - (y_3 x_4 - x_3 y_4)(x_2 - x_1)}{(y_4 - y_3)(x_2 - x_1) - (x_4 - x_3)(y_2 - y_1)} \qquad (8.2.14)$$

$$y_p = \frac{(x_2 y_1 - x_1 y_2)(y_4 - y_3) - (y_3 x_4 - x_3 y_4)(y_2 - y_1)}{(y_4 - y_3)(x_2 - x_1) - (x_4 - x_3)(y_2 - y_1)} \qquad (8.2.15)$$

夹角 θ 为

$$\theta = \tan^{-1}\left[\frac{(x_2 - x_1)(y_4 - y_3) - (x_4 - x_3)(y_2 - y_1)}{(x_4 - x_3)(x_2 - x_1) - (y_4 - y_3)(y_2 - y_1)}\right] \qquad (8.2.16)$$

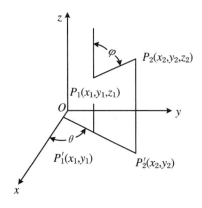
图 8.2.25　求直线方向

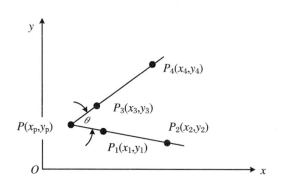
图 8.2.26　求两直线交点和夹角

（10）其他数据处理内容

根据三坐标机的功能情况，除上述处理内容外，还可进行其他的测量和数据处理，例如，求空间两交叉线之间的距离、直线度、平面度、垂直度、曲线（或曲面）的轮廓测量等。

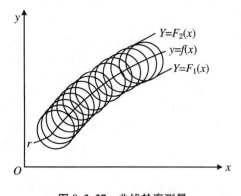
图 8.2.27　曲线轮廓测量

图 8.2.27 为曲线轮廓测量的情况，由于测头半径 r 的影响，仪器上实际测得的是测头中心 c 移动的轨迹 $y = f(x)$。需测的曲线是测头中心沿 $y = f(x)$ 移动时，半径为 r 的圆簇的包络线 $Y = F_1(x)$ 或 $F_2(x)$，视测头的哪一面与被测面接触而定。这在数学上是求包络线或等距线。它们应满足下式：

$$\begin{cases} X = x \pm \dfrac{xy'}{\sqrt{1 + y'^2}} \\ Y = y \pm \dfrac{r}{\sqrt{1 + y'^2}} \end{cases} \qquad (8.2.17)$$

式中：“$\pm$”号分别对应于 $F_1(x)$ 与 $F_2(x)$；x'，y' 分别为 x，y 对某一参变量的导数。

此外，根据编制一定的程序，还可对测量机的系统误差进行修正。将工件的测量值与设

计值、公差值进行比较,可得出误差值,并能将误差、设计值、测量值以及超差值分别打印输出。还可在测量时求相对于基准函数的偏差,比较大小与求极值的运算,求平均值 $\bar{x}$ 与标准偏差 s。

以上是数据处理的主要内容。对于不同的测量机,其数据处理的方法与功能往往相差很大。由于计算方法的不同,选取测点数目不一样,故编制出的数据处理的软件也不能通用。目前,由于商品竞争的需要,生产厂商为了保密,软件不能调出,故需要我们自己开发。关于数据处理内容的程序编制问题,内容很多,以上所介绍的只是一些基本问题。

现在的三坐标测量机都配有数据处理软件,数据处理软件的功能则是对测量数据,即一系列点的坐标数据组,按规定的数学模型和公式进行计算和处理,输出真正所需的测量结果,这对于操作者来说极为方便与直观。

12. 三坐标测量机日常维护保养的重点

三坐标测量机日常维护保养的重点是光学部分、机械部分、驱动部分、气源部分和电气部分。

(1) 光学部分

光学部分主要包括光栅和读数头,还有光学探头部分。光学系统是整台机器的眼睛,它工作情况的好坏十分重要。光栅尺一般是用玻璃尺做的,不管它的哪一个面被污染都会对测量机的精度造成影响。根据光栅尺系统特性,建议环境条件较好的单位每 6 个月清洗一次光栅尺,环境条件差的 3 个月擦洗一次。清洗可以用绸布加无水酒精,清洗时切勿用力过大。要务加小心,不得磕碰、划伤光栅的任何部分。

(2) 机械部分

机械部分是整个测量系统中的保证部分,是整个测量系统稳定性的基础,任何电气功能最终都要落实到机械功能上来实现。这也是日常保养工作的重点。

(3) 驱动部分

大多数三坐标测量机是由电动机带动钢带进行驱动的。如果驱动钢带表面锈蚀,长期不保养,会对驱动部分造成严重后果。有些使用者将防锈油涂在钢带的工作面上,这样会造成钢带的摩擦系数减少,驱动时钢带打滑,使运动不稳定、不连贯。正确方法是将较稀的油用软细布均匀地抹在钢带的非工作面上,千万不要涂在工作面上。

工作台导轨需要经常清洗,花岗岩工作台每天开机前都需要清洗,以确保空气轴承的正常工作。如果工作台是铸铁的,导轨是钢制的,要经常注意工作台和导轨的清洁,在导轨上加油不得往上滴油,而是用软细布蘸上油均匀地抹在导轨表面上和工作台表面上。

(4) 气源部分

气源系统的好坏直接影响整台设备的使用。如果气源内有大量的水和油及杂质,这样长期下去必定造成机器寿命的缩短。因此,在开机前需要将空气滤清器中残余物清理干净,最起码是经常除掉残余物,以确保空气的质量。如果所用的空气压缩机不是无油的,建议最好配备无油压缩机。

(5) 电气部分

电气部分的维护保养涉及面很广,其中绝大多数的工作是调整电气。例如周期检查中的探头零位、测量力平衡、光栅信号、触发电压、驱动电器及保护功能的调整。这些电光信号的调整比较复杂,最好是由经过专门训练的人来从事这项工作。

13. 对工作环境的要求

（1）机房的要求

机房温度必须符合各种型号三坐标测量机的要求，其中包括温度范围及温度变化（每小时，每天及空间的温度限制）。为了确保机器的精度，机房必须 24 h 保持恒温，湿度要在 40%～60% 之间。如机房太干燥或太潮湿，都容易使机器产生毛病。

（2）电源供应

为确保机器供电的稳定性，测量机所用的电源必须独立提供，不能与其他高负载电器用同一电源，供电的规格如下：

供电电压（V）	200
电压误差（%）	+5，-10
频率（Hz）	50 或 60
频率误差（%）	±3.5
允许最长电源突然中断时间（μs）	≤10
总耗电量（kA）	≈2

14. 清洗须知

（1）上了漆的表面及外壳

① 上了漆的零件（包括控制柜、外壳等）可用油漆表面清洁剂进行清洗及维护。

② 顽固的污迹可用汽油进行清洁。

③ 塑料零件，如计算机键盘、机器控制板等，不得用清洁溶剂清洗。

（2）探针及校准标准

① 在校准或测量以前，必须用麂皮清洗红宝石探针，动作力量要小。

② 探头及探针也应保持清洁。

③ 经常用麂皮或纤维不脱落的亚麻布，清洁标准球（校准标准）的表面。

（3）花岗岩导轨

花岗岩导轨必须保持清洁及干燥。测量前必须清洁导轨。清洁时，可用 IFA（花岗岩专用）清洁剂或乙醇及一片纤维不脱落的布料或者纸张，使用清洁剂后，一定要抹干。

（4）控制柜、计算机及计算机柜台的空气过滤器

用于这些系统的过滤网必须每一星期清洁一次，如果污染较严重，则必须增加清洁次数，因为空气过滤网严重污染时，会减低空气的质量。所以必须经常检查过滤网。清洁的过程：先把过滤网拿出，用压缩空气把灰尘吹走，如果有需要，可用肥皂或汽油冲洗，干燥后，放回原位。

8.2.4　任务评价与总结

8.2.4.1　任务评价

任务评价见表 8.2.4。

表 8.2.4　任务评价表

评价项目	配　分(%)	得　分
一、成果评价:60%		
是否能够熟悉三坐标测量机的结构	20	
是否能够掌握三坐标测量机的工作原理	20	
是否能够正确地使用和保养三坐标测量机	20	
二、自我评价:15%		
学习活动的目的性	3	
是否独立寻求解决问题的方法	5	
团队合作氛围	5	
个人在团队中的作用	2	
三、教师评价:25%		
工作态度是否正确	10	
工作量是否饱满	5	
工作难度是否适当	5	
自主学习	5	
总分		

8.2.4.2　任务总结

1. 熟悉三坐标测量机的结构、理解三坐标测量机的工作原理,是使用三坐标测量机的前提条件,因此,我们必须要熟悉三坐标测量机的结构、理解三坐标测量机的工作原理。

2. 在使用和保养三坐标测量机时,必须按照三坐标测量机的使用要求和正确的保养方法进行使用和保养,这对于保证三坐标测量机的工作精度、延长三坐标测量机的使用寿命,具有重要的意义。

练习与提高

1. 三坐标测量机能测量哪些参数?
2. 三坐标测量机的电气部分是由哪些部分组成的?
3. 三坐标测量机的机械部分是由哪些部分组成的?
4. 简述三坐标测量机的电源不通应如何处理。
5. 简述三坐标测量机的工作原理。
6. 简述三坐标测量机的分类及各自的优缺点。
7. 简述三坐标测量机的传感器的种类。

8.3 任务2:三坐标测量机的检定

8.3.1 任务资讯

为确保三坐标测量机的质量,除零件应进行质量检测以外,机器组装好以后,对整机也应进行细致的检定。评价三坐标测量机的标准不完全统一。目前国外采用较多的标准有CMMA(国际三坐标测量机制造商协会的标准),它是大多数厂家普遍采用的标准,但它不是国际标准;ISO 10360—2(国际标准,三坐标测量机的性能评定);VDI/VDE 2617(德国标准,在国际上影响较大);B89.1.12M(美国机械工程师协会制定);JISB 74—40—1987(日本标准);JJG 799—1992(我国三坐标测量机检定规程);JJF 1064—2004(我国三坐标测量机校准规范)。此外,各企业尚有企标。

8.3.2 任务分析与计划

三坐标测量机主要检定内容如下:外观和各部分的相互作用、计算机、打印机、软件功能以及各项精度指标,如工作台的平面度,工作台与 X,Y 运动平面的平行度,X,Y,Z 方向移动的直线度,三轴的垂直度,X,Y,Z 方向移动的角度变化,示值误差,空间精度,单轴和空间测量精度,重复精度,探测误差等。

8.3.3 任务实施

1. 外观和各部分的相互作用

【要求】

① 仪器的工作面、导轨、标准球、块规应无锈迹、碰伤和明显划痕等缺陷;涂漆或镀层表面应平滑、均匀、色调一致;无斑点、皱纹、脱漆或镀层脱落等现象。

② X,Y,Z 方向移动应平稳,无阻滞、急进及噪声,移动范围应大于工作行程;限位、锁紧、应急开关必须安全灵活可靠。

③ 仪器上应标有制造厂名(或厂标)、出厂编号。

④ 使用中的仪器应无影响准确度的缺陷。

【检定方法】 目力观察和实验。

2. 计算机、打印机及软件功能

【要求】 计算机功能必须齐全正确,显示和打印无误;软件应具备所需功能。

【检定方法】 仪器所配备的计算机、打印机都必须具有故障诊断程序,按该程序检查,并按测量机的操作方法调用各有关软件,观察屏幕是否显示所具备的功能,再任测一典型零件,通过测量和计算来考核测量和软件的功能。

3. 各项精度指标的检定

（1）平面度的检定

平面度可用激光仪检测,可将测得数据绘出图形,指出误差的位置和数值大小,便于修复。测平面度常用附件有平面度镜和基板。基板一般有 3 种尺寸:50 mm,100 mm,150 mm 各 1 块,基板的大小由测量点决定。平面度误差也可用电子水平仪测量。

（2）工作台面与 X,Y 运动平面平行度的检定

用电感式比较仪或三坐标测量机测头检定,受检点应均匀分布,如图 8.3.1 所示。其点数根据工作台的长度尺寸按表 8.3.1 确定。

检定时,使测量头直接与工作台面接触,或在测量头与工作台面间垫一块尺寸为 20 mm 的 4 等量块。在固定 Z 坐标轴的情况下,移动 X,Y 滑架或工作台,按受检点的分布进行检定。工作台面与 X,Y 运动平面的平行度,以各受检点所得读数中的最大值与最小值的差值确定。

表 8.3.1　受检点数与工作台长度的关系

工作台的长度(mm)	受检点数	工作台的长度(mm)	受检点数
小于 400	9	1500 以上	49
400～1500	25		

（3）X,Y,Z 方向移动直线度的检定

X,Y 方向移动的直线度,用零级矩形平尺分别在水平面和垂直面内检定 Z 方向移动的直线度,用零级直角尺分别在 ZX,ZY 两个平面内检定。

检定 X 方向在垂直平面内的移动直线度时,将矩形平尺安置于工作台面中间部位,其工作面与 X 方向平行,支承点距平尺端面的距离为 $l=0.2232L$,L 为平尺的长度(mm),如图 8.3.2 所示。电感式比较仪的测头安装于 Z 坐标测量轴上,并与平尺工作面接触。移动滑架,在选定的受检点上得到往返检定时的读数值 $a_0,a_1,\cdots,a_n;a_0',a_1',\cdots,a_n'$。然后根据最小条件的原则进行数据处理,求得 X 方向在垂直平面内的移动直线度 ΔXZ。

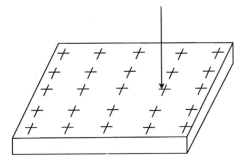

图 8.3.1　工作台面与 X,Y 运动平面的
平行度的检定

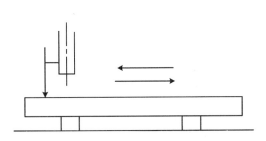

图 8.3.2　X,Y 方向移动的直线度的检定

X 方向在水平面内移动直线度 XY 以及 Y 方向在水平、垂直平面内的移动直线度 ΔYZ,均按上述方法进行检定。X 轴直线度的检定如图 8.3.3 所示。

检定 Z 方向在 ZX 平面内的移动直线度时,将直角尺立放于工作台面上,使安装于 Z 坐标轴上的电感式比较仪的测头与直角尺工作面接触,如图 8.3.4 所示。移动 Z 轴,在选定

的受检点上得到往返检定时的读数值 $a_0, a_1, \cdots, a_n; a_0', a_1', \cdots, a_n'$。为了清除直角尺工作面的平面度影响,将直角尺转 $180°$ 方向后再次检定,得读数值 $b_0, b_1, \cdots, b_n; b_0', b_1', \cdots, b_n'$。通过计算求得各受检点在往返检定时的读数值,然后根据最小条件的原则进行数据处理,求

$$c_0 = \frac{a_0 - b_0}{2}, \quad c_1 = \frac{a_1 - b_1}{2}, \quad \cdots, \quad c_n = \frac{a_n - b_n}{2}$$

$$c_0' = \frac{a_0' - b_0'}{2}, \quad c_1' = \frac{a_1' - b_1'}{2}, \quad \cdots, \quad c_n' = \frac{a_n' - b_n'}{2}$$

得 Z 方向在 ZX 平面内的移动直线度 ΔZX。Z 方向在 ZY 平面内的移动直线度 ΔZY,按 ZX 平面内的直线度的检定方法进行检定。

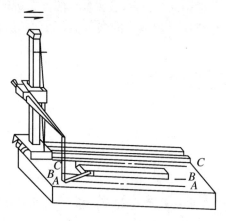

图 8.3.3 X 轴直线度的检定

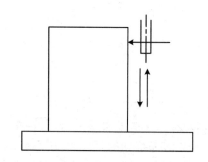

图 8.3.4 Z 方向移动的直线度的检定

(4) 三轴垂直度的检定

垂直度的测量是比较两条名义正交的轴线的夹角来确定垂直度的大小。检测所用主要检具是千分表或百分表和角尺;用激光仪器测量时,则用光学直角尺、直线度光学镜、支座等。图 8.3.5 所示为百分表测量示意图。

① 检定 X, Y 方向移动的相互垂直度时,将直角尺平放在工作台的中间位置,使安装在 Z 轴上的电感式比较仪的测头或测微表与直角尺的工作面接触,调整直角尺,使其长工作面平行于 X 方向,如图 8.3.6 所示。

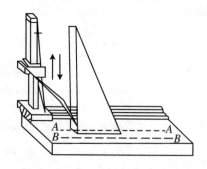

图 8.3.5 $X-Z$ 轴垂直度的检定

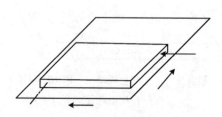

图 8.3.6 X, Y 方向垂直度的检定

固定 Z, Y 坐标后沿 X 方向移动,使测头依次在直角尺工作面上均匀分布的 10 个位置上时,按电感式比较仪或测微表进行读数,得 $a_0, a_1, \cdots, a_n$;然后将测头调转 $90°$ 方位,使其

与直角尺另一工作面接触,此时,将 X,Z 坐标固定后沿 Y 方向移动,按上述同样方法得读数 $b_0,b_1,\cdots,b_n$。

根据上述以直角尺两工作面测得的读数 a_1 和 b_1,按最小条件分别确定其包容直线,求出包容直线相对于直角尺工件面的倾斜角 $\Delta\alpha$ 和 $\Delta\beta$。

② X,Y 和 Y,Z 方向移动的相互垂直度,用矩形直角尺检定。检定时,将矩形直角尺立放于工作台中间位置上,如图 8.3.7 所示。使直角尺同被检垂直度方位相一致,检定方法、受检点的分布以及数据处理与检定 X,Y 方向移动的相互垂直度相同。将矩形直角尺绕 Z 轴翻转 $180°$ 方位后再检定,以两次检定所得垂直度的差值的一半确定为两坐标移动的相互垂直度。

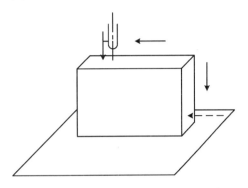

图 8.3.7　X,Y 和 Y,Z 方向的垂直度检定

(5) 示值误差的检定

示值误差的检定是以激光干涉仪的测距为基准的,三坐标测量机沿其轴线做等距离移动,每移一段距离与激光测距相比较,其差值为示值误差,比激光测距大者为正误差,小者为负误差。如图 8.3.8 所示为 X 向示值误差的测量,其余两轴示值误差的测量以此类推,Z 向需用五棱镜将光转 $90°$。测量时,每一坐标示值误差的检定点应在工作行程内均匀分布的 10 个位置上,大机器应酌情增加测点,要求在正、反两个方向全行程内进行检定。

图 8.3.8　X 向示值误差的检定

(6) 单轴测量精度的检定

单轴测量误差用量块或步距规检定,受检长度为坐标量程的 $1/3,1/2,3/4$。测量时,将量块借助于支架固定在平行于坐标轴线的任意方位上,并且在被检坐标工作行程的中间部位,如图 8.3.9(a) 所示。移动三坐标测量机的测头与量块一工作面 5 点接触测量,如图 8.3.9(b) 所示,以此确定基准面及轴线,然后移动测头与量块另一工作面中心位置接触测量。经计算机数据处理求出测得值,测得值与量块实际尺寸之差为单轴测量精度。在任意方位上至少检定两次,每次测得值均应合格。

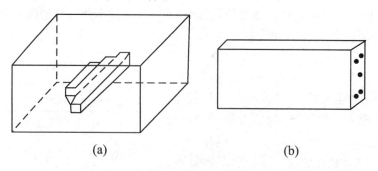

　　　　　　(a)　　　　　　　　　　　　　　　(b)

图 8.3.9　单轴综合误差的检定

(7) 空间测量精度的检定

空间测量精度是由测量三坐标测量机空间对角线长度来决定的,受检长度是空间对角线长度的 1/3,1/2,3/4。

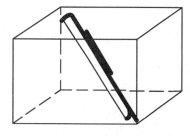

图 8.3.10　空间综合误差的检定

如图 8.3.10 所示,将量块借助于支架固定于三坐标测量机的空间对角线方位的中间部位;应分别在 4 个对角线方位进行。首先移动 3 个坐标轴,使测头与量块另一工作面中心位置接触测量,由计算机数据处理求出测得值。该值与量块实际尺寸之差为空间测量精度。每一对角线方位的每一尺寸至少应检定两次,每次测得值均应合格。

(8) 重复精度的检定

重复精度是指多次测量时其误差的大小应在规定范围内。测量时专用支承将量块安装在三坐标测量机工作行程范围内任一部位,同时使量块平行于某一轴线,然后用测头依次与量块两工作面中心位置接触,测得量块尺寸。如此重复测量量块尺寸不少于 10 次,以 10 次测量所得值中的最大值与最小值的差值为测量的重复性。X,Y,Z 三个方向均按同样方法测量。

(9) 探测误差的检定

通过测定标准球上径向距离尺值的变化范围,验证三坐标测量机的探测系统是否符合规定的误差值。

用被检三坐标测量机的探测系统测量经检定过的球,其直径在 10~50 mm 之间,球的形状误差应小于允差的 1/5。测量时将球固定在工作台上,测头系统的方位可从三坐标测量机长度测量检测的 7 个方位中任选一个(或其他方位),然后在标准球上随机选取 25 个典型点,测量并记录结果。各点在半球上分布应尽量均匀,半球的方位由用户选定。用全部 25 个测量值计算出最小二乘法的中心,并对 25 个测量值,相对计算球心,分别计算出径向距离 r。如果 25 个径向距离的范围 $r_{max}-r_{min}$ 未超过规定的 R 值,则探测系统的性能合格;如果径向距离 r 的变化超过规定的 R 值,则应对探测系统做彻底检查,重新标定测头,再次检测,直至合格为止。

4．补充校准

（1）测量重复性的校准

测量重复性在国家标准 GB/T 16857.2 中未做规定，可做补充校准，它是指对被测基准长度在同一位置上多次测量时，其测量结果的一致程度。

三坐标测量机产生测量结果的差异，主要是由于支承运动滑架的滚动轴承的偏心、测量滑架位移时倾斜变化、气浮导轨的气隙变化、测头停止时加速度的波动及定位重复性误差、机械变形等因素引起的。

测量机重复性校准按测头的触测方向不同，可分为单向和双向重复性校准。

测量重复性以量块或步距规作为测长基准，在各轴任意行程长度上进行，测量方法与校准示值误差时的方法相同，对每一个长度进行多次测量，求出实验标准偏差，即为测量重复性误差。

测量重复性是三坐标测量机很重要的一项准确度指标，但不少生产厂家并未给出这项误差要求。有的仪器虽给出了重复性误差，但是给出的值是测头定位的重复性误差，与测量重复性定义不同。

（2）探测（测头）系统的校准

① 探测系统联机触测重复性。探测系统与三坐标测量机主体联机校准项目是探测系统一维、二维、三维触测重复性（或定位重复性）。校准工具为标准量块、环规、标准圆球，方法如下。

一维触测重复性校准用一块 20 mm 的量块或卡规，测头在量块两端面触测 50 次，求出单个长度与算术平均值之间的差值，其中 95% 的偏差值小于允许值。这一测量应在 X，Y，Z 三个方位上进行。也可以用测头触测量块端面 20 次，求出 20 次测量的标准偏差，2σ 不应超过允许值。

二维触测重复性用一个 20 mm 的标准环规校准，三维触测重复性用一个 $\phi20$ 的标准圆球校准。标准环规及标准圆球的圆度误差小于允许值的 1/5。

校准时分别在 XY，YZ，ZX 坐标面内任意位置上，以测头在环规测量面上触测 50 个点。环规触测的 50 个点应尽量均匀分布在整个圆周上。

二维、三维触测重复性可按下面方法求得，其中最大值与最小值根据单独一个触点的坐标值，计算中心点的坐标值，圆的半径以及触点至中心点的间距之差为二维触测重复性。

三维触测重复性的校准方法同校准规范中探测系统的校准方法。

二维、三维触测重复性也可以分别测出 20 个环规直径或 20 个圆球直径，然后分别求出标准偏差 σ 值，用 2σ 值来判定是否合格。

例　用一个 19.950 mm 的标准圆球，校准测头三维触测重复性，每次在标准圆球触测 5 个点，求出一系列直径为：19.948，19.949，19.949，19.948，19.948，19.949，19.948，19.949，19.949（单位为 mm）。

$$\sigma = \sqrt{\frac{[vv]}{n-1}} = 0.5\,\mu\mathrm{m}$$

求出标准偏差。

取 2σ 值为测头三维触测重复性误差，其值为 $1\,\mu\mathrm{m}$。

② 探测系统测力校准。探测系统的测力校准应在测头系统工作状态下进行，用灵敏度

为 0.001~0.01 N 的测力计在测头 XY 平面内,以每隔 60° 的位置进行。为了找到最大测力值,以原起始位置在错位 30°,每隔 60° 位置重新测量六个位置,以三个测力的最大值的平均值为测量值。

如按图 8.3.11 给出位置校准测力并将结果列于表 8.3.2,给出测力变化曲线如图 8.3.11 所示,就清楚表明了,由于触发测头的结构特点,测力是变化的。与三个对支点相对应的位置(0°,120°,240°)测力最大,而三对支点处(60°,180°,300°)测力量小,而另外六个相隔 30° 的位置处,测力大小均匀。所以在校准时应不少于六点。

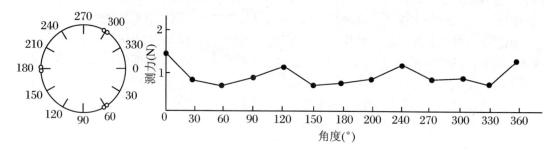

图 8.3.11　测头 360° 内的测力变化

表 8.3.2　测力数据

受检位置	0	30	60	90	120	150	180	210	240	270	300	330
测力(N)	1.4	0.8	0.7	0.9	1.2	0.7	0.8	0.9	1.2	0.8	0.8	0.7

（3）过载保护回零误差校准

以探测系统最大测杆行程和最大摆角多次触测的重复性为过载保护回零误差。

这项校准由探测系统触测仪来完成。测试仪的触块以测杆允许的最大行程位移,触测一次后回零,要停顿 15~20 s,待测头恢复原位再进行下一次触测。共运行 20 次。求出标准偏差按两倍计算,即为回零误差。

也可以坐标机控制测杆最大行程来校准回零误差。在使用中的一头系统不必进行此项校准,防止测头损坏。

（4）测头系统的预行程及预行程变差校准

可用测头系统测试仪进行。将被检测头系统安装在仪器的立柱上,测头的测杆通电成为导体。仪器上的触块以 0.48 m/min 的速度与测头球体接触,以接触点发讯(相当于猫眼原理)锁存方式重复测量 5 次,由光栅检测系统计数,取平均值作为触测点的起始坐标。然后再以测头系统发讯锁存方式重复测量 10 次,取平均值与接触点的起始坐标之差,即为该点的预行程。

按上述方法再测出 XY 平面 360° 范围内每隔 60° 方向上的预行程。预行程最大值与最小值之差即为预行程变差。

8.3.4　任务评价与总结

8.3.4.1　任务评价

任务评价见表 8.3.3。

表 8.3.3　任务评价表

评价项目	配　分(%)	得　分
一、成果评价:60%		
是否能够熟悉三坐标测量机的检定项目	20	
是否能够掌握三坐标测量机的检定方法	20	
是否能够掌握三坐标测量机检定时所用的工具与仪器的使用方法	20	
二、自我评价:15%		
学习活动的目的性	3	
是否独立寻求解决问题的方法	5	
团队合作氛围	5	
个人在团队中的作用	2	
三、教师评价:25%		
工作态度是否正确	10	
工作量是否饱满	5	
工作难度是否适当	5	
自主学习	5	
总分		

8.3.4.2　任务总结

在进行三坐标测量机的检定时,必须按照三坐标测量机的检定项目及其相应的检定方法,逐一进行检定,并将检定结果记录下来,根据检定结果判断三坐标测量机的各项技术指标是否满足三坐标测量机的使用要求。

练习与提高

1. 简述三坐标测量机的工作台面与 X,Y 运动平面的平行度检定方法。
2. 简述三坐标测量机的示值误差的检定方法。

8.4　任务 3:三坐标测量机的调修

8.4.1　任务资讯

三坐标测量机经检定后,如果检定的结果显示其工作性能已达不到工作精度的要求,那么三坐标测量机就必须进行调整与维修,以保证三坐标测量机的工作性能达到工作精度的要求。

8.4.2　任务分析与计划

三坐标测量机在调整与维修时,必须先分析其产生问题的原因,根据其具体原因选择合适的调整和维修的方法与工具去解决这些,使调整和维修后的三坐标测量机的工作性能达到工作精度的要求。

8.4.3　任务实施

1. 仪器的安装与调整

（1）工作台的调整

工作台放在主支承和辅助支承垫铁上,用水平仪调整工作台的水平,然后用电子水平仪测工作台的平面度(图 8.4.1)。

（2）X 向导轨的安装与调整

X 向有两条大导轨,其中一条是固定的,另一条是可调整的。先将固定导轨调好,用销子固定,再以固定导轨为基准装可调导轨。该导轨与工作台不是简单固定的,而是通过调整环节,如图 8.4.2 所示,先调好两条导轨侧面的平行度,再调整两水平面的扭曲度,合格后再固定。

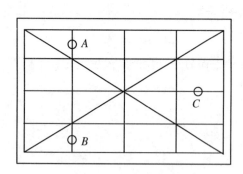

图 8.4.1　工作台的调整

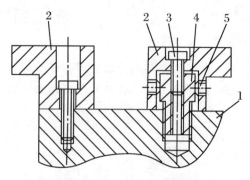

图 8.4.2　X 向导轨装配图

1. 工作台；　2. X 向导轨；　3. 压紧螺钉；
4. 调整螺钉；　5. 锁紧螺钉

（3）立柱的安装与调整

立柱安装在 X 方向滑板上，立柱与工作台工作面的垂直度，由 4 个调整螺钉和 3 根支杆进行调整。图 8.4.3 右为零级角尺，是调整立柱的基准尺（最长边为 2 m）。将百分表固定在能沿立柱上下移动的部件上，将百分表端头打在角尺平面上，上下移动百分表，检查立柱的垂直精度。

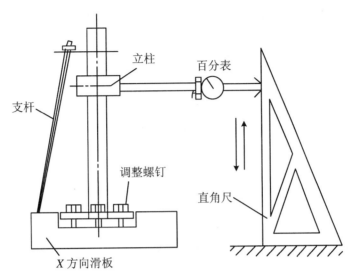

图 8.4.3　柱的安装与调整

（4）横臂的安装与调整

要求横臂与工作台工作面的平行度误差较小。这要靠 Y 轴滑板内的 16 个偏心轴承来调整（图 8.4.4 右），另外在横臂内还有 4 根调整用拉杆。

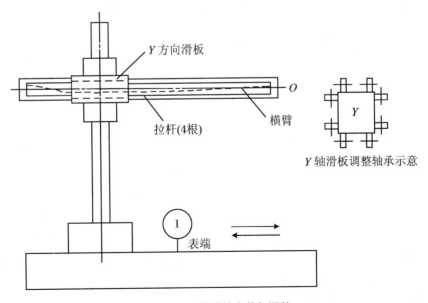

图 8.4.4　横臂的安装与调整

横臂的结构属于细长杆型，是悬臂梁，必然在端部引起变形，其变形量如图 8.4.5 所示。用横臂内的 4 根拉杆将横臂的两端调高，使整个横臂的形状为中凹形，这样就可以补偿因悬

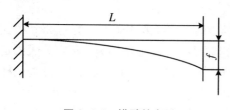

图 8.4.5 横臂的变形

臂产生的变形。此项目出厂前已调好，用户不得随意调整。

（5）Y 向与 Z 向滑板的安装与调整

Y 向与 Z 向的导轨是固定的，装配时主要是调整滑板上的支承，这两个方向的滑板都是对称的长形立方体，预紧力的大小、坐标轴之间的垂直度均可通过调整轴承达到要求。

2. 仪器安装调整好后的注意事项

（1）机械部分

① X,Y,Z 三个方向各导轨面上的轴承均已调整好后，不应再松动和调整。

② X,Y,Z 三个坐标的测试系统均为精密测试元件，无论是哪个方向，在快运动到终端时应减速（降至 480 mm/min），以免与行程挡块碰撞。经常碰撞对精密测试系统的精度保持不利。

③ 工作完毕，应将 Y 轴滑板置于横臂的中间位置，以防止长时间悬臂产生的变形而影响精度。

④ 保持各导轨面、平台台面无锈斑。

⑤ X 方向导轨是拼接的，接头内侧（非工作面）不等高差值为 0.01 mm。当沿 X 向滑动时，松开 X 向锁紧的量应稍稍大一些。

⑥ 当某轴锁紧时，切勿用力硬拉，以免损坏轴承。

（2）电气部分

① 在操作过程中严格按操作顺序进行。

② 各部分开—关—开电源的延时时间必须在 3 s 以上。

③ 在机动采集数据过程中，红宝石测头接触工作面的速度必须限制在 480 mm/min 内。连接和拆除各信号插头一定要在断开电源的情况下进行。

3. 常见故障与排除

（1）微调打滑

微调运动的最小距离是 0.01 mm，如果达不到这个指标，或微调空转，跳数（即数显表不能以 0.01 mm 显示），则需对微调进行调整（见摩擦微调机构示意图 8.4.6）。先将螺钉松开，然后用一小圆柱（$\phi 3$）插入调整孔中，旋转偏心套，使轴与导轨接触良好。接触良好的旋转微调，可以从数显表上清楚地读出 0.01 mm 的行程距离。调整完毕后，将螺钉紧固。

（2）电源不通

关断电源开关，根据电源电缆连接图检查电源电缆的连接及连续性；检查保险丝是否熔断；电源电缆连接是否牢固。

（3）保险易烧断

检查电源电压是否在合适范围内（电压既不能太高也不能太低）；检查保险管电流值是否太小。

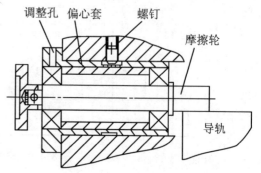

图 8.4.6 摩擦微调机构

（4）电气系统不能正常工作

检查各信号电缆连接是否牢固、正确,有无损坏。检查是否按正常次序操作微机;是否按正常次序操作打印机。在操作过程中微机进入死循环后,用热启动方法再次启动微机。

（5）机器移动,但数显表不能指示数量变化

检查数显电源电缆线是否连接牢固;周围是否有强干扰源;光栅滚轮是否接触导轨表面;数显表面板上的转换开关是否在正常位置;是否是由于机械精度的影响。如果按上述方法仍不能排除故障,机器无法正常工作,则需与生产厂家联系。

8.4.4 任务评价与总结

8.4.4.1 任务评价

任务评价见表 8.4.1。

表 8.4.1 任务评价表

评价项目	配 分(%)	得 分
一、成果评价:60%		
是否能够熟悉三坐标测量机的调修项目	20	
是否能够掌握三坐标测量机的调修方法	20	
是否能够掌握三坐标测量机调修时所用的工具与仪器的使用方法	20	
二、自我评价:15%		
学习活动的目的性	3	
是否独立寻求解决问题的方法	5	
团队合作氛围	5	
个人在团队中的作用	2	
三、教师评价:25%		
工作态度是否正确	10	
工作量是否饱满	5	
工作难度是否适当	5	
自主学习	5	
总分		

8.4.4.2 任务总结

在进行三坐标测量机的调修时,必须按照三坐标测量机的调修项目及其相应的调修方法,逐一进行调修,调修完成后,必须重新进行检定,根据检定结果判断调修是否达到了三坐标测量机的使用要求。

练习与提高

1. 简述三坐标测量机的测量结果无重复性的产生原因。
2. 简述三坐标测量机的立柱是如何安装和调整的。

参 考 文 献

[1] 梁国明,张保勤.百种量具的使用和保养[M].北京:国防工业出版社,1993.

[2] 梁国明,吕之森.常用量具检定和使用150问[M].北京:机械工业出版社,1996.

[3] 梁国明.长度计量人员实用手册[M].北京:国防工业出版社,2000.

[4] 中国标准出版社.中国机械工业标准汇编量具量仪卷[M].北京:中国标准出版社,1998.

[5] 中国计量出版社.国家计量检定系统框图汇编[M].北京:中国计量出版社,2000.

[6] 何频,郭连湘.计量仪器与检测:上册[M].北京:化学工业出版社,2006.

[7] 何频,郭连湘,陈闽鄂.计量仪器与检测:下册[M].北京:化学工业出版社,2006.

[8] 郭连湘,何频.量仪检定与调修[M].北京:化学工业出版社,2005.